高等职业教育电子信息课程群系列教材

Java 面向对象程序设计

主　编　姜春磊　陈虹洁

副主编　孟庆岩　周　贤　张清钰

中国水利水电出版社
www.waterpub.com.cn
·北京·

内 容 提 要

本书采用理论与实践相结合的教学方式，通俗易懂、图文并茂，详细讲解了 Java 基础语法、运算符与表达式、选择结构、循环结构、数组、类和对象、继承和多态、接口、异常与程序调试、常用工具类、Java 集合框架、File 与 I/O 流、Java 多线程、JDBC 数据库编程、Java 网络编程等 Java 面向对象编程及 Java 高级实用技术。本书课程体系专门为应用型本科或高等职业院校量身打造，符合高校技能型人才培养需求。课程体系由浅入深、关联递进、易学易用，以任务式推进、案例化教学，让学生更加明确学习目标，提高学习效果。本书注重培养学生实践能力，书中加入了大量经验分享，在实践项目中加入了完整的注释，示例和实践项目代码更贴近实际开发，以期提升学生分析问题、解决问题的能力。

本书配套完整的教学、教辅资源，包括课程标准、完整的教学课件、题库、示例源代码、实践项目源代码，以方便教学和学生学习使用。

本书适合作为应用型本科或高等职业院校软件技术、云计算、计算机网络、人工智能、大数据、物联网等新一代信息技术相关专业的教学用书，同时也适合作为其他相关专业的选修课程教材。

图书在版编目（CIP）数据

Java 面向对象程序设计 / 姜春磊，陈虹洁主编.
北京 ：中国水利水电出版社，2025. 2. -- （高等职业教育电子信息课程群系列教材）. -- ISBN 978-7-5226 -3112-7

Ⅰ. TP312.8

中国国家版本馆 CIP 数据核字第 202512KK43 号

策划编辑：杜 威	责任编辑：张玉玲	加工编辑：丰 芸	封面设计：苏 敏

书　　　名	高等职业教育电子信息课程群系列教材 **Java 面向对象程序设计** Java MIANXIANG DUIXIANG CHENGXU SHEJI
作　　　者	主　编　姜春磊　陈虹洁 副主编　孟庆岩　周　贤　张清钰
出版发行	中国水利水电出版社 （北京市海淀区玉渊潭南路 1 号 D 座　100038） 网址：www.waterpub.com.cn E-mail：mchannel@263.net（答疑） 　　　　sales@mwr.gov.cn 电话：（010）68545888（营销中心）、82562819（组稿）
经　　　售	北京科水图书销售有限公司 电话：（010）68545874、63202643 全国各地新华书店和相关出版物销售网点
排　　　版	北京万水电子信息有限公司
印　　　刷	三河市鑫金马印装有限公司
规　　　格	184mm×260mm　16 开本　20 印张　512 千字
版　　　次	2025 年 2 月第 1 版　2025 年 2 月第 1 次印刷
印　　　数	0001—2000 册
定　　　价	52.00 元

编　委　会

前　　言

习近平总书记在党的二十大报告中指出："教育是国之大计、党之大计。培养什么人、怎样培养人、为谁培养人是教育的根本问题。"高校作为国家战略科技力量，要坚持为党育人、为国育才，全面提高人才自主培养质量，着力造就拔尖创新人才。

党的二十大报告提出了全面建成社会主义现代化强国的宏伟蓝图和实践路径，为党和国家的各项事业指明了前进方向，在第五部分提出"实施科教兴国战略，强化现代化建设人才支撑"，指明了高校作为国家战略科技力量的定位和任务要求，坚持为党育人、为国育才，全面提高人才自主培养质量，着力造就拔尖创新人才。本书以学生为中心，内容实用、通俗易懂，构建了完整的知识体系，课程教学目标不仅在于使学生掌握 Java 面向对象程序设计的基本概念、基本理论和实用技术，培养学生分析解决实际问题的能力，更要在课程教学中把马克思主义立场观点方法的教育与科学精神的培养结合起来，注重科学思维方法的训练，形成严谨的科学态度，培养学生探索未知、追求真理、勇攀科学高峰的责任感和使命感，激发学生科技报国的家国情怀和使命担当。

本书从实用性出发、以模块化、任务式、案例化教学，注重实战经验传递和提升动手能力，教学过程中边讲边练，激发学习者的学习兴趣，提升学习的成就感，建立对所学知识和技能的信心，是对传统学习模式的改进。本书具有以下特点：

适应院校教学和技能型人才培养。本书课程体系专门为应用型本科或高等职业院校量身打造，根据高校教学特点，在设计课程体系时根据教学目标采用逆向课程设计，确保本课程与院校课程协调一致，最大化满足高校人才培养的需求。

课程体系由浅入深、关联递进、易学易用。课程体系设计以企业需求为基础，以符合教学和学生学习规律为原则，技能点逐层深入，避免初学者出现畏难心理。

任务式推进讲解、案例化教学。本书从实战出发，以任务式推进技能点讲解，让学生更加明确学习目标，书中应用了大量案例，并对案例实现进行了分析讲解，便于读者掌握，以提高学习效果。

以动手能力为培养目标。本书注重培养实践能力，以是否能够独立完成实践项目为检验学习效果的标准，在教学和学习过程中，读者要认真完成本书中示例代码、实践项目。

以项目经验提升实用性。本书中加入了大量经验分享，在实践项目中加入了完整的注释，示例和实践项目代码更贴近实际开发，以期提升学生分析问题、解决问题的能力。

本书共分为 16 章，各章核心内容如下：

第 1 章重点讲解程序的概念、Java 语言的特点、Java 技术平台、Java 开发步骤和 Java 集成开发环境的安装与配置。

第 2 章讲解 Java 基础语法，包括注释、变量、数据类型、关键字、基本输入输出等，以及 Java 的编码规则和命名规范。

第 3 章讲解 Java 中的算术运算符、赋值运算符、关系运算符、逻辑运算符、位运算符、运算符的优先级和条件表达式。

第 4 章讲解基本的 if 条件判断语句、多重 if 选择结构、嵌套 if 选择结构等复杂的选择结构。

第 5 章讲解 Java 中的 while 循环、do-while 循环和 for 循环等循环控制语句。

第 6 章讲解一维数组、二维数组的创建、遍历，数组排序和 Arrays 类及其常用方法。

第 7 章讲解类和对象、定义类、创建和使用对象、成员方法、成员变量、构造方法等面向对象的相关知识。

第 8 章讲解继承、子类重写父类方法、继承关系中的构造方法、多态等。

第 9 章讲解面向对象中的接口，包括接口的定义和使用、接口的特点、面对接口编程等技能。

第 10 章讲解 Java 中的异常、使用 try-catch-finally 处理异常、使用 throw、throws 抛出异常、使用断点调试程序。

第 11 章讲解 java.lang 包中的常用类，如字符串 String 类、StringBuffer 类、StringBuilder 类、包装类、Math 类、枚举类型、Date 类、Calendar 类、SimpleDateFormat 类等。

第 12 章讲解 Java 集合框架和泛型，主要包括 ArrayList、LinkedList、HashMap、使用 Iterator 接口遍历集合、泛型在集合中的应用等相关技术。

第 13 章讲解 File 与 I/O 操作。首先学习 File 类，对文件或目录的属性进行操作，然后通过讲解字节流 FileInputStream 和 FileOutputStream 类、字符流 BufferedReader 和 BufferedWriter 类，实现对文本文件的输入/输出操作，再讲解字节流 DataInputStream 和 DataOutputStream 类读写二进制文件，最后讲解开发中常用的读写图片的方法。

第 14 章讲解进程、线程、线程的生命周期、线程同步等核心技能，帮助读者掌握多线程开发的技能。

第 15 章讲解 Java 数据库编程技术，包括 JDBC 原理、连接数据库、使用 JDBC API 对数据库进行操作等核心技能。

第 16 章讲解 Java 网络编程技术，包含网络基础知识、基于 TCP 协议的 Socket 编程、基于 UDP 协议的 Socket 编程、使用 URLConnection 类访问网络和使用 HttpURLConnection 类访问网络等技术。

本书在中国指挥与控制学会指导下，由统信国基（北京）科技有限公司联合烟台黄金职业学院共同编写。如有不足之处恳请读者批评指正，意见建议请发邮件至 unioninfo@163.com。

新一代信息技术的快速发展正在深刻改变着世界，希望通过我们的努力，帮助您掌握实用技术，成为高素质技能型人才。

编　者
2024 年 9 月于烟台黄金职业学院

目　录

第1章 初 识 Java

本章导读

Java 自 1995 年问世以来，凭借其简单、面向对象、分布式、健壮性、安全性、可移植性、多线程等特点快速占领市场，被广泛应用于编写桌面应用程序、Web 应用程序、分布式系统和嵌入式系统应用程序。即便到今天，Java 依然是主流的开发语言之一。本章将重点讲解程序的概念、Java 语言的特点、Java 技术平台、Java 开发步骤和 Java 集成开发环境的安装与配置。

通过本章的学习，读者将对程序的概念和 Java 程序的基本结构有一个初步的认识，能够搭建 Java 开发环境，并使用 Eclipse 集成开发环境开发 Java 程序。

学习编程类课程，离不开大量的实践，希望读者在今后的学习过程中，能够勤加练习，提升逻辑思维能力，认真完成书中的示例程序、作业及综合实战项目。

思维导图

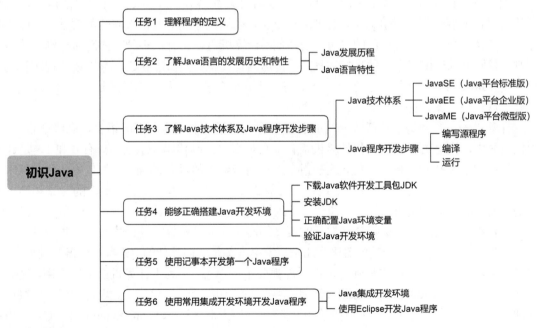

本章预习

预习本章内容，在作业本上完成以下简答题。

（1）举例说明什么是程序。

（2）Java 语言有哪些特性？

（3）开发 Java 应用程序有哪些步骤？

（4）Java 应用程序的入口是什么？

任务 1　理解程序的定义

程序（procedure）一词来源于生活，意指为进行某项活动或过程所规定的途径。例如：某公司要为客户开发一款软件，需要经过商务沟通、立项、原型制作、确认、UI 设计、编码、测试、验收、上线部署、后期维护等过程，如图 1.1 所示，这个过程也被称为软件开发的流程或软件开发要经历的程序。

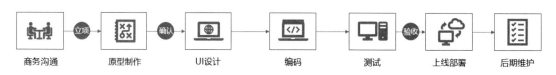

图 1.1　软件开发的过程

简单地说，程序可以看作是对一系列动作执行过程的描述。计算机里的程序和生活中的程序很相似，生活中的程序规定了人们处理整个事情的流程，而计算机中的程序是为了让计算机执行某些操作或解决某个问题而编写的一系列有序指令的集合。

如何编写计算机可以处理的程序呢？这就需要编程语言。人类交流有自己的语言，人与计算机对话就要使用计算机语言，通过编程语言，计算机才能够明白人表达的想法、下达的指令。全世界各个国家都有自己的语言，同样地，计算机语言也有很多种，它们都有自己的语法规则。我们可以选用其中一种来描述程序，传达给计算机。例如，用 C 语言描述的程序称为 C 程序，用 Java 语言编写的程序称为 Java 程序。计算机会按各编程语言的语法规则阅读该程序，也就是阅读指令集，并按部就班地严格执行。

计算机语言也经历了从低级到高的演变过程，包括机器语言、汇编语言、高级语言 3 个阶段。其中，机器语言是第一代计算机语言，它是用二进制代码表示的，只有 0 和 1，是计算机能直接识别和执行的指令系统，这些指令直接对应计算机硬件的操作，如数据传输、算术运算、逻辑运算等，每一条指令都明确地告诉计算机要执行的具体操作以及操作的对象和结果存放的位置。汇编语言是第二代计算机语言，为了克服机器语言难读、难编、难记和易出错的缺点，人们就用与代码指令实际含义相近的英文缩写词、字母和数字等符号来取代指令代码，于是就产生了汇编语言。无论是机器语言还是汇编语言都是面向硬件的，语言对机器的过分依赖，要求使用者必须对硬件结构和硬件工作原理都要十分熟悉，不利于计算机的推广应用，这促使人们去创造一些与人类自然语言相接近且能被计算机所接受、语意确定、规则明确、自然直观和通用易学的计算机语言，这样便诞生了高级语言。当前主流的 Java、Python、C、C++、PHP等都属于高级语言。

任务 2　了解 Java 语言的发展历史和特性

Java 是 Sun 公司（Sun Microsystems）于 1995 年推出的高级编程语言。在当前的软件开发行业中，Java 是主流的开发语言之一，图 1.2 为 Java 的 Logo。

图 1.2 Java Logo

1. Java 发展历程

1995 年，Sun 公司首先推出了可以嵌入网页并且可以随同网页在网络上传输的 Applet，并将 Oak 更名为 Java。

1995 年 5 月 23 日，Sun 公司在 Sun world 会议上正式发布 Java 和 HotJava 浏览器，首次提出"Write Once，Run Anywhere（一次编写，处处运行）"的口号。

1996 年 1 月，Sun 公司发布了 Java 的第一个开发工具包（JDK 1.0），这是 Java 发展历程中的重要里程碑，标志着 Java 成为一种独立的开发工具。

1998 年 12 月，第二代 Java 平台的企业版 J2EE 发布。

1999 年 6 月，Sun 公司发布了第二代 Java 平台（简称为 Java2）的 3 个版本：J2ME、J2SE 和 J2EE。Java 2 平台的发布，是 Java 发展过程中最重要的一个里程碑，标志着 Java 的应用开始普及。

2006 年 12 月 11 日，JDK6 发布，在这个版本中，Sun 公司终结了从 JDK 1.2 开始已经有 8 年历史的 J2EE、J2SE、J2ME 的产品线命名方式，启用 Java EE 6、Java SE 6、Java ME 6 的新命名来代替。

2009 年，Oracle 公司宣布收购 Sun。

2017 年 9 月 21 日，Oracle 公司发表 JDK 9。自 JDK 9 之后，Java 每 6 个月发布一个版本，每 3 年发布一个 LTS 版本。至 2023 年 9 月 19 日，Java 正式发布了最新的长期支持版本——Java 21，这一版本将获得官方 5 年重要的支持。

2. Java 语言特性

Java 语言是一种优秀的编程语言，因其具有简单性、面向对象、平台无关性、多线程、分布式、健壮性、安全性、高性能等诸多特性而被广泛运用。

（1）简单性。在 Java 面世之前，C++是较为主流的高级语言，Java 语言的语法与 C++语言很相近，但 Java 设计者们为了使其更加精炼简单，去掉了 C++语言中一般程序员很少使用的功能，这一举措让 Java 学习和使用难度大大降低，深受开发者喜爱。

（2）面向对象。Java 是一种纯粹的面向对象语言。它对对象中的类、对象、继承、封装、多态、接口、包等均有很好的支持。为了简单起见，Java 只支持类之间的单继承，但是可以使用接口来实现多继承。使用 Java 语言开发程序，需要采用面向对象的思想设计程序和编写代码。

（3）平台无关性。在 Java 诞生前，C 和 C++语言依赖于底层操作系统，不同的操作系统需要不同的程序，而 Java 通过引入虚拟机机制完美地解决了这个令人头疼的问题，真正实现了"一次编写，处处运行"，在 Windows、Linux、MacOS、Unix 等平台上都可以使用相同的代码，极大地提升了研发效率。

（4）多线程。多线程是 Java 语言的一大特性，支持多个线程同时执行（能同时处理不同任务），使具有线程的程序设计很容易。Java 的 lang 包提供一个 Thread 类，它支持开始线程、运行线程、停止线程和检查线程状态的方法。

（5）分布式。Java 语言支持 Internet 应用的开发，在 Java 的基本应用编程接口中就有一个网络应用编程接口，它提供了网络应用编程的类库，包括 URL、URLConnection、Socket 等。Java 的远程方法调用（Remote Method Invocation，RIM）机制也是开发分布式应用的重要手段。

（6）健壮性。Java 的强类型机制、异常处理机制和垃圾回收机制等都是 Java 健壮性的重要保证。

（7）安全性。Java 的安全模型是基于沙箱机制实现的。在 Java 中，每个应用程序都运行在一个独立的沙箱中，这个沙箱是一个安全的执行环境，可以保护应用程序不受到恶意攻击。Java 的沙箱机制可以限制应用程序的访问权限。

（8）高性能。Java 是一种先编译后解释的语言，与解释型的高级脚本语言相比，Java 的确是高性能的。另外，Java 虚拟机（JVM）可以进行即时编译（JIT）和垃圾回收等优化，提高了 Java 程序的性能。

任务 3　了解 Java 技术体系及 Java 程序开发步骤

1．Java 技术体系

按应用范围，Java 可分为 3 个体系，即 Java SE、Java EE 和 Java ME。

（1）JavaSE。JavaSE 的全称是 Java Platform Standard Edition（Java 平台标准版），是 Java 技术的核心，提供基础的 Java 开发工具、执行环境与应用程序接口（API），可用于开发和部署在桌面、服务器、嵌入式环境和实时环境中使用的 Java 应用程序。Java SE 包含了支持 Java Web 服务开发的类，并为 Java EE 提供基础。

（2）JavaEE。JavaEE 的全称是 Java Platform Enterprise Edition（Java 平台企业版），它主要用于网络程序和企业级应用的开发。

（3）JavaME。Java ME 的全称是 Java Platform Micro Edition（Java 平台微型版），Java ME 为在移动设备和嵌入式设备（例如：手机、PDA、电视机顶盒和打印机）上运行的应用程序提供一个健壮且灵活的环境，但自 iOS 和 Android 系统出现后，已很少被使用了。

2．Java 程序开发步骤

在对 Java 语言有了初步的认识之后，我们将学习如何开发 Java 程序，开发 Java 程序需要完成以下三步。

步骤 1：编写源程序。当开发者明确了要计算机做的事情之后，把要下达的指令逐条用 Java 语言描述出来，这就是编制程序。通常，这个文件被称为源程序或者源代码，图 1.3 中的 Program.java 就是一个 Java 源程序。就像 WPS 的文档使用.docx 作为扩展名一样，Java 源程序文件使用.java 作为扩展名。

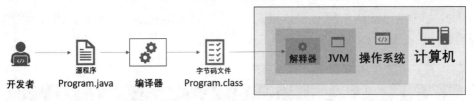

图 1.3　Java 程序开发过程

步骤 2：编译。编译是指使用 Java 编译器对源文件进行错误排查的过程，编译后将生成后缀名为.class 的字节码文件，字节码文件是一种和任何具体机器环境及操作系统环境无关的中间代码，它是一种二进制文件。如图 1.3 中的 Program.class 文件。

步骤 3：运行。编程人员和计算机都无法直接读懂字节码文件，它必须由专用的 Java 解释器来解释执行，因此 Java 是一种在编译基础上进行解释运行的语言。Java 解释器在翻译字节码文件时并不是一次性全部翻译，而是边翻译边运行，这是解释性语言的特性。

Java 解释器负责将字节码文件翻译成具体硬件环境和操作系统平台下的机器代码，以便执行，而 Java 解释器是 Java 虚拟机（JVM）的一部分。因此 Java 程序不能直接运行在现有的操作系统平台上，它必须运行在 Java 虚拟机的软件平台上。在运行 Java 程序时，首先会启动 JVM，然后由它来负责解释执行 Java 的字节码程序，所以，只要在不同的计算机上安装了针对特定平台的 JVM，Java 程序就可以运行，而不用考虑当前具体的硬件平台及操作系统环境，也不用考虑字节码文件是在何种平台上生成的。

JVM 把这种不同软、硬件平台的具体差别隐藏起来，从而实现了真正的二进制代码级的跨平台移植。JVM 是 Java 平台架构的基础，Java 的跨平台特性正是通过在 JVM 中运行 Java 实现的。

整个编译和运行的过程对于开发者和用户来说是透明的，我们只需要使用 JDK（Java Development Kit，Java 开发工具包）就能够实现编译和运行的功能。JDK 软件可以从 Oracle 公司网站（https://www.oracle.com）免费获得。

任务 4　能够正确搭建 Java 开发环境

1. 下载 Java 软件开发工具包 JDK

Java 软件开发包 JDK 的下载步骤如下：

步骤 1：用任意浏览器打开 Oracle 网站（https://www.oracle.com），如图 1.4 所示。

图 1.4　Oracle 网站

步骤 2：在如图 1.4 所示的 Oracle 网站中，单击上部 Resources 菜单，出现如图 1.5 所示的资源列表，单击 Java Downloads，进入 Java 下载页。

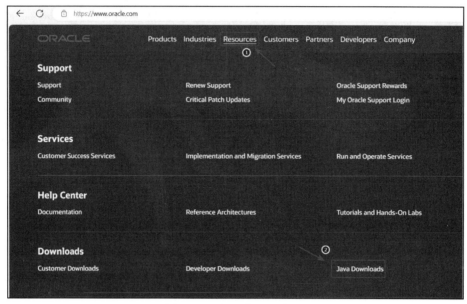

图 1.5　选择下载 Java 资源

步骤 3：进入如图 1.6 所示的 Java 下载页面，会默认选中 Java downloads 选项卡和当前最新版本的 JDK，本教材所用版本为 JDK 21。在该界面下拉浏览器滚动条，如图 1.7 所示，选择 JDK 要安装的平台（即操作系统），本教材选择安装在 Windows 系统，然后点击"X64 Installer"后的超链接，浏览器将开始下载 jdk-21_windows-x64_bin.exe 文件。

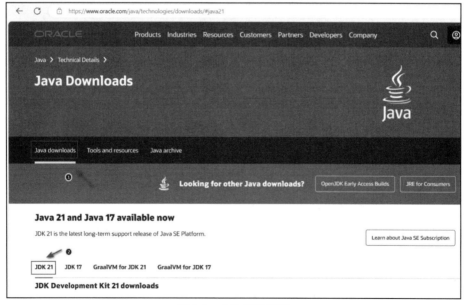

图 1.6　JDK 下载界面

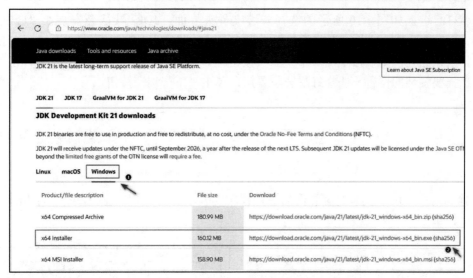

图 1.7 选择安装平台和安装包

2. 安装 JDK

JDK 的安装步骤如下。

步骤 1：找到下载的 jdk-21_windows-x64_bin.exe 文件，在右键菜单选择"以管理员身份运行"，如图 1.8 所示。

图 1.8 以管理员身份运行 JDK 安装程序

步骤 2：如图 1.9 所示，进入 JDK 的安装向导界面，单击"下一步"按钮。

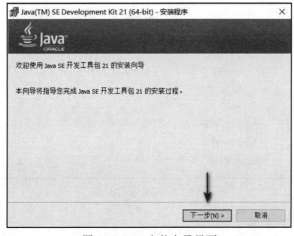

图 1.9 JDK 安装向导界面

步骤 3：进入如图 1.10 所示的选择安装文件夹界面，JDK 默认会安装在 "C:\Program Files\Java\jdk-（版本号）"内，当前下载版本为 21，默认路径为 "C:\Program Files\Java\jdk-21"，如果选择默认路径，则直接单击"下一步"按钮。如果想安装在其他位置，可以单击"更改"按钮去选择要安装的位置，选择好安装位置后，单击"下一步"按钮。

经验分享

为避免后续出现问题，安装 JDK 的文件夹不要使用中文命名，整个路径中不要包含中文。

步骤 4：进入 JDK 安装进度界面后等待程序安装，安装完成后进入如图 1.11 所示的安装完成界面，单击"关闭"按钮完成安装。

图 1.10　选择安装文件夹界面

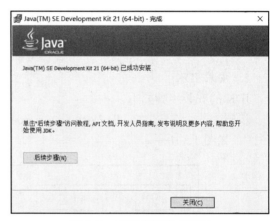
图 1.11　JDK 安装完成界面

JDK 安装完成后，打开安装目录，该目录下具有多个子目录和一些文件，如图 1.12 所示。

图 1.12　JDK 安装目录

其中重要目录说明如表 1.1 所示。

表 1.1　JDK 安装目录说明

文件夹	说明
bin	存放 JDK 的各种工具命令，如：javac、java
conf	存放 JDK 的相关配置文件
include	存放一些平台特定的头文件
jmods	存放 JDK 的各种模块
legal	存放 JDK 各模块的授权文档
lib	存放 JDK 工具的一些补充 jar 包

3.　正确配置 Java 环境变量

JDK 安装完成后，还不能正常使用，需要配置 Java 环境变量，具体步骤如下。

步骤 1：在电脑桌面找到"此电脑"图标，在右键菜单选择"属性"，如图 1.13 所示。

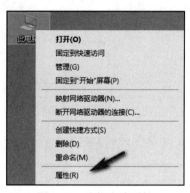

图 1.13　选择电脑属性

步骤 2：进入如图 1.14 所示的属性界面，单击"高级系统设置"。

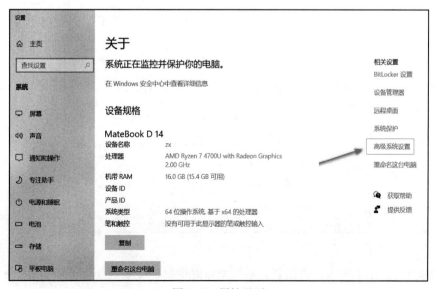

图 1.14　属性界面

步骤 3：进入如图 1.15 所示的系统属性界面，单击"环境变量"按钮。

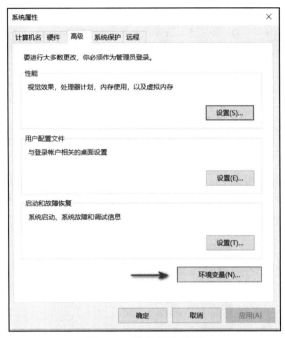

图 1.15　系统属性界面

步骤 4：进入环境变量界面，在系统变量下，单击"新建"按钮，如图 1.16 所示。

图 1.16　环境变量界面

步骤 5：如图 1.17 所示，弹出新建系统变量对话框，变量名处填"Java_Home"，变量值为 JDK 的安装路径，本教材 JDK 安装在默认位置，路径为 C:\Program Files\Java\jdk-21。如果读者在图 1.10 所示的设置 JDK 安装文件夹步骤自定义了安装目录，则单击"浏览目录"按钮，选择 JDK 的安装目录，最后单击"确定"按钮。

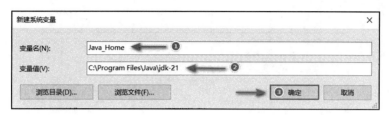

图 1.17　配置 Java_Home

步骤 6：再次单击图 1.16 中的"新建"按钮，弹出新建系统变量对话框，输入变量名为"CLASSPATH"，变量值为".;%JAVA_HOME%\lib\dt.jar;%JAVA_HOME%\lib\tools.jar;"，单击"确定"按钮保存，如图 1.18 所示。

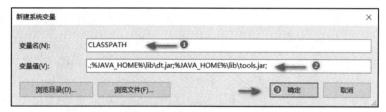

图 1.18　配置 CLASSPATH

步骤 7：如图 1.19 所示，在系统变量中找到名为"Path"的变量并选中，单击"编辑"按钮。

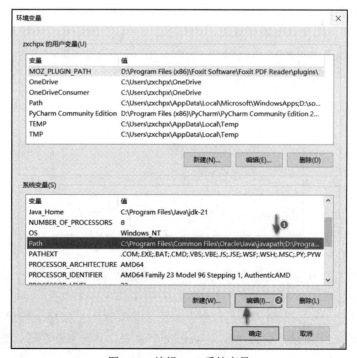

图 1.19　编辑 Path 系统变量

步骤 8：如图 1.20 所示，在编辑环境变量界面中单击"新建"按钮，新增"%JAVA_HOME%\bin"变量，然后单击"上移"，将新增加的"%JAVA_HOME%\bin"变量移到第一行，完成后单击"确定"按钮。

图 1.20　编辑环境变量界面

如上配置完系统变量后，单击图 1.19 界面中的"确定"按钮，完成环境变量的配置。

4. 验证 Java 开发环境

在 JDK 安装和环境变量配置完成后，可以通过以下方法验证开发环境是否可以正常使用。

步骤 1：同时按下 Windows 徽标键+R 键，启动"运行"对话框，输入"cmd"并单击"确定"按钮，如图 1.21 所示。

图 1.21　启动运行对话框

步骤 2：如图 1.22 所示，在命令行窗口输入 "javac"命令，按下回车键，查看 Java 编译环境是否正常。

步骤 3：如 1.23 所示，输入"java"命令，按下回车键，查看 Java 运行是否正常。

步骤 4：如图 1.24 所示，输入"java -version"命令，并按下回车键，查看是否正确输出 Java 版本号。

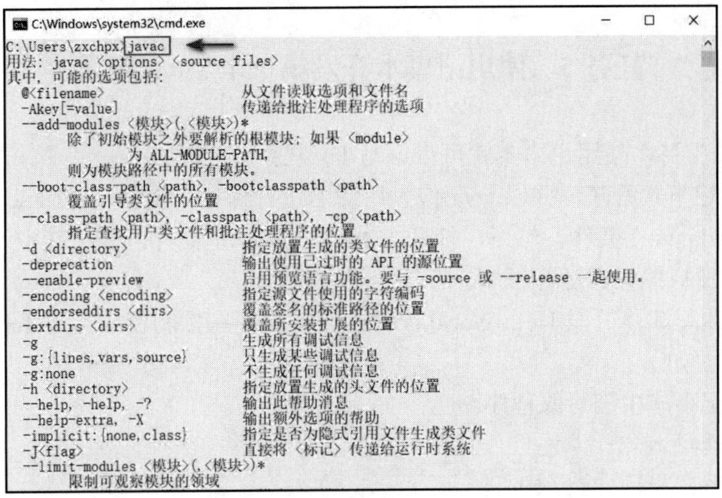

图 1.22   执行 javac 命令

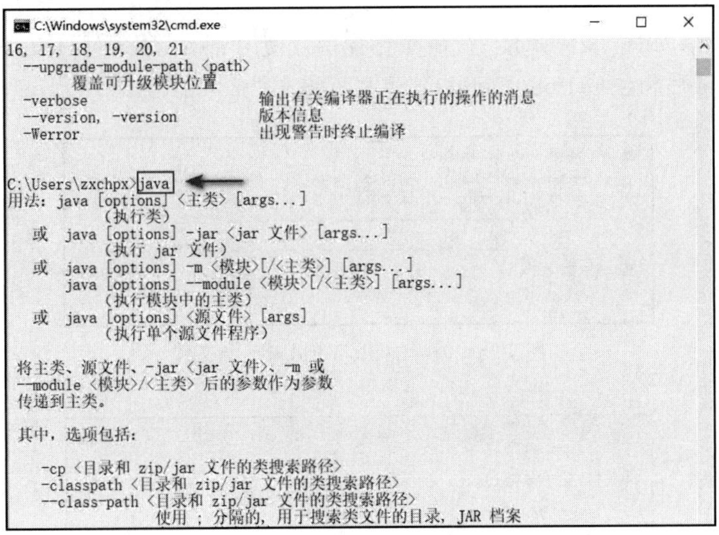

图 1.23   执行 java 命令

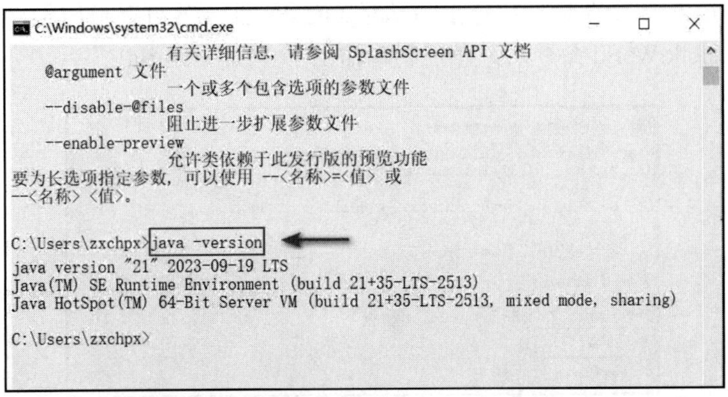

图 1.24   执行 "java -version" 命令

任务 5　使用记事本开发第一个 Java 程序

有了 JDK 的支持，使用记事本就可以编写 Java 源程序。

首先，创建记事本程序，并以.java 作为后缀名进行保存。例如，在 D:\example 文件夹下创建"HelloWorld.java"文件。然后，打开 HelloWorld.java 文件，并在其中编写 Java 代码，最后通过命令行窗口编译、运行程序。

示例 1：使用记事本开发 HelloWorld.java 程序，实现在控制台输出"HelloWorld!!"

具体实现步骤如下：

步骤 1：在记事本中编写源程序。

```java
public class HelloWorld {
    public static void main(String[] args) {
        System.out.println("HelloWorld!!");
    }
}
```

步骤 2：编译。如图 1.25 所示，在命令行窗口，使用 javac 命令对 HelloWorld.java 文件进行编译，编译完成后将生成 HelloWorld.class 字节码文件，如图 1.26 所示。

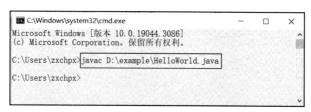

图 1.25　编译 HelloWorld.java 源文件

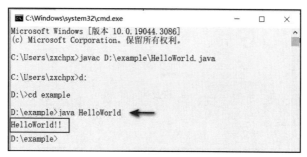

图 1.26　生成 HelloWorld.class 字节码文件

在控制台使用 java 命令运行编译后生成的.class 文件，就可以输出程序结果。如图 1.27 所示，运行 java HelloWorld 命令后，在控制台输出了"HelloWorld!!"。

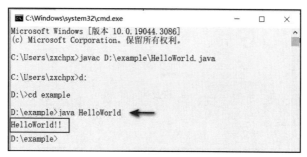

图 1.27　使用 java 命令运行 HelloWorld 程序

小结：

（1）Java 程序源文件的后缀名为 ".java"。

（2）使用 javac 命令编译 Java 源文件，生成扩展名为.class 的字节码文件。

（3）使用 java 命令运行字节码文件。

（4）main()函数是 Java 程序执行的入口，格式为：public static void main(String[] args) {...}。

（5）Java 的输出语句为：System.out.println("输出内容")。

任务 6　使用常用集成开发环境开发 Java 程序

1．Java 集成开发环境

集成开发环境（Integrated Development Environment，IDE），是指辅助程序员开发程序的应用软件，一般包括代码编辑器、编译器、调试器和图形用户界面等工具。工欲善其事，必先利其器，好的 IDE 可以帮助程序员节省时间和精力，让开发工作更加快捷方便，为开发团队建立统一标准，并有效管理开发工作。

经过多年的发展，Java 已经有了许多比较成熟的 IDE 集成开发环境，常用的有 Eclipse、MyEclipse 和 IntelliJ IDEA 等。

（1）Eclipse。Eclipse 是一个功能强大的集成开发环境，是一个开放源代码的、基于 Java 的可扩展开发平台。Eclipse 只是一个框架和一组服务，用于通过插件、组件构建开发环境，最初主要用于 Java 语言开发，通过安装不同的插件，Eclipse 可以支持不同的计算机语言，比如 C++和 Python，这使得 Eclipse 拥有其他功能相对固定的 IDE 软件很难具有的灵活性。本教材使用 Eclipse 作为集成开发环境。

（2）MyEclipse。MyEclipse 企业级工作平台（MyEclipse Enterprise Workbench，简称 MyEclipse）是对 Eclipse IDE 的扩展，是一个优秀的集成开发环境。利用 MyEclipse 可以在数据库和 JavaEE 的开发、发布和应用程序服务器的整合方面极大地提高工作效率。

（3）IntelliJ IDEA。IDEA 全称 IntelliJ IDEA，在业界被公认为好用的 Java 开发工具之一，在企业级开发中应用广泛，它有优秀的稳定性，在智能代码助手、代码自动提示、重构、JavaEE 支持、各类版本工具（git、svn 等）、JUnit、CVS 整合、代码分析、创新的 GUI 设计等方面的功能可以说是超常的。它的旗舰版还支持 HTML，CSS，PHP，MySQL，Python 等语言，免费版只支持 Java、Kotlin 等少数语言。

2．使用 Eclipse 开发 Java 程序

（1）下载安装 Eclipse。初学者可以使用 Eclipse 集成开发环境，下载安装步骤如下。

步骤 1：在浏览器中打开 Eclipse 的下载链接 https://www.eclipse.org/downloads，下载界面如图 1.28 所示，在下载页面选择当前最新版本，单击 Download Packages 链接。

步骤 2：进入下载 Eclipse Package 界面，根据操作系统选择要下载的版本，本教材选择 Windows x86_64，如图 1.29 所示。

步骤 3：进入下载 Eclipse 文件界面，单击 Download 按钮或 eclipse-java-2023-09-R-win32-x86_64.zip 链接，开始下载，如图 1.30 所示。

图 1.28　Eclipse 下载界面

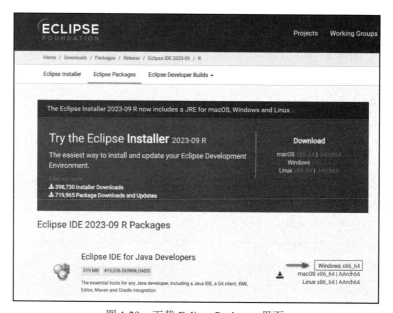

图 1.29　下载 Eclipse Packages 界面

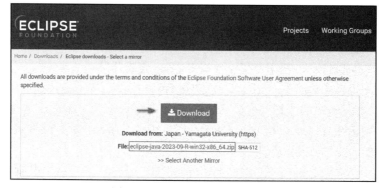

图 1.30　进入下载安装文件界面

步骤 4：下载的 Eclipse 是绿色版，无须安装，解压后，Eclipse 的安装目录如图 1.31 所示，双击 eclipse.exe 可执行文件，启动 Eclipse。

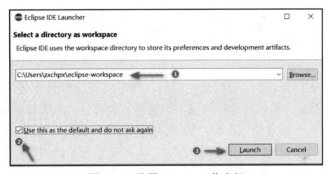

图 1.31　Eclipse 安装目录

（2）使用 Eclipse 开发 Java 程序。安装完成后，使用 Eclipse 开发程序的步骤如下。

步骤 1：如图 1.32 所示，在第一次启动 Eclipse 时，要求选择某一目录作为 Eclipse 的 workspace（工作空间），可以选择默认目录或者自定义目录，然后勾选 Use this as the default and do not ask again 复选框，将该目录作为默认目录、下次不再询问，单击 Launch 按钮启动 Eclipse。

图 1.32　设置 Eclipse 工作空间

步骤 2：如图 1.33 所示，第一次启动 Eclipse，在欢迎界面，开发者可以选择要进行的操作。单击 Create a new java project，创建一个新的 Java 项目。

图 1.33　Eclipse 欢迎界面

步骤 3：如图 1.34 所示，在创建项目界面输入项目名称，比如 firstproject，在 JRE 单选列表中，勾选 Use a project specific JRE:单选框，单击右侧 Configure JREs 链接，打开如图 1.35 所示的窗口，选择本机安装的 JRE，单击 Apply and Close 按钮完成 JRE 的选择，设置完成后单击 Finish 按钮。

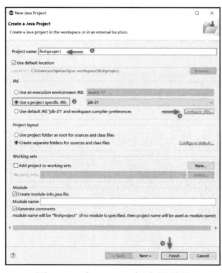

图 1.34　在 Eclipse 创建新项目　　　　图 1.35　为项目安装 JRE

步骤 4：如图 1.36 所示，在项目创建完成后，进入 Eclipse 软件界面，其中顶部为菜单栏，包括文件、编辑、源代码、搜索、运行与窗口等菜单，大部分的向导和各种配置对话框都可以从菜单栏中打开。菜单栏下方是工具栏，包括文件工具栏、调试、运行、搜索、浏览工具栏等（工具栏中的按钮都是相应的菜单的快捷方式）。工具栏下方左侧为包资源管理器视图，用于显示 Java 项目中的源文件、引用的库等，开发 Java 程序主要用这个视图。包资源管理器视图右侧是编辑器，用于代码的编辑。编辑器的右上角是任务列表，用于进行任务管理。编辑器下方是问题视图，用于显示代码或项目配置的错误，双击错误项可以快速定位代码。

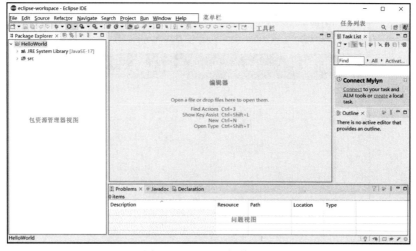

图 1.36　Eclipse 软件界面

步骤 5：如图 1.37 所示，在项目名称 firstproject 上右击，在出现的菜单列表中，将鼠标悬停在菜单 New 上，在出现的列表菜单中单击 Class，将进入创建类的界面。

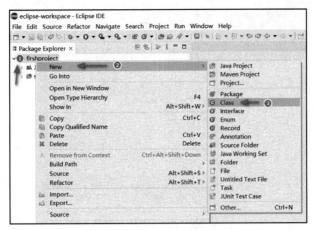

图 1.37　在项目中创建类

步骤 6：如图 1.38 所示，在创建类的界面中输入类名，例如 HelloWorld，然后勾选 public static void main(String[] args)复选框，自动创建 main 函数，设置完成后单击 Finish 按钮。

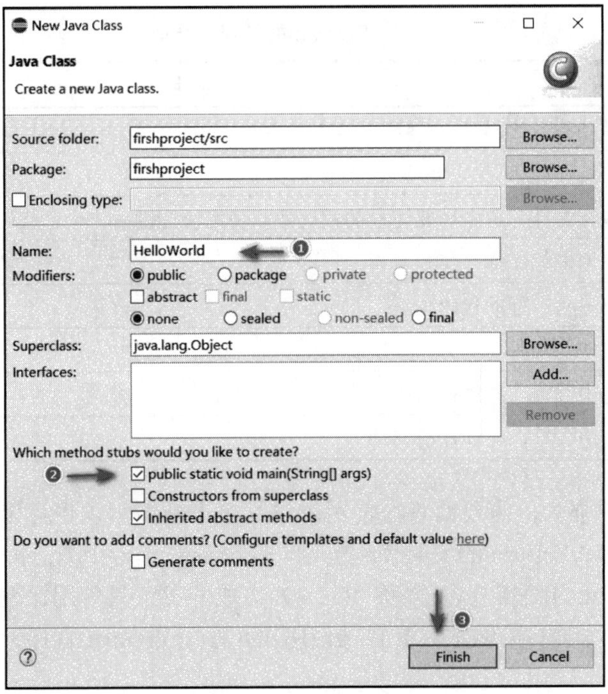

图 1.38　创建类的界面

步骤 7：如图 1.39 所示，在项目 firstproject 中，创建了一个 HelloWord.java 的类，类中已经写好了 main 函数，在类中写入"System.out.println("我的第一个 Java 程序！");"语句，单击工具栏中的运行按钮，或单击菜单栏中的 Run 菜单，在其下拉列表中单击 run 都可以运行程序，程序运行结束后在控制台输出了结果"我的第一个 Java 程序！"。

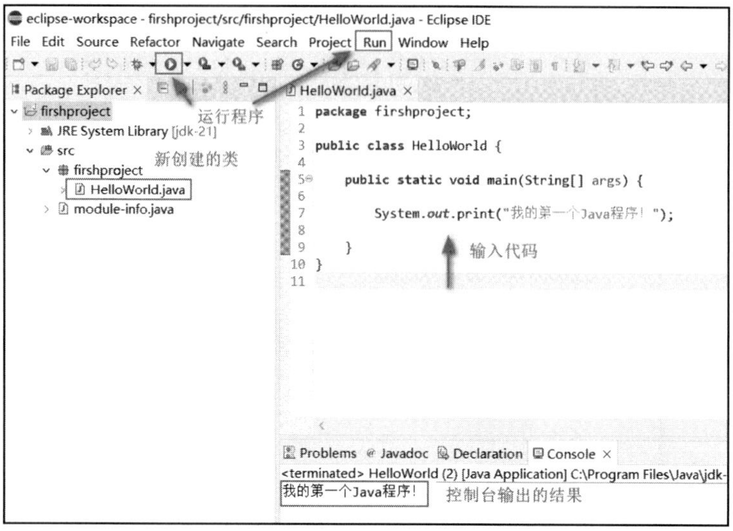

图 1.39　在 Eclipse 中编写运行程序

使用 Eclipse 开发程序，项目、类的创建都是配置式的，程序的编译和运行也由 Eclipse 全权负责，让程序开发者省去了很多基础、重复、烦琐的工作。另外，Eclipse 提供了很多快捷键，使用这些快捷键可以极大地提升开发效率，Eclipse 的常用快捷键如表 1.2 所示。

表 1.2　Eclipse 的常用快捷键

快捷键	功能
Alt + /	手动补全代码
Ctrl + /	单选注释
Ctrl + Shift + /	多行注释，选中需要注释的代码块，使用快捷键后将全部代码注释掉
Ctrl + Shift + |	取消多行注释
Ctrl + D	删除指定行的代码
Ctrl + Shift + F	格式化代码
Tab	选中数行，整体往后移动
Shift + Tab	选中数行，整体往前移动

Eclipse 的功能很强大，需要读者在使用的过程中不断探索，也可以通过互联网学习更多高级的用法和功能。MyEclipse 的安装使用方法与 Eclipse 比较相似，不再赘述。

在企业开发中，IntelliJ IDEA（简称 IDEA）集成开发工具使用比较广泛，限于篇幅本书不做介绍，读者可通过随书扩展学习资料《使用 IDEA 开发 Java 程序》文档，学习其下载、安装和使用方法。

本　章　小　结

（1）人给计算机所下达的每一个命令被称为指令，它对应着计算机执行的一个基本动作，计算机按照某种顺序完成一系列指令，这一系列指令的集合称为程序。

（2）Java 语言是一种优秀的编程语言，因其具有简单、面向对象、平台无关、多线程、分布式、健壮性、安全性、高性能等诸多特性而被广泛运用。

（3）按应用范围，Java 可分为 3 个体系，即 Java SE（Java Platform Standard Edition-Java 平台标准版）、Java EE（Java Platform Enterprise Edition-Java 平台企业版）和 Java ME（Java Platform Micro Edition-Java 平台微型版）。

（4）开发一个 Java 应用程序的基本步骤是：编写源程序、编译程序和运行程序。源程序以.java 为后缀名，编译后生成的文件以.class 为后缀名。使用 javac 命令可以编译.java 文件，使用 java 命令可以运行编译后生成的.class 文件。

（5）Java 解释器是 Java 虚拟机（JVM）的一部分，Java 解释器负责将字节码文件翻译成具体硬件环境和操作系统平台下的机器代码，以便执行。JVM 把这种不同软、硬件平台的具体差别隐藏起来，从而实现了真正的二进制代码级的跨平台移植。JVM 是 Java 平台架构的基础，让 Java 实现了"一次编写，处处运行"。

（6）JDK（Java Development Kit，Java 开发工具包）是整个 Java 开发的核心，它包含了 Java 的运行环境（JVM+Java 系统类库）和 Java 工具。

（7）IDE 是 Integrated Development Environment（集成开发环境）的缩写，是指辅助程序员开发程序的应用软件，一般包括代码编辑器、编译器、调试器和图形用户界面等工具。Java 已经有了许多比较成熟的 IDE 集成开发环境，常用的有 Eclipse、MyEclipse 和 IntelliJ IDEA。

本 章 习 题

一、简答题

1. 请写出 Java 程序开发的步骤。

2. 使用记事本编写 Java 程序并运行输出结果具体的实现步骤是什么？请详细说明并写出必要的命令。

二、实践项目

需求：编写一个 Java 程序，在控制台输出"我要学好 Java！"，分别使用记事本、Eclipse 实现。

有了希望，人就会产生激情，并可以义无反顾地为之而付出代价；在这样的过程中，才能真正体会到人生的意义。什么是人生？人生就是永无休止的奋斗！只有决定了目标并在奋斗中，感到自己的努力没有虚掷，这样的生活才是充实的，精神也会永远年轻！

——路遥《平凡的世界》

第2章　Java 基础语法

本章导读

Java 是一门高级程序语言，既然是语言，就不可避免地要学习语法规则，本章将重点学习 Java 基础语法，包括注释、变量、数据类型、关键字、基本输入输出等。

本章还会讲解 Java 的编码规则和命名规范，读者在编写程序过程中要养成良好的编程习惯，遵守 Java 的命名规范，在实现功能的同时，力求让程序更优雅。

思维导图

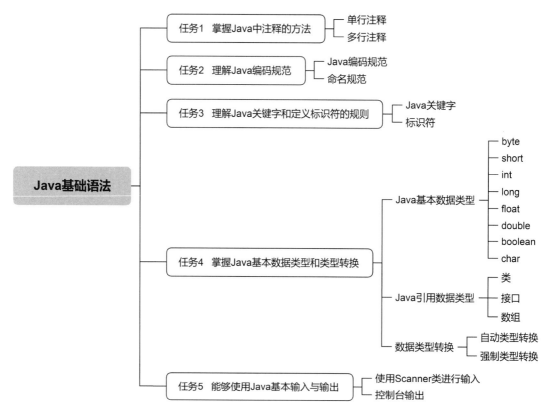

本章预习

预习本章内容，在作业本上完成以下简答题。

（1）在 Java 中如何进行单行注释和多行注释？

（2）Java 中的基本数据类型有哪些？

（3）如何声明一个变量？

（4）boolean 类型的变量可以取哪些值？

任务 1　掌握 Java 中注释的方法

注释（Comments）用来提示或解释某些代码的作用和功能。注释可以出现在代码中的任何位置。Java 的 JVM 虚拟机在执行代码时会忽略注释，不做任何处理，就好像它不存在一样。在调试（Debug）程序的过程中，注释也不会参与编译和运行。

注释的最大作用是提高程序的可读性和可维护性，没有注释的程序是极难维护的，一般情况下，合理的代码注释应该占源代码的 1/3 左右。

Java 常用的注释包括单行注释和多行注释。

1. 单行注释

在 Java 中，使用"//"作为单行注释的符号，从"//"开始，直到这行结束为止的所有内容都是注释。Java 虚拟机遇到"//"时，会忽略它后面的整行内容，如示例 1 所示，单行注释可以在代码的上面，也可以在代码的右侧。

示例 1：在程序中使用单行注释。

```
//HelloWorld 类
public class HelloWorld {
    public static void main(String[] args) {
        System.out.println("HelloWorld"); //在控制台输出 HelloWorld
    }
}
```

示例解析：在示例 1 中，第一个单行注释在类的上面，用于说明类的用途。第二个单行注释在输出语句右侧，用于说明该语句的作用。

> **经验分享**
>
> （1）在添加注释时，注释要有意义且描述准确，以增加代码的可读性和可维护性。
>
> （2）单行注释一般放在代码的上面或右边，不能放在一句代码的内部，否则会导致代码不完整，执行出现错误。

2. 多行注释

在 Java 中，如果需要注释多行代码或者有大段的代码解释文字，可以使用"/*注释内容*/"进行多行注释。

示例 2：在代码前使用多行注释来说明程序的功能。

```
/*
程序功能：我国珠穆朗玛峰高约 8848 米，一张纸的厚度是 0.4 毫米。
求：在理论情况下，一张纸折叠多少次可以超越珠穆朗玛峰的高度？
*/
public class Test {
    public static void main(String[] args) {
        double b = 0.0004;
        int count = 0;        //记数器，用于记录折叠次数
        while (b <= 8848) {
            b *= 2;
```

```
                    count++;
                }
                System.out.println(count);
            }
    }
```

示例解析：在示例 2 中，在 Test 类的上方通过多行注释说明了该类的功能，使用单行注释说明了变量 count 的作用。运行程序，执行结果为：25。

经验分享 -

（1）多行注释中的"/*"和"*/"号必须成对出现，有开始必须要有结束。

（2）多行注释可以出现在程序的开始用于说明程序的功能、版权等信息，也可以用于在程序中去掉暂时不需要的一整段代码。

任务 2　理解 Java 编码规范

1. Java 编码规范

为了使代码更加整洁、易读和易维护，各程序开发语言都形成了一系列符合自身特点的编码规范。养成良好的编码习惯、遵循一定的代码编写规范和命名规则，对代码的理解和维护具有重要意义，同时也能体现出开发者的素养。

Sun 公司在 1999 年发布了《Java 编程语言代码规范》（简称编码规范），是一篇重要的参考文献，本教材就部分重要规则进行讲解。

（1）在 Java 中，每条语句必须以半角的";"结尾，以表示语句结束。

（2）在 Java 中，对于类定义、函数定义、流程控制语句、异常处理语句等，都需要用大括号"{}"将代码块括起来，"{"和"}"必须成对出现。

（3）Java 虽然对代码缩进没有严格的要求，但为了提升代码的可读性和可维护性，同一级别代码块的缩进量要相同，Java 中实现对代码的缩进可以使用空格键（4 个空格）或者 Tab 键实现。

（4）每行代码建议不超过 80 个字符。

（5）在函数、类定义、方法之间等必要的地方空行，可以增加代码的可读性。

（6）通常情况下，在运算符、函数参数之间和","两侧建议各加一个空格，有助于增加代码的可读性。

（7）适当使用异常处理结构提高程序的容错性，并准确提示异常信息。

（8）尽可能细致地加上有意义的注释。

2. 命名规范

在开发中，自定义类、函数、变量时都要对其命名，遵循命名规范在编写代码时具有重要意义，可以更加直观地了解程序功能或所代表的含义，从而增加程序的可读性和可维护性。Java 基本命名规范：

（1）命名要有意义，达到"见名知义"的目的，如 age，name，student，result，id，address，避免使用单个字母或会引起歧义的名称。

（2）类和接口名的首字母应该大写，如 Student、Teacher。如果需要多个单词，须采用"大驼峰命名法"，即每个单词的首字母要大写，如 StudentList、GetTeacherInfo。

（3）类的属性、方法、对象及变量名的首字母应小写，如 name、student、age。如果需要多个单词，须采用"小驼峰命名法"，即第一个单词首字母小写，后面每个单词的首字母大写，如 getName、setAge、studentNumber。

（4）包名全小写，中间可以用点"."分隔开。作为命名空间，包名要具有唯一性，推荐采用公司或组织域名的倒置，如 cn.edu.ytgc。

（5）常量名全大写，如果是由多个单词构成，可以用下划线隔开，如 YEAR、WEEK_OF_MONTH。

任务 3 理解 Java 关键字和定义标识符的规则

1. 关键字

关键字（或称保留字）是对编译器有特殊意义的固定单词，已经被 Java 语言设定了专门意义和用途，不能在程序中做其他目的使用的单词。例如，在编写 HelloWorld.java 程序中使用的 class 就是一个关键字，它用来声明一个类，public 也是关键字，它用来表示公共类，static 和 void 也是关键字，它们的使用将在本教材后面的章节中详细介绍。

Java 语言中的关键字已被 Java 语言占用，开发者不能将其作为变量名、类名和方法名来使用，如表 2.1 所示，对 Java 关键字进行了分类。

表 2.1 Java 关键字

类型	关键字
数据类型	boolean、byte、short、int、long、float、double、char
访问控制	public、protected、private、default
类、接口、方法和变量修饰符	abstract、class、extends、final、implements、interface、native、static、strictfp、synchronized、transient、volatile、enum、module、requires
程序控制	if、else、do、while、for、switch、case、break、continue、return、instanceof、assert
异常处理	try、catch、finally、throw、throws
包相关	package、import、exports
变量引用	new、this、supper、void
其他保留字	goto、const

经验分享

（1）由于 Java 严格区分大小写，public 是关键字，而 Public 则不是关键字。但是为了避免混淆和提升程序可读性，要尽量避免使用关键字的其他形式来命名。

（2）Java 中的 null、ture 和 false 虽然不是关键字，但也不允许作为标识符使用。

2. 标识符

标识符是为方法、变量或其他用户定义项所定义的名称。标识符可以有一个或多个字符。在 Java 语言中，标识符的命名规则如下。

（1）标识符由数字（0～9）、字母（A～Z 和 a～z）、美元符号（$）、下划线（_）和 Unicode 字符集中大于 0xC0 的所有符号组合构成（各符号之间没有空格）。

（2）标识符的第一个符号为字母、下划线和美元符号，后面可以是任何字母、数字、美元符号或下划线。

（3）标注符不能以数字开头，也不能使用 Java 关键字作为标识符。

（4）Java 严格区分大小写，如 mybook 和 myBook 是两个不同的标识符。

任务 4 掌握 Java 基本数据类型和类型转换

计算机使用内存来记忆运算时要使用的数据。内存是一个物理设备，在存储数据时根据数据的类型为数据在内存中分配一块空间，然后数据就可以放进这块空间中，系统根据内存地址找到这块内存空间的位置，也就找到了存储的数据。但是内存地址非常不好记，因此，我们给这块内存空间起一个别名，通过使用别名找到对应空间存储的数据,这个别名就被称为变量，变量是一个数据存储空间的表示。

在编程中，数据类型是一个重要的概念，编程语言编写的程序都是对数据进行处理或运算的，必然涉及到对数据的存储，定义了数据类型后，在内存中可以为不同数据类型的变量分配不同大小的存储空间，例如，家庭地址可以使用字符串类型存储，年龄可以使用整型存储，体重可以使用浮点类型存储，是否结婚可以使用布尔类型存储。

Java 语言是强类型语言，在定义变量时必须要明确指定变量的数据类型，内存管理系统会根据变量的数据类型为变量分配存储空间，如图 2.1 所示。

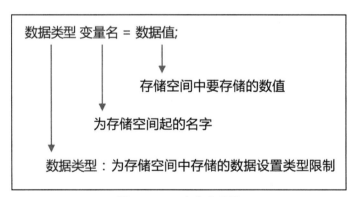

图 2.1　Java 中定义变量

例如：代码 int age =18，代码中定义的变量 age 是 int 类型，在内存中存储时会为其开辟 4 个字节的存储空间，名称为 age，所存储的是 18 的二进制值（10010）。

如图 2.2 所示，Java 语言支持的数据类型分为两种：基本数据类型（Primitive Type）和引用数据类型（Reference Type）。

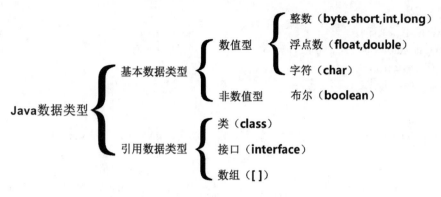

图 2.2　Java 数据类型

1. Java 基本数据类型

Java 基本数据类型包括 byte（字节型）、short（短整型）、int（整型）、long（长整型）、float（单精度浮点型）、double（双精度浮点型）、char（字符型）、boolean（布尔型）8 种，各数据类型所使用的关键字、占用的内存空间和取值范围如表 2.2 所示。

表 2.2　Java 基本数据类型

类型名称	关键字	占用内存	取值范围
字节型	byte	1 字节	-128～127
短整型	short	2 字节	-32768～32767
整型	int	4 字节	-2147483648～2147483647
长整型	long	8 字节	-9223372036854775808L～9223372036854775807L
单精度浮点型	float	4 字节	-3.4E+38F～+3.4E+38F（6～7 个有效位）
双精度浮点型	double	8 字节	-1.8E+308～+1.8E+308（15 个有效位）
字符型	char	2 字节	0～65535（Unicode 字符集）
布尔型	boolean	1 字节	true 或 false

经验分享

（1）Java 中，变量必须先声明后使用，且在使用前必须要先赋值。

（2）各数据类型的取值范围不需要死记硬背，在了解各数据类型的特点后，使用时根据人类自然语言选择合适的数据类型即可。

（1）字节数据类型 byte。字节数据类型是 8 位有符号整数数据类型，其范围为-128(-2^7)～127（2^7-1）。字节类型是 Java 中可用的最小整数数据类型。

当程序中变量值在-128～127 范围内，或在文件或网络中处理二进制数据时，可以使用字节变量。另外，Java 定义了 Byte 类，它定义了两个常量 Byte.MAX_VALUE 和 Byte.MIN_VALUE 来表示字节数据类型的最大和最小值。

示例 3：创建一个 Java 程序，在 main() 方法中声明 byte 类型的变量，并输出 byte 类型的最大值和最小值。

```java
public class ByteTest {
    public static void main(String [] args){
        byte num1;
        byte num2;
        byte max;
        byte min;
        int sum ;                              //声明 int 类型的变量 sum
        num1 = 90;                             //为变量 num1 赋值
        num2 = 100;                            //为变量 num2 赋值
        sum = num1+num2;                       //求 num1 和 num2 的和并赋值给变量 sum
        max = Byte.MAX_VALUE;                  //将 byte 类型的最大值赋值给变量 max
        min = Byte.MIN_VALUE;                  //将 byte 类型的最小值赋值给变量 min
        System.out.println("num1 + num2 =" + sum);
        System.out.println("byte 类型最大值为： " + max);
        System.out.println("byte 类型最小值为： " + min);
    }
}
```

运行程序，在控制台输出结果为：

```
num1 + num2 =190
byte 类型最大值为：127
byte 类型最小值为：-128
```

示例解析：在示例 3 中，定义了 byte 类型的变量 num1 和 num2，然后定义了 int 类型的变量 sum 用来保存 num1 与 num2 的和，此处要注意：num1+num2=190，范围超过了 byte 类型的最大值 127，所以 sum 变量的类型要定义为整型。程序中分别定义了 max 和 min 两个 byte 类型的变量用于存储 byte 类型的最大值和最小值，程序最后通过三条输出语句，在控制台输出了 sum、max 和 min 三个变量的值。

在 Java 中，允许一行声明多个同类型的变量，每个变量之间用 "," 隔开。示例 3 的代码也可以调整为以下形式。

```java
public class ByteTest {
    public static void main(String [] args){
        byte num1,num2,max,min;                //声明 byte 类型的变量 num1,num2,max,min
        int sum;                               //声明 int 类型的变量 sum
        num1 = 90;                             //为变量 num1 赋值
        num2 = 100;                            //为变量 num2 赋值
        sum = num1+num2;                       //求 num1 和 num2 的并赋值给变量 sum
        max = Byte.MAX_VALUE;                  //将 byte 类型的最大值赋值给变量 max
        min = Byte.MIN_VALUE;                  //将 byte 类型的最小值赋值给变量 min
        System.out.println("num1 + num2 =" + sum);
        System.out.println("byte 类型最大值为： " + max);
        System.out.println("byte 类型最小值为： " + min);
    }
}
```

运行程序，输出结果与示例 3 一致。

（2）整型。Java 定义了 3 种整数类型（简称整型）变量：短整型（short）、整型（int）和长整型（long），这些都是有符号的值，为正数或负数。而字节型（byte）也可以用来表示整数，尤其是处理一些占用空间小且范围有限的数据时，如文件流中的字节数据、网络传输中的字节数据等，可以使用 byte 类型以节省内存空间。

示例 4：创建一个 Java 程序，在 main() 方法中声明各种整型的变量并赋予初值，最后将变量相加并输出结果。

```
public class IntTest {
    public static void main(String[] args) {
        byte a = 20;              //声明一个 byte 类型的变量并赋予初始值为 20
        short b = 10;             //声明一个 short 类型的变量并赋予初始值为 10
        int c = 30;               //声明一个 int 类型的变量并赋予初始值为 30
        long d = 40;              //声明一个 long 类型变量并赋予初始值为 40
        long sum = a + b + c + d;
        System.out.println("20+10+30+40=" + sum);
    }
}
```

运行程序，输出结果为：

```
20+10+30+40=100
```

思考：示例 4 中 sum 变量是否可以定义为 int 类型？

答：不可以，因为变量 d 的数据类型是 long，当不同数据类型的数据在运算时，会发生自动类型转换，低精度的数据会自动转换为高精度的数据进行运算，运算结果自然也是高精度的。

（3）浮点类型。浮点类型是带有小数部分的数据类型，浮点型数据包括单精度浮点型（float）和双精度浮点型（double），代表有小数精度要求的数字。

单精度浮点型（float）和双精度浮点型（double）之间的区别主要是所占用的内存大小不同，float 类型占用 4 字节的内存空间，double 类型占用 8 字节的内存空间。双精度类型 double 比单精度类型 float 具有更高的精度和更大的表示范围。

Java 默认的浮点型为 double，如果要声明一个 float 类型数值，就需要在其后追加字母 f 或 F，例如 11.11f 和 1.2345F 都是 float 类型。

经验分享

一个数值要能被确定为 float，必须以 f（或 F）后缀结束，否则会被当作 double 类型，而对于 double 类型的数据，d（或 D）的后缀是可选的。

示例 5：假设从 A 地到 B 地路程为 3256.8 米，那么往返 A 和 B 两地需要走多少米？

```
public class FloatingTest {
    public static void main(String[] args) {
        double distance = 2348.4;          //定义 double 类型的变量，用于存储单程距离
        int times = 2;                     //定义 int 类型的变量，用于存储次数
        //定义 float 类型的变量 total,用于存储总距离
        float total = (float) (distance * times);
        System.out.println("往返 AB 两地共需要行驶：" + total + " 米");
    }
}
```

运行程序，输出的结果为：

往返 AB 两地共需要行驶：4696.8 米

（4）布尔类型。布尔类型（boolean）用于对两个数值进行逻辑运算，判断结果是"真"还是"假"。Java 中用 true 和 false 来代表逻辑运算中的"真"和"假"。因此，boolean 类型的变量或表达式的值只能是 true 或 false。

例如，可以使用以下语句声明 boolean 类型的变量。

```
boolean isable;              //声明 boolean 类型的变量 isable
boolean b = false;           //声明 boolean 类型的变量 b，并赋值为 false
```

示例 6：编写程序，在 main()方法中比较两个整数的值。

```
public class BooleanTest {
    public static void main(String[] args) {
        int a = 10 , b=15;          //声明整型变量 a 和 b
        boolean c = false;          //声明 boolean 型变量 c
        System.out.println(a>b);    //输出表达式 a>b 的值
        System.out.println(a<b);    //输出表达式 a<b 的值
        System.out.println(c);      //输出 boolean 型变量 c 的值
    }
}
```

运行程序，执行结果为：

```
false
true
false
```

经验分享

在 Java 语言中，布尔类型的值不能转换成任何数据类型，true 常量不等于 1，而 false 常量也不等于 0。

（5）字符类型。Java 语言中的字符类型（char）使用两个字节（16 位）的 Unicode 编码表示，需要使用单引号' '括起来，用于存放单个字符，可以使用字符和整数对 char 型的变量赋值。

之所以可以使用整数对 char 型的变量赋值，是因为 char 类型在计算机中保存的是其 ASCII 编码值或 Unicode 编码值，ASCII 编码用一个字节表示一个字符，它是 Unicode 编码的子集，例如：大写字母 A 的十进制 ASCII 编码值为 65，小写字母 a 的十进制 ASCII 编码值是 97。

示例 7：定义和输出 char 类型的字符。

```
public class CharTest {
    public static void main(String[] args) {
        char c1 = 'A';              //声明 char 类型变量 code1，并赋值为 A
        char c2 = 65;               //声明 char 类型变量 code2，并赋值为整数 65
        char c3 = '\u0041';         //声明 char 类型变量 code3，并赋值为 Unicode 码
        char c4 = '龙';             //声明 char 类型变量 code4，并赋值为龙
        System.out.println(c1);
        System.out.println(c2);
        System.out.println(c3);
```

```
                    System.out.println(c4);
                    System.out.println(c1+c2);
            }
    }
```

运行程序，执行结果为：

```
A
A
A
龙
130
```

示例解析：在示例 7 中，通过 char c1 = 'A'语句声明了 char 类型的变量 c1，并将字符 A 设置为初始值，A 是字符所以要加单引号。通过 char c2 = 65 语句声明了 char 类型的变量 c2，并将整数 65 设置为其初始值，因为 A 的十进制 ASCII 编码是 65，所以此时 c2 的值也是字符 A。通过 char c3 = '\u0041'语句声明了 char 类型的变量 c3，其值\u0041 中\u 表示转义字符，它用来表示其后 4 个十六进制数字是 Unicode 码，而十六进制的 0041 对应的字符是 A，所以 c3 的值也是 A。通过 char c4 = '龙'声明了 char 类型的变量 c4，并将汉字"龙"设置为其初始值。示例 7 中最后一条输出语句输出了 c1+c2 的和，A 的十进制 ASCII 编码是 65，所以 c1+c2 的和是整数 130。

常见字符不同进制 ASCII 对应码表如图 2.3 所示。

十进制	二进制	八进制	十六进制	ASCII	十进制	二进制	八进制	十六进制	ASCII	十进制	二进制	八进制	十六进制	ASCII	十进制	二进制	八进制	十六进制	ASCII
0	00000000	000	00	NUL	32	00100000	040	20	SP	64	01000000	100	40	@	96	01100000	140	60	`
1	00000001	001	01	SOH	33	00100001	041	21	!	65	01000001	101	41	A	97	01100001	141	61	a
2	00000010	002	02	STX	34	00100010	042	22	"	66	01000010	102	42	B	98	01100010	142	62	b
3	00000011	003	03	ETX	35	00100011	043	23	#	67	01000011	103	43	C	99	01100011	143	63	c
4	00000100	004	04	EOT	36	00100100	044	24	$	68	01000100	104	44	D	100	01100100	144	64	d
5	00000101	005	05	ENQ	37	00100101	045	25	%	69	01000101	105	45	E	101	01100101	145	65	e
6	00000110	006	06	ACK	38	00100110	046	26	&	70	01000110	106	46	F	102	01100110	146	66	f
7	00000111	007	07	BEL	39	00100111	047	27	'	71	01000111	107	47	G	103	01100111	147	67	g
8	00001000	010	08	BS	40	00101000	050	28	(	72	01001000	110	48	H	104	01101000	150	68	h
9	00001001	011	09	HT	41	00101001	051	29	)	73	01001001	111	49	I	105	01101001	151	69	i
10	00001010	012	0A	LF	42	00101010	052	2A	*	74	01001010	112	4A	J	106	01101010	152	6A	j
11	00001011	013	0B	VT	43	00101011	053	2B	+	75	01001011	113	4B	K	107	01101011	153	6B	k
12	00001100	014	0C	FF	44	00101100	054	2C	,	76	01001100	114	4C	L	108	01101100	154	6C	l
13	00001101	015	0D	CR	45	00101101	055	2D	-	77	01001101	115	4D	M	109	01101101	155	6D	m
14	00001110	016	0E	SO	46	00101110	056	2E	.	78	01001110	116	4E	N	110	01101110	156	6E	n
15	00001111	017	0F	SI	47	00101111	057	2F	/	79	01001111	117	4F	O	111	01101111	157	6F	o
16	00010000	020	10	DLE	48	00110000	060	30	0	80	01010000	120	50	P	112	01110000	160	70	p
17	00010001	021	11	DC1	49	00110001	061	31	1	81	01010001	121	51	Q	113	01110001	161	71	q
18	00010010	022	12	DC2	50	00110010	062	32	2	82	01010010	122	52	R	114	01110010	162	72	r
19	00010011	023	13	DC3	51	00110011	063	33	3	83	01010011	123	53	S	115	01110011	163	73	s
20	00010100	024	14	DC4	52	00110100	064	34	4	84	01010100	124	54	T	116	01110100	164	74	t
21	00010101	025	15	NAK	53	00110101	065	35	5	85	01010101	125	55	U	117	01110101	165	75	u
22	00010110	026	16	SYN	54	00110110	066	36	6	86	01010110	126	56	V	118	01110110	166	76	v
23	00010111	027	17	ETB	55	00110111	067	37	7	87	01010111	127	57	W	119	01110111	167	77	w
24	00011000	030	18	CAN	56	00111000	070	38	8	88	01011000	130	58	X	120	01111000	170	78	x
25	00011001	031	19	EM	57	00111001	071	39	9	89	01011001	131	59	Y	121	01111001	171	79	y
26	00011010	032	1A	SUB	58	00111010	072	3A	:	90	01011010	132	5A	Z	122	01111010	172	7A	z
27	00011011	033	1B	ESC	59	00111011	073	3B	;	91	01011011	133	5B	[	123	01111011	173	7B	{
28	00011100	034	1C	FS	60	00111100	074	3C	<	92	01011100	134	5C	\	124	01111100	174	7C		
29	00011101	035	1D	GS	61	00111101	075	3D	=	93	01011101	135	5D	]	125	01111101	175	7D	}
30	00011110	036	1E	RS	62	00111110	076	3E	>	94	01011110	136	5E	^	126	01111110	176	7E	~
31	00011111	037	1F	US	63	00111111	077	3F	?	95	01011111	137	5F	_	127	01111111	177	7F	DEL

图 2.3　常见字符不同进制 ASCII 对应码表

2. Java 引用数据类型

Java 中除了 byte、int、shot、long、float、double、boolean、char 这 8 种基本数据类型外，其他的都是引用数据类型。引用数据类型又包括数组、类和接口，在后面的章节中会详细讲解。

如图 2.4 所示，内存管理系统会根据变量的类型为变量分配存储空间，基本数据类型存储在栈内存中，引用数据类型的引用存储在栈内存中，而对象本身的值存储在堆内存中，存储在栈内存中的引用也可以称作"指针"，指向对象的值在堆内存中的起始位置，这样就可以实现调用。

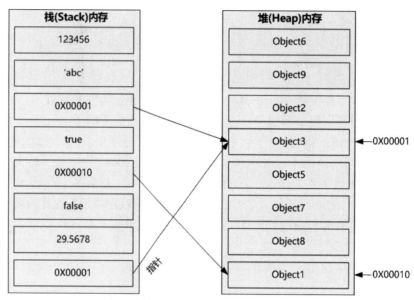

图 2.4　基本数据类型与引用数据类型存储

3.　数据类型转换

数据类型的转换是在所赋值的数值类型和被变量接收的数据类型不一致时发生的，它需要从一种数据类型转换成另一种数据类型。数据类型的转换可以分为隐式转换（自动类型转换）和显式转换（强制类型转换）两种。

（1）隐式转换。如果以下 2 个条件都满足，将一种类型的数据赋给另外一种类型变量时，将执行自动类型转换（automatic type conversion）。

1）两种数据类型彼此兼容。

2）目标类型的取值范围（精度）大于原数据类型。

当以上 2 个条件都满足时，自动类型转换发生。例如：byte 类型向 short 类型转换时，由于 short 类型的取值范围较大，会自动将 byte 转换为 short 类型。

在运算过程中，由于不同的数据类型会转换成同一种数据类型，所以整型、浮点型以及字符型都可以参与混合运算。自动转换的规则是从低精度类型数据转换为高精度类型数据。转换规则如下：

1）数值型数据的转换：byte→short→int→long→float→double。

2）字符型转换为整型：char→int。

以上数据类型的转换遵循从左到右的转换顺序，最终转换成表达式中表示范围最大的变量的数据类型。

示例 8：顾客在某电商平台购物，购买洗发水 2 瓶，毛巾 4 条。其中洗发水的价格是 32.5 元，毛巾的价格是 10.5 元，求商品总价格。

```java
public class TypeConversionTest {
    public static void main(String[] args) {
        float price1 = 32.5f;                              //定义洗发水的价格
            double price2 = 10.4;                          //定义毛巾的价格
            int num1 = 2;                                  //定义洗发水的数量
            int num2 = 4;                                  //定义毛巾的数量
            double res = price1 * num1 + price2 * num2;    //计算总价
            System.out.println("应支付总费用为： " + res + "元"); //输出总价
    }
}
```

运行程序，执行结果为：

应支付总费用为：106.6 元

示例解析：从执行结果看出，float、int 和 double 三种数据类型参与运算，实现了自动类型转换，最后输出的结果为 double 类型的数据。

┌─ 经验分享 ─
│　　char 类型数据可以自动转换成 int、long、float 和 double 类型，但 byte 和 short 不能自
│ 动转换为 char，而且 char 也不能自动转换为 byte 或 short。
└

（2）显式转换。尽管自动类型转换是很有帮助的，但有时也会产生意想不到的问题。读者可以阅读以下代码，看是否可以正确运行。

```java
public class Test {
    public static void main(String[] args) {
        byte b = 50;
        b = b * 2;
        System.out.println(b);
    }
}
```

如图 2.5 所示，上述代码在运行过程中会出现类型不匹配异常。

```
Exception in thread "main" java.lang.Error: Unresolved compilation problem:
        Type mismatch: cannot convert from int to byte

        at chapter3_example/cn.edu.ytgc.Test.main(Test.java:8)
```

图 2.5　类型不匹配异常

出问题的代码是 "b=b*2;"，b 是 byte 类型，当进行 b*2 运算后会自动转换为 int 类型，将 int 类型的值再赋给 byte 类型的 b 时，出现 "缩小转换"，因此出现类型不匹配的异常。如何解决这个问题呢？

b*2 的结果是 100，而 byte 类型的范围是-128～127，100 在其范围之内，此时可以通过强制类型转换，将 int 类型的 100 强制转换为 byte 类型。代码如下：

```java
public class Test {
    public static void main(String[] args) {
        byte b = 50;
        b = (byte)(b * 2);
```

```
        System.out.println(b);
    }
}
```

运行程序，输出结果为：

```
100
```

代码中，在（b*2）前加上了（byte），含义是将 b*2 的值转换为 byte 类型，所以强制类型转换的语法格式为：

```
(type)value
```

其中：type 是要强制类型转换后的数据类型。

经验分享

（1）强制类型转换的前提是转换的数据类型必须是兼容的。

（2）不能对 boolean 类型进行类型转换。

（3）在把容量大的类型转换为容量小的类型时必须使用强制类型转换。

（4）转换过程中可能导致溢出或损失精度，如(byte)128 的结果是-127。

任务 5　能够使用 Java 基本输入与输出

1. 使用 Scanner 类进行输入

Java 内置了 Scanner 类，可以接收用户通过键盘输入的内容。Scanner 类的包名是 java.util.Scanner。

Scanner 类的使用方法：

（1）导入 java.util 包：import java.util.Scanner 或 import java.util.*;

（2）构造 Scanner 类对象，Scanner in = new Scanner(System.in);

（3）使用 in 对象配合 in.nextXXX()方法接收数据，不同类型的数据使用不同的 in.nextXXX() 方法，如：

```
int a = in.nextInt();              //输入整数
String s1 = in.next();             //输入字符串
String s2 = in.nextLine();         //输入字符串
double d = in.nextDouble();        //输入双精度数
short c = in.nextShort();          //输入短整型数
long n = in.nextLong();            //输入长整型数
```

示例 9：输入学生个人信息，并输出。

```
import java.util.Scanner;
public class ScannerTest {
    public static void main(String[] args) {
        Scanner in = new Scanner(System.in);          //生成 Scanner 对象
        System.out.print("请输入你的姓名：");
        String name = in.nextLine();                  //接收输入的字符串并赋值给 name
        System.out.print("请输入你的年龄：");
        int age = in.nextInt();                       //接收输入的整数并赋值给 age
```

```
System.out.println("请输入你的学号: ");
Long sid = in.nextLong();
//输出学生信息
System.out.println("姓名:" + name +"\n" +"年龄:" + age +"\n"+"学号: "+sid);
    }
}
```

运行程序，执行结果如图 2.6 所示。

图 2.6 示例 9 运行结果

示例解析：在示例 9 中，首先通过 import java.util.Scanner 语句导入了 Java 内置的 Scanner 类，在 main()方法中，通过 Scanner in = new Scanner(System.in)语句生成了 Scanner 对象 in，然后依次提示用户输入姓名、年龄、学号，其中姓名是字符串，使用 in.nestLine()函数接收数据，年龄是整型数据，使用 in.nextInt()接收数据，学号是长整型数据，使用 in.nextLong()接收数据，最后使用输出语句，输出用户输入的姓名、年龄和学号到控制台。在输出语句中使用了 "\n"，这是转义字符，其含义是换行，这也是为什么在输出结果中每个信息输出后会换行的原因。

Scanner 对象还提供了 hasNext()函数来处理用户输入，hasNext()函数的返回值是 boolean 值，作用是当在缓冲区内扫描到字符时，会返回 true，直到用户全部输入完成。hasNext()函数可以和 while 循环配合使用，处理多组输入的情况。

示例 10：一次性输入学生姓名、语文成绩、英语成绩和数学成绩，要求输出学生姓名、各科成绩、总分和平均分。

```
import java.util.Scanner;
public class HasNextTest {
    public static void main(String[] args) {
        Scanner in = new Scanner(System.in);        //生成 Scanner 对象
        System.out.println("请输入学生姓名和各科成绩信息，输入完成请按回车键！");
        String name;                                //定义变量用于存储学生姓名;
        int chinese,english,math,sum;               //定义变量存储语文、英语、数学成绩和总成绩
        while(in.hasNext()) {
            name = in.nextLine();                   //接收输入的学生信息
            chinese = in.nextInt();                 //接收输入的语文成绩
            english = in.nextInt();                 //接收输入的英语成绩
            math = in.nextInt();                    //接收输入的数学成绩
            sum = chinese + english + math;
            System.out.println("姓名:" + name +"\n" +"语文成绩:" + chinese +"\n"+"英语成绩: "+english
+"\n"+"数学成绩: "+math);
```

```
        System.out.println("总分为：" + sum + "\n" + "平均分：" + sum/3);
        }
    }
}
```

运行程序，执行结果如图 2.7 所示。

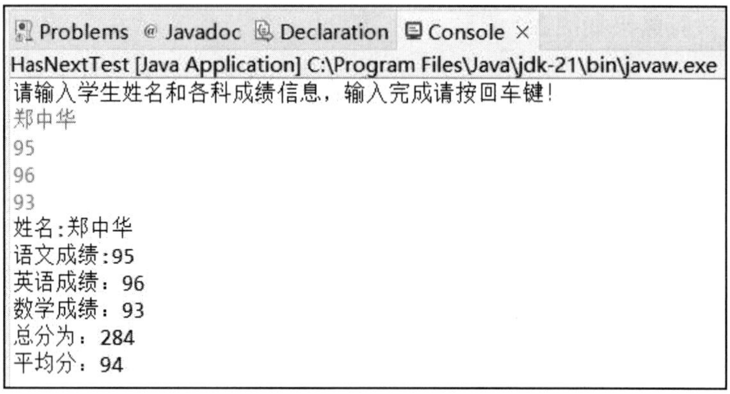

```
Problems  @ Javadoc  Declaration  Console ×
HasNextTest [Java Application] C:\Program Files\Java\jdk-21\bin\javaw.exe
请输入学生姓名和各科成绩信息，输入完成请按回车键！
郑中华
95
96
93
姓名:郑中华
语文成绩:95
英语成绩：96
数学成绩：93
总分为：284
平均分：94
```

图 2.7 示例 10 运行结果

示例解析：在示例 10 中，通过 while 循环，以 in.hasNext()函数为判断条件，在循环中有 4 条 in.nextXXX()语句，循环将执行 4 次，等待用户输入 4 个值，输入完成后，执行两条输出语句，分别输出姓名、语文成绩、英语成绩、数学成绩、总分和平均分。

2. 控制台输出

在 Java 中，将结果输出到控制台有 3 种常用方法。

```
System.out.print();        //直接输出结果
System.out.println();      //输出结果并自动换行
System.out.printf();       //格式化输出
```

在这三种方法中，print()和 println()的区别在于使用 println()在输出内容后会自动添加一个换行，而 print()则不自动添加换行。printf()方法是格式化输出数据，也就是会按用户要求的格式输出内容。

示例 11：使用 print()和 println()方法输出字符串"我爱你中国！"

```java
public class PrintTest {
    public static void main(String[] args) {
        System.out.print("我爱你中国！");
        System.out.println("我爱你中国！");
        System.out.print("我爱你中国");
    }
}
```

运行程序，执行结果为：

```
我爱你中国！我爱你中国！
我爱你中国
```

示例解析：从示例 11 可以看出，print()函数是直接输出内容，并不会带换行，而 println()函数在输出内容后还会自动带一个换行。

本 章 小 结

（1）注释用来提示或解释某些代码的作用和功能，Java 的 JVM 虚拟机在执行代码时会忽略注释，不做任何处理。

（2）注释的最大作用是提高程序的可读性和可维护性，一般情况下，合理的代码注释应该占源代码的 1/3 左右，Java 常用的注释有单行注释和多行注释。

（3）在 Java 中，每条语句必须以半角的"；"结尾，以表示语句结束。对于类定义、函数定义、流程控制语句、异常处理语句等，都需要用大括号"{}"将代码块括起来，"{"和"}"必须成对出现；Java 虽然对代码缩进没有严格的要求，但为了提升代码的可读性和可维护性，同一级别代码块的缩进量要相同。

（4）关键字（或称保留字）是对编译器有特殊意义的固定单词，已经被 Java 语言设定了专门意义和用途，不能在程序中做其他目的使用的单词。

（5）标识符是为方法、变量或其他用户定义项所定义的名称。标识符可以有一个或多个字符。在 Java 语言中，标识符的命名规则为：标识符由数字、字母、美元符号、下划线等组成；标识符的第一个符号为字母、下划线和美元符号，后面可以是任何字母、数字、美元符号或下划线；标注符不能以数字开头，也不能使用 Java 关键字作为标识符；Java 严格区分大小写。

（6）Java 基本数据类型包括 byte（字节型）、short（短整型）、int（整型）、long（长整型）、float（单精度浮点型）、double（双精度浮点型）、char（字符型）、boolean（布尔型）8 种。

（7）Java 中的变量要先声明后使用，在使用前要先赋值。

（8）数据类型的转换可以分为隐式转换（自动类型转换）和显式转换（强制类型转换）两种。强制类型转换的语法格式为：(type)value，其中 type 是要强制类型转换后的数据类型。

（9）Java 内置了 Scanner 类，可以接收用户通过键盘输入的内容。Scanner 对象还提供了 hasNext()函数来处理用户输入，hasNext()函数的返回值是 boolean 值，可以和 while 循环配合使用，处理多组输入的情况。

（10）print()和 println()的区别在于使用 println()在输出内容后会自动添加一个换行。

本 章 习 题

一、简答题

1．请简要说明 Java 命名规范。

2．请简要说明进行自动类型转换的条件和如何进行强制类型转换。

3．通过网络查询，了解什么是 Unicode 码，什么是 ASCII 码。

二、实践项目

需求：从键盘输入三个数，求三个数的和，程序运行效果如图 2.8 所示。

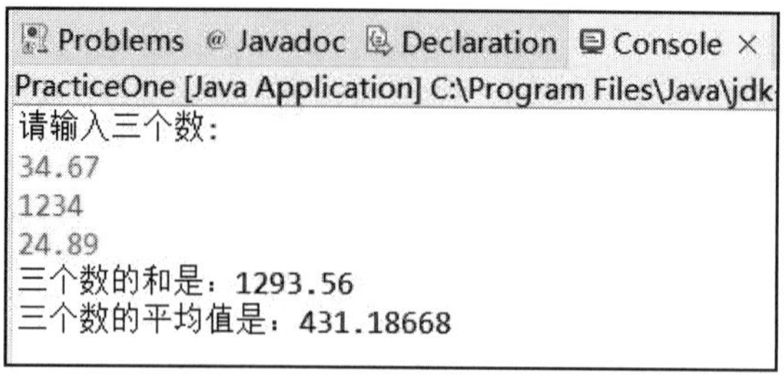

图 2.8　实践项目 1 运行效果

故虽有其才而无其志，亦不能兴其功也。志者，学之师也；才者，学之徒也。学者不患才之不瞻，而患志之不立。是以为之者亿兆，而成之者无几，故君子必立其志。

——《中论·治学》[东汉]　徐干

第 3 章　运算符与表达式

本章导读

在生活中，数学运算、逻辑判断和数值比较等操作时常发生，在程序中，这些操作也是最基本且不可或缺的。Java 定义了一些特殊的符号用于进行数学计算、逻辑运算和比较大小，且与数学运算一脉相承，这类符号就是运算符。

本章将重点讲解 Java 中的算术运算符、赋值运算符、关系运算符、逻辑运算符、位运算符、运算符的优先级和条件表达式。

思维导图

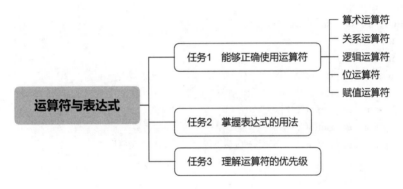

本章预习

预习本章内容，在作业本上完成以下简答题。

（1）算术运算符有哪些？

（2）关系运算符有哪些？

（3）逻辑运算符有哪些？

（4）赋值运算符有哪些？

任务 1　能够正确使用运算符

运算符是 Java 中定义的一些特殊的符号，用于对变量和值进行数学计算、逻辑运算和比较大小等操作。Java 的运算符主要包括算术运算符、赋值运算符、关系运算符、逻辑运算符和位运算符。

1. 算术运算符

算术运算符是处理加、减、乘、除等算术运算的符号，在数字的处理中应用较多，常用的算术运算符如表 3.1 所示。

表 3.1　算术运算符

运算符	说明	实例	结果
+	加	1+2.5	3.5
-	减	5-2.7	2.3
*	乘	3*2.2	6.6
/	除	8/4	2
%	求余，返回除法的余数	15%2	1
++	自增，操作数的值增加 1	a++/++a	=a+1
--	自减，操作数的值减少 1	a--/--a	=a-1

与数学运算规则一样，在使用除法"/"运算时，除数不能为 0，否则程序会出现 ArithmeticException 异常。

示例 1：通过程序进行各算术运算，并输出运行结果。

```java
public class ArithmeticTest {
    public static void main(String[] args) {
        int a = 20;
        int b = 10;
        System.out.println("a + b = " + (a + b));      //加+运算
        System.out.println("a - b = " + (a - b));      //减-运算
        System.out.println("a * b = " + (a * b));      //乘*运算
        System.out.println("a / b = " + (a / b));      //除/运算
        System.out.println("a % b = " + (a % b));      //求余%运算
    }
}
```

运行程序，执行结果为：

```
a + b = 30
a - b = 10
a * b = 200
a / b = 2
a % b = 0
```

自增（++）自减（--）运算符是一种特殊的算术运算符，其他算术运算符是双目运算符，即需要两个操作数来进行运算，而自增、自减运算符是单目运算符，只需要一个操作数。

示例 2：通过程序进行自增自减运算，并输出运行结果。

```java
public class SelfAddMinus {
    public static void main(String[] args) {
        int a = 20;
        int b = 10;
        //a++运算
        System.out.println("a++ = " + (a++));
        System.out.println("a = " + a);
        //a--运算
        System.out.println("a-- = " + (a--));
```

```
            System.out.println("a = " + a);
            //++a 运算
            System.out.println("++a = " + (++a));
            System.out.println("a = " + a);
            //--a 运算
            System.out.println("--a = " + (--a));
            System.out.println("a = " + a);
        }
    }
```

运行程序，执行结果为：

```
a++ = 20
a = 21
a-- = 21
a = 20
++a = 21
a = 21
--a = 20
a = 20
```

示例解析：在示例 2 中，定义了两个变量 a=20，b=10，各语句说明如下：

第 1 条输出语句求 a++，输出结果 a++=20，第 2 条语句是输出 a 的值，输出 a=21，a 的值自增了 1，由此可以看出：a++先进行表达式运算，再进行自增。

第 3 条输出语句求 a--，输出结果 a--=21，第 4 条语句是输出 a 的值，输出结果 a=20，a 自减了 1，由此可以看出：a--先进行表达式运算，再进行自减。

第 5 条输出语句求++a，输出结果是++a=21，第 6 条语句是输出 a 的值，输出结果 a=21，由此可以看出：++a 先自增，再进行表达式运算。

第 7 条输出语句求--a，输出结果是--a=20，第 8 条语句是输出 a 的值，输出结果 a=20，由此可以看出：--a 先自减，再进行表达式运算。

总结

（1）前缀自增自减法(++a,--a)：先进行自增或自减运算，再进行表达式运算。

（2）后缀自增自减法(a++,a--)：先进行表达式运算，再进行自增或自减运算。

---

2. 关系运算符

关系运算符也被称为比较运算符，用于对变量或表达式的结果进行大小、真假比较。如果比较结果为真，则返回 true，如果比较结果为假，则返回 false。比较运算符常用于条件语句中作为判断的依据。Java 中的比较运算符如表 3.2 所示。

表 3.2 Python 关系运算符

运算符	说明	示例
==	等于，用于比较对象是否相等	(a == b) 返回 false
!=	不等于，用于比较两个对象是否不相等	(a != b) 返回 true
>	大于，用于比较左侧的值是否大于右侧的值	(a > b) 返回 true

运算符	说明	示例
<	小于，用于比较左侧的值是否小于右侧的值	(a < b) 返回 false
>=	大于等于，用于比较左侧的值是否大于或等于右侧	(a >= b) 返回 true
<=	小于等于，用于比较左侧的值是否小于或等于右侧	(a <= b) 返回 false

注：表示例中假设 a=10，b=5

经验分享

在 Java 中 "=" 和 "==" 代表的意义不同，"=" 是赋值运算符，用于将其右边的值赋给左边的变量。而 "==" 是关系运算符，用于判断其两侧的值是否相同，返回的是布尔类型。

示例 3：输入小明和小王的身高，判断谁高。

```java
public class RelationOperator {
    public static void main(String[] args) {
        Scanner in = new Scanner(System.in);
        System.out.println("请输入小明的身高：");
        float mingHeight = in.nextFloat();          //接收小明的身高
        System.out.println("请输入小王的身高：");
        float wangHeight = in.nextFoat();           //接收小王的身高
        if(mingHeight > wangHeight) {               //如果小明身高大于小王身高为真
            System.out.print("小明比小王高！");
        }else if(mingHeight < wangHeight) {         //如果小明身高小于小王身高为真
            System.out.print("小王比小明高！");
        }else {                                     //以上两种情况都不是，则小明与小王一样高
            System.out.print("小明和小王一样高！");
        }
    }
}
```

运行程序，执行结果如图 3.1 所示。

```
🖥 Console  ×
<terminated> RelationOperator
请输入小明的身高：
168.9
请输入小王的身高：
169.8
小王比小明高！
```

图 3.1 示例 3 运行结果

示例解析：在示例 3 中，使用 mingHeight 变量接收用户输入的小明的身高数据。使用 wangHeight 变量接收用户输入的小王的身高数据。然后使用 if…else if…else 语句进行逻辑判断。在 if 语句中，如果 if 后的逻辑表达式 mingHeight > wangHeight 为真，则执行大括号中的语句 System.out.print("小明比小王高！")，输出 "小明比小王高" 并结束程序。为假则执行 else if 语句；如果 else if 后的逻辑表达式 mingHeight<wangHeight 为真，则执行大括号中的语句

System.out.print("小明比小王高！")，输出"小王比小明高"并结束程序。为假则执行 else 语句中的 System.out.print("小明和小王一样高！")，输出"小明和小王一样高"并结束程序。示例 3 中，小明身高是 168.9 厘米，小王身高是 169.8 厘米，else if 语句后的 mingHeight < wangHeight 为真，输出了"小王比小明高"并结束程序。

3. 逻辑运算符

在现实生活中，常会用到"并且""或""除非"这样的逻辑判断。在 Java 中也定义了相应的逻辑运算符&&（逻辑与），||（逻辑或），!（逻辑非），对真、假两种布尔值进行运算。逻辑运算符的用法如表 3.3 所示。

表 3.3 逻辑运算符

逻辑运算符	含义	基本格式	说明
&&	逻辑与运算，表示"且"	a && b	a 和 b 同时真结果为真 a 和 b 同时假结果为假 a 和 b 只要有一个假结果为假
||	逻辑或运算，表示"或"	a || b	a 和 b 只要有一个真结果为真 a 和 b 同时假结果为假
!	逻辑非运算，表示"非"	!a	如果 a 为真，!a 的结果为假 如果 a 为假，!a 的结果为真

示例 4：学校评选奖学金，如果学生成绩优秀（平均分大于 85 分）并且表现良好（综合素质分大于 80 分）可以参与评奖，或者如果参加省级大赛获奖也可以参与评选。

```java
import java.util.Scanner;
public class LogicOperator {
    public static void main(String[] args) {
        Scanner in = new Scanner(System.in);
        //提示用户输入平均分、综合素质分和是否在省赛中获奖
        System.out.println("请输入你的平均分：");
        float grades = in.nextFloat();
        System.out.println("请输入你的综合素质分：");
        float literacy = in.nextFloat();
        System.out.println("你是否在省赛中获奖？ true / false：");
        boolean race = in.nextBoolean();
        //判断条件：平均分大于 85 并且综合素质分大于 80，或者参加过省赛获奖者具备资格
        if( grades >= 85 && literacy >= 80 || race == true) {
            System.out.println("恭喜你，具备评选资格！");
        }else {
            System.out.println("很遗憾，你不具备评选资格！");
        }
    }
}
```

运行程序，执行结果如图 3.2 所示。

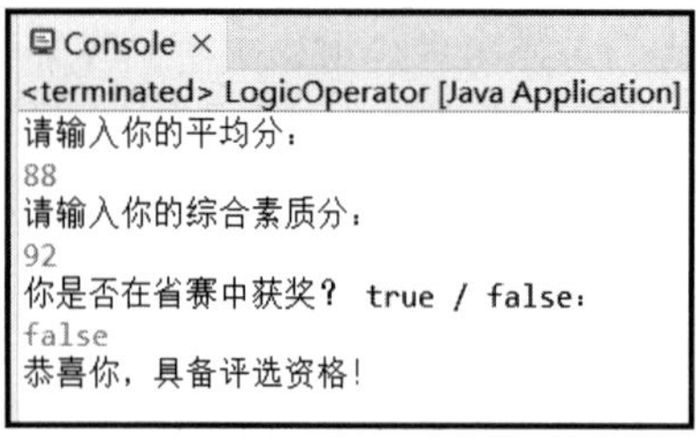

图 3.2　示例 4 运行效果

示例解析：在示例 4 中，从需求可以知道，具备评奖的条件为二选一（要么平均分大于85 并且综合素质分大于 80，要么参加过省赛获奖），所以使用"||"逻辑运算符联接，只要有一个满足就为真。在或运算符左侧的"平均分大于 85 和综合素质分大于 80"是缺一不可的两个条件，使用"&&"逻辑运算符连接，同时满足才能为真。

─ 经验分享 ─

　　当使用与逻辑运算符时，在两个操作数都为 true 时，结果才为 true，但是当得到第一个操作数为 false 时，其结果就必定是 false，这时候就不会再判断第二个操作数了。

示例 5：逻辑与运算短路情况。

```java
public class LogicAnd {
    public static void main(String[] args) {
        int a = 10;
        boolean b = (a < 5) && (a++ < 8);
        System.out.println("使用逻辑与运算符的结果为：" + b);
        System.out.println("a 的结果为：" + a);
    }
}
```

运行程序，执行结果为：

使用逻辑与运算符的结果为：false
a 的结果为：10

示例解析：在示例 5 中，定义了整型变量 a=10。程序中使用到了逻辑与运算符（&&），首先判断 a<5 的结果为 false，则 b 的结果必定是 false，所以不再执行第二个操作 a++<8 的判断，所以 a 的值仍为 10。

4. 位运算符

Java 定义了位运算符，应用于整数类型（int）、短整型（short）、长整型（long）、字符型（char）和字节（byte）等类型。位运算符主要有按位与（&）、按位或（|）、按位异或（^）、按位取反（~）、左移位（<<）、右移位（>>）和按位右移补零操作（>>>）。

Java 位运算符的用法如表 3.4 所示。

表 3.4　位运算符

运算符	名称	描述
&	按位与运算符	参与运算的两个值，如果两个相对应位都为 1，则该位的结果为 1，否则为 0
|	按位或运算符	只要对应的两个二进制位有一个为 1 时，结果位就为 1

续表

运算符	名称	描述
^	按位异或运算符	当两个对应位的二进制位相异时，结果为 1
~	按位取反运算符	对数据的每个二进制位取反，即把 1 变为 0，把 0 变为 1
<<	左移位运算符	运算数的各二进位全部左移若干位，由 << 右边的数字指定了移动的位数，高位丢弃，低位补 0
>>	右移位运算符	把>>左边的运算数的各二进位全部右移若干位，>> 右边的数字指定了移动的位数
>>>	按位右移补零操作符	左操作数的值按右操作数指定的位数右移，移动得到的空位以零填充

示例 6：A=20，B=15，对它们进行位运算。

```
public class BitOperation {
    public static void main(String[] args) {
        int A = 20;
        int B = 15;
        System.out.println("A & B = " + ( A & B));          //按位与
        System.out.println("A | B = " + (A | B));           //按位或
        System.out.println("A ^ B = " + (A ^ B));           //按位异或
        System.out.println("~A = "+ ~A);                    //按位取反
        System.out.println("A << 2 = " + (A << 2));         //按位左移 2 位
        System.out.println("A >> 2 = " + (A >> 2));         //按位右移 2 位
        System.out.println("A >>> 2 = " + (A >>> 2));       //按位右移 2 位补零
    }
}
```

运行程序，执行结果如下：

```
A & B = 4
A | B = 31
A ^ B = 27
~A = -21
A << 2 = 80
A >> 2 = 5
A >>> 2 = 5
```

位运算符是对数据的二进制进行运算，示例 6 二进制运行过程如图 3.3 所示。

A = 20	0001 0100	
B = 15	0000 1111	
A & B = 4	0000 0100	相同为1，不同为0
A | B = 31	0001 1111	有 1为1， 无1为0
A ^ B = 27	0001 1011	不同为1，相同为0
~A = -21	1110 1011	1为0，0为1
A << 2 = 80	0101 0000	按位左移2位
A >> 2 = 5	0000 0101	按位右移2位
A >>> 2 = 5	0000 0101	按位右移2位补零

图 3.3　位运算符

示例解析：在示例 5 中，对 A 和 B 进行了按位运算，从图 3.3 可以看出二进制位的运算过程，需要特别注意的是~A=-21，负数的二进制是在正数原码的基础上取反再求补码得到的，21 的二进制是 0001 0101，它的反码是 1110 1010，补码是在反码基础上加 1，所以-21 的二进制是 1110 1011。

5. 赋值运算符

赋值运算符主要用来为变量、常量赋值。最常用的赋值运算符是"="，在使用时，可以将赋值运算符"="右边的值赋给左边的变量。例如：

int age = 20; //将 20 赋值给变量 age

赋值运算符右边也可以是表达式，可以将运算后的值赋给左边的变量。还可以将赋值运算符与算术运算符组合使用。在 Java 中，常用的赋值运算符如表 3.5 所示。

表 3.5　赋值运算符

运算符	说明	示例	展开形式
=	赋值运算	x = y	x = y
+=	加法赋值	x += y	x = x + y
-=	减法赋值	x -= y	x = x - y
*=	乘法赋值	x *= y	x = x * y
/=	除法赋值	x /= y	x = x / y
%=	取余赋值操作符	x %= y	x = x % y
<<=	左移位赋值运算符	x <<= 2	x = x << 2
>>=	右移位赋值运算符	x >>= 2	x = x >> 2
&=	按位与赋值运算符	x &= 2	x = x & 2
^=	按位异或赋值操作符	x ^= 2	x = x ^ 2
|=	按位或赋值操作符	x |= 2	x = x | 2

示例 7：使用赋值运算符进行运算

```
public class AssignmengtTest {
    public static void main(String[] args) {
        int x = 16;          //将 16 赋值给变量 x，x 的值为 16
        int y = 3;           //将 3 赋值给变量 y，y 的值为 3
        x += y;              //相当于 x=x+y，经过加法运算，x 的值为 16+3=19
        System.out.println("x 的值为：" + x);
        x -= y;              //相当于 x=x-y，经过减法运算，x 的值为 19-3=16
        System.out.println("x 的值为：" + x);
        x *= y;              //相当于 x=x*y，经过乘法运算，x 的值为 16*3=48
        System.out.println("x 的值为：" + x);
        x /= y;              //相当于 x=x/y，经过除法运算，x 的值为 48/3=16
        System.out.println("x 的值为：" + x);
        x %= y;              //相当于 x=x%y，经过取余运算，x 的值为 16%3=1
        System.out.println("x 的值为：" + x);
    }
}
```

运行程序，执行结果为：

```
x 的值为：19
x 的值为：16
x 的值为：48
x 的值为：16
x 的值为：1
```

示例解析：在示例 7 中，x=16，y=3，分别进行了赋值、加法赋值、减法赋值、乘法赋值、除法赋值和取余赋值运算，读者根据程序中的注释分析代码，需要注意的是求余运算"%"是将余数赋给"="左边的变量。

任务 2　掌握表达式的用法

使用运算符将不同类型的数据按照一定的规则连接起来的式子称为表达式。例如，以下每一句程序都是一个表达式。

```
int a = 10;
int b = a * 4;
boolean c = a > b;
```

Java 还提供了条件表达式，条件表达式是 Java 中唯一的三目运算符。其语法是：

```
条件？ 表达式1：表达式2
```

在语法中：首先对条件进行判断，如果结果为 true，返回表达式 1 的值，如果条件结果为 false，返回表达式 2 的值。

例如，两个数相减的绝对值可以使用条件表达式轻松获得。

```
int a = 10;
int b = 15;
abs = (a – b > 0) ? a-b : b-a;
```

示例 8：从键盘输入两个数，使用条件表达式比大小并输出。

```java
public class ConditionanExp {
public static void main(String[] args) {
    Scanner   in = new Scanner(System.in);
    System.out.println("请输入两个数：");
    double num1 = in.nextDouble();
    double num2 = in.nextDouble();
    double max;
    double min;
    if (num1 == num2) {   //判断两个数相等的情况
        System.out.println("这两个数相等！");
    }else {                //两个数不相等的情况
        //求较大的数，如果 num1>num2，则 max=num1,否则 max=num2
        max = num1 > num2 ? num1 : num2;
        System.out.println("这两个数中较大的是" + max);
        //求较小的数，如果 num1>num2，则 min=num2,否则 max=num1
        min = num1 > num2 ? num2 : num1;
        System.out.println("这两个数中较小的是" + min);
```

```
        }
    }
}
```

运行程序，执行结果如图 3.4 所示。

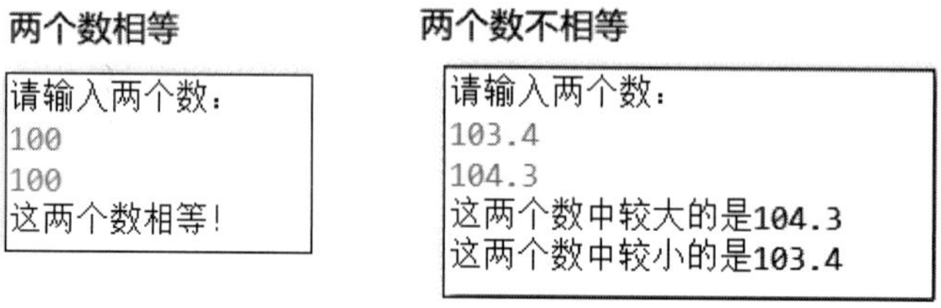

两个数相等

```
请输入两个数：
100
100
这两个数相等！
```

两个数不相等

```
请输入两个数：
103.4
104.3
这两个数中较大的是104.3
这两个数中较小的是103.4
```

图 3.4   条件表达式

示例解析：在示例 8 中，使用了 if…else 语句进行判断，如果输入的两个数 num1==num2，则执行 if 语句块，输出"这两个数相等！"，如果不相等则执行 else 语句块中的代码，在 else 语句块中使用条件表达式获得了 num1 和 num2 中较大的数赋值给 max，再使用条件表达式获得 num1 和 num2 中较小的数赋值给 min。

从示例中可以看出：条件表达式 max = num1 > num2 ? num1 : num2 等价于

```
if(mum1 > num2){
    max = num1;
}else{
    max = num2;
}
```

使用条件表达式可以让代码更简洁。

任务 3   理解运算符的优先级

在一个表达式中，往往会有多个运算符，而程序在执行时，各运算符执行先后不同得出的结果必然大不相同。Java 中的各种运算符都有自己的优先级和结合性。所谓优先级就是在表达式运算中的运算顺序，优先级越高，在表达式中运算顺序越靠前。结合性可以理解为运算的方向，大多数运算符的结合性都是从左向右，即从左向右依次进行运算。

Java 各种运算符的优先级如表 3.6 所示，优先级别从上而下，逐级降低。

表 3.6   运算符的优先级

优先级	运算符	结合性
1	()、[]、.	从左向右
2	!、~、++、--	从右向左
3	*、/、%	从左向右
4	+、-	从左向右
5	<<、>>、>>>	从左向右
6	<、<=、>、>=、instanceof	从左向右
7	==、!=	从左向右

续表

优先级	运算符	结合性
8	&	从左向右
9	^	从左向右
10	|	从左向右
11	&&	从左向右
12	||	从左向右
13	?:	从右向左
14	=、+=、-=、*=、/=、%=、&=、|=、^=、~=、<<=、>>=、>>>=	从右向左

总结

（1）运算符的优先顺序为算术运算符>关系运算符>位运算符>逻辑运算符>赋值运算符。

（2）可以通过"()"控制表达式的运算顺序，"()"优先级最高。

（3）单目运算符包括"!"、"~"、"++"、"--"，优先级别高。

（4）结合性为从右向左的有赋值运算符、三目运算符和单目运算符（一个操作数）。

虽然 Java 确定了运算符的优先级，但不要过度依赖运算符的优先级，这会导致程序的可读性降低。因此，建议读者：

（1）表达式尽量写得清晰简洁，不要把一个表达式写得过于复杂，如果一个表达式过于复杂，可以拆分开写。

（2）不要过分依赖运算符的优先级来控制表达式的执行顺序，应尽量使用小括号"()"来控制表达式的执行顺序。

本 章 小 结

（1）算术运算符是处理加、减、乘、除等算术运算的符号，有+、-、*、/、%、++、--。

（2）自增（++）自减（--）运算符是一种特殊的算术运算符，他们是单目运算符，只需要一个操作数。前缀自增自减法（++a,--a）先进行自增或者自减运算，再进行表达式运算；后缀自增自减法（a++,a--）先进行表达式运算，再进行自增或者自减运算。

（3）关系运算符也被称为比较运算符，用于对变量或表达式的结果进行大小、真假比较。如果比较结果为真，则返回 true；如果比较结果为假，则返回 false。关系运算符有==、!=、>、<、>=、<=。

（4）在 Java 中"="和"=="代表的意义不同，"="是赋值运算符，用于将其右边的值赋给左边的变量。而"=="是关系运算符，用于判断其两侧的值是否相同，返回的是布尔类型。

（5）在 Java 中关系运算符有逻辑运算符&&（逻辑与）、||（逻辑或）和!（逻辑非），对真、假两种布尔值进行运算。当使用与逻辑运算符时，在两个操作数都为 true 时结果才为 true，但是当得到第一个操作数为 false 时，其结果就必定是 false，就不会再判断第二个操作数了。

（6）Java 位运算符主要有按位与（&）、按位或（|）、按位异或（^）、按位取反（~）、左移位（<<）、右移位（>>）和按位右移补零操作（>>>）。

（7）赋值运算符主要用来为变量、常量赋值。最常用的赋值运算符是"="，在使用时，可以将赋值运算符"="右边的值赋给左边的变量，赋值运算符还包括+=、-=、*=、/=、%=、<<=、>>=、&=、^=、|=。

（8）Java 提供了条件表达式，条件表达式是 Java 中唯一的三目运算符。其语法是：条件？表达式 1：表达式 2，首先对条件进行判断，如果结果为 true，返回表达式 1 的值，如果条件结果为 false，返回表达式 2 的值。

（9）运算符的优先顺序为算术运算符>关系运算符>位运算符>逻辑运算符>赋值运算符，可以通过"（）"控制表达式的运算顺序，"（）"优先级最高。

本 章 习 题

一、简答题

1．请简要说明++a 和 a++的区别。
2．请简要说明各逻辑运算符的取值规则。
3．请简要说明条件表达式的使用方法。

二、实践项目

1．需求：有 a，b，c 三个整型变量，它们的值分别为 11、20、14，请执行以下运算，运行结果如图 3.5 所示。
（1）先求 a 与 b 的余数，再乘以 b 和 c 的差，输出最终结果。
（2）先求 b 除以 c 的值，再乘以 a，再减去 c，输出最终结果。
（3）使用一条嵌套的条件表达式判断 a、b、c 中的最大值，并输出"这三个数中最大的是：20"。

```
a与b的余数，再乘以b和c的差,结果是：66
b除以c的值，再乘以a,再减去c,结果是：-3
这三个数中最大的是：20
```

图 3.5　实践项目 1 运行结果

2．某系统要对用户输入的密码进行加密，加密规则为：每位数字都加上 2，然后用其除以 5 的余数代替该数字，再将第一位和第五位交换，第二位和第四位交换。编写程序为用户输入的密码明文加密生成最终密码，运行结果如图 3.6 所示。

提示：
获取各个位的数字，需要使用除法和求余操作，比如，获得 65432 的各个位上的数字，操作如下：
获取万位上的数字 6，可以直接用 10000 对其行取整操作，即 65432/10000。
获得千位上的数字 5，需要先除以 1000，得到 65，再用 10 求余数，即 65432/1000%10。

获取百位上的数字 4，需要先除以 100，得到 654，再用 10 求余数，即 65432/100%10。

获取十位上的数字 3，需要先除以 10，得到 6543，再用 10 求余数，即 65432/10%10。

获得个位上的数字 2，直接用 10 求余则可得到，即 65432%10。

```
请输入一个五位正整数：
94325
万位是：9，千位是：4，百位是：3，十位是：2，个位是：5
---------------------------------------------------------------
经过每位数字都加上2,然后用和除以5的余数代替该数字操作后：
万位是：1，千位是：1，百位是：0，十位是：4，个位是：2
---------------------------------------------------------------
经过将第一位和第五位交换，第二位和第四位交换操作后：
万位是：2，千位是：4，百位是：0，十位是：1，个位是：1
经过加密，得到的密码为：24011
```

图 3.6　实践项目 2 运行结果

时间，犹如白驹过隙，人无再少年，请珍惜你宝贵的时间！

长 歌 行

青青园中葵，朝露待日晞。

阳春布德泽，万物生光辉。

常恐秋节至，焜黄华叶衰。

百川东到海，何时复西归？

少壮不努力，老大徒伤悲。

第4章 选择结构

本章导读

在前三章中编写的程序总是从程序入口开始，顺序执行每一条语句直到执行完最后一条语句结束。在实际应用中，程序并不完全是顺序执行的，经常需要进行条件判断，根据判断结果决定是否做一件事情。本章将学习使用选择结构来解决这样的问题。

对于很多复杂的需求，基本的 if 条件判断语句也解决不了。因此，本章还会学习多重 if 选择结构、嵌套 if 选择结构等复杂的选择结构。在学习的过程中，要理解每种选择结构的语法特点，分析程序执行流程，并体会它们的适用场合，以达到灵活应用的目的。

自本章起，程序逻辑将逐步复杂，需要读者认真完成书中示例，分析代码含义及逻辑，并独立完成实践项目。

思维导图

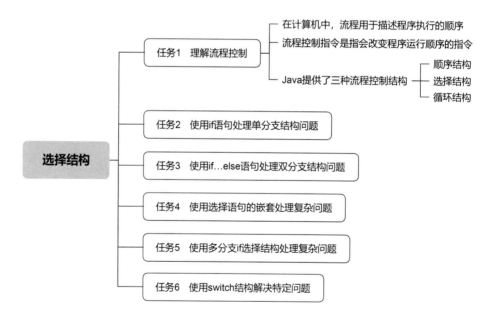

本章预习

预习本章内容，在作业本上完成以下简答题。

（1）什么是程序结构？

（2）画出 if...else 选择结构的流程图。

（3）简述 switch 语句的执行原理。

任务 1　理解流程控制

在计算机中，流程用于描述程序执行的顺序，而流程控制指令是指会改变程序运行顺序的指令，开发者可以使用流程控制指令来告诉程序在什么情况下做什么、该怎么做。

流程控制提供了控制程序如何执行的方法，如果没有流程控制整个程序只能按线性顺序执行，必然达不到用户需求。和其他编程语言一样，Java 提供了 3 种流程控制结构：顺序结构、选择结构和循环结构，这三种结构的执行流程图如图 4.1 所示。

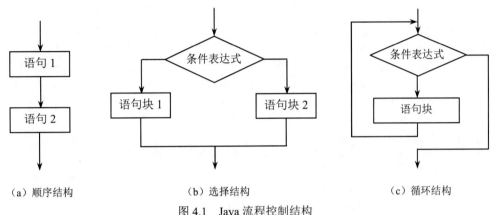

（a）顺序结构　　　　　（b）选择结构　　　　　（c）循环结构

图 4.1　Java 流程控制结构

顺序结构：程序从上向下依次执行每条语句，中间没有任何的判断和跳转。

选择结构：根据条件判断的结果选择执行不同的语句。

循环结构：根据条件判断的结果重复性地执行某段代码。

任务 2　使用 if 语句处理单分支结构问题

选择结构是根据条件判断的结果来选择执行不同的代码块，if 语句是选择结构中最简单的一种，用于解决单分支结构问题，描述的是汉语中"如果……就……"的情形。

if 语句的语法形式如下：

```
if(表达式){
    语句块    //如果表达式的值为 true 时执行的语句块
}
```

其中，表达式可以是一个布尔类型的变量，也可以是一个比较表达式（如 a! = 0）或逻辑表达式（如 a >= 80 && a <= 100）。

if 语句的执行步骤：

（1）对表达式的结果进行判断。

（2）如果表达式的结果为真，则执行语句块。

（3）如果表达式的结果为假，则跳过该语句块。

if 语句执行流程如图 4.2 所示。

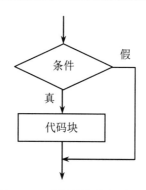

图 4.2　if 选择结构流程图

示例 1：编写程序，要求用户输入一个正整数，判断其是奇数还是偶数。

```java
public class IfTest {
    public static void main(String[] args) {
        System.out.println("请输入一个正整数：");
        Scanner in = new Scanner(System.in);
        int num = in.nextInt();
        if(num < 0) {
            System.out.println("输入错误，您输入的不是正整数！");
        }
        if(num % 2 == 0) { //判断是否为偶数
            System.out.println(num +"是一个偶数！");
        }
        if(num % 2 ==1) { //判断是否为奇数
            System.out.println(num +"是一个奇数！");
        }
    }
}
```

运行程序，执行结果如图 4.3 所示。

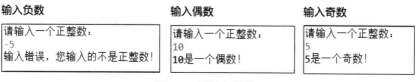

图 4.3　判断奇偶数

示例解析：在示例 1 中使用了三个 if 语句，分别用来判断用户输入是否为正整数、是否为偶数、是否为奇数。从运行结果可以看出，当用户输入为-5 时，-5<0 的值为 true，进入第一个 if 语句块，输出"输入错误，您输入的不是正整数！"，然后程序继续向下运行，后面两个 if 语句的表达式值都是 false，它们的语句块都不执行。当用户输入 10 时，只有第二个 if 语句的表达式 10%2==0 的值为 true，执行其语句块输出"10 是一个偶数！"，其他两个 if 语句的表达式值都为 false，其语句块不执行。当用户输入 5 时同理，前两个 if 语句的表达式都是 false，第三个 if 语句的表达式 5%2==1 的值为 true，执行第三个 if 语句的语句块，输出"5 是一个奇数！"。

在学习程序结构时，读者需要思考程序中可能发生的异常状况，并对于可能出现的问题进行处理，如用户输入的可能不是预期的数据、程序运行可能出现与预期不符的情况，此时，可以输出相应的信息，给用户友好提示，通过对异常状况的考虑和处理，增加程序的健壮性。

示例 1 中使用了三个 if 语句解决了问题，但从业务逻辑分析，一个正整数与 2 求余，如果结果为 0 就是偶数，否则就是奇数，使用 if...else 语句描述在逻辑上更加清晰。

任务 3　使用 if...else 语句处理双分支结构问题

在生活中，经常会出现进行互斥选择的情况，比如：成绩大于等于 60 分是及格，否则就是不及格，如果明天下雨就取消早操，否则就按时出早操等。if...else 语句描述的就是汉语中"如果……就……，否则就……"这类互斥性问题。其语法形式如下：

```
if(表达式){
    语句块 1    //表达式为真（true）时执行的语句
}else{
    语句块 2    //表达式为假（false）时执行的语句
}
```

if...else 语句的执行步骤：

（1）对表达式的结果进行判断。

（2）如果表达式的结果为 true，则执行语句块 1。

（3）如果表达式的结果为 false，则执行语句块 2。

经验分享

（1）if...else 语句由 if 和紧随其后的 else 组成。

（2）else 不能作为语句单独使用，它必须是 if 语句的一部分，与最近的 if 配对使用。

if...else 语句的执行流程如图 4.4 所示。

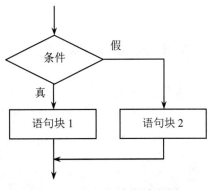

图 4.4　if...esle 语句的流程图

示例 2：编写程序，要求用户输入一个正整数，使用 if...else 语句判断该数是奇数还是偶数。

```
public class IfElseTest {
    public static void main(String[] args) {
        System.out.println("请输入一个正整数：");
        Scanner in = new Scanner(System.in);
        int num = in.nextInt();
        if(num < 0) {
            System.out.println("输入错误，您输入的不是正整数！");
        }
        if(num % 2 == 0) { //判断是否为偶数
            System.out.println(num +"是一个偶数！");
        }else {
            System.out.println(num +"是一个奇数！");
        }
    }
}
```

运行程序，执行结果如图 4.5 所示。

输入偶数

```
请输入一个正整数：
10
10是一个偶数！
```

输入奇数

```
请输入一个正整数：
5
5是一个奇数！
```

输入负数

```
请输入一个正整数：
-5
输入错误，您输入的不是正整数！
-5是一个奇数！
```

图 4.5　if...esle 语句的流程图

示例解析：在示例 2 中，将示例 1 中判断正偶数和奇数的两个 if 语句合并为一个 if...else 语句，因为一个正整数不是偶数就是奇数，从程序运行结果看，输入偶数和输入奇数都可以获得预期结果。但当用户输入的是一个负数时，运行结果与预期是不符的，当用户输入-5 时，第一个 if 语句的表达式-5<0 为真，执行输出语句，输出"输入错误，您输入的不是正整数！"，然后程序继续执行，在执行 if...else 语句时，表达式-5%2==0 为假则执行 else 语句块中的输出语句，输出了"-5是一个奇数"，从业务逻辑来看这是不正确的。

要解决这个问题可以使用嵌套 if 语句。

任务 4　使用选择语句的嵌套处理复杂问题

选择语句的嵌套是指在选择语句中又包含选择语句，在编程时可以根据逻辑关系进行一层或多层嵌套。在 if 控制语句中又包含一个或多个 if 控制语句的称为嵌套 if 控制语句，嵌套 if 控制语句的语法如下：

```
if(表达式 1) {
    if(表达式 2) {
        语句 1
        }else {
                语句 2
        }
}else {
```

```
    if(表达式 3) {
        语句 3
        }else {
        语句 4
        }
}
```

以上嵌套 if 控制语句的执行步骤：

（1）对表达式 1 的结果进行判断。

（2）如果表达式 1 的结果为 true，对表达式 2 的结果进行判断。如果表达式 2 的结果为 true，则执行语句 1；否则执行语句 2。

（3）如果表达式 1 的结果为 false，对表达式 3 的结果进行判断。如果表达式 3 的结果为 true，则执行语句 3；否则执行语句 4。

以上嵌套 if 控制语句的流程图如图 4.6 所示。

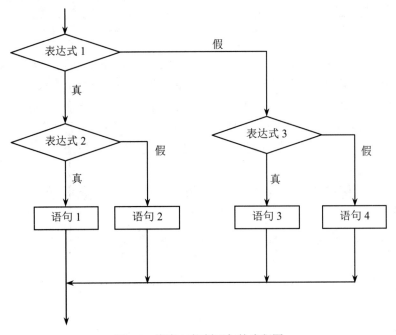

图 4.6　嵌套 if 控制语句的流程图

示例 3：编写程序，要求用户输入一个正整数，使用嵌套条件语句判断该数是奇数还是偶数。

```
public class Nestification {
    public static void main(String[] args) {
        System.out.println("请输入一个正整数：");
        Scanner in = new Scanner(System.in);
        int num = in.nextInt();
        if(num > 0) { //输入的是正数
            if(num % 2 == 0) { //判断是否为偶数
                System.out.println(num +"是一个偶数！");
```

```
                    }else {      //不是偶数，便是奇数
                         System.out.println(num +"是一个奇数！");
                    }
               }else {    //输入的是负数
                    System.out.println("输入错误，您输入的不是正整数！");
               }
          }
     }
}
```

运行程序，执行结果如图 4.7 所示。

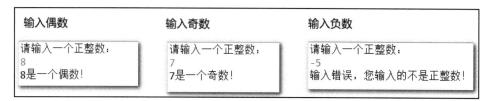

输入偶数	输入奇数	输入负数
请输入一个正整数： 8 8是一个偶数！	请输入一个正整数： 7 7是一个奇数！	请输入一个正整数： -5 输入错误，您输入的不是正整数！

图 4.7　使用嵌套条件语句判断偶数奇数

示例解析：在示例 3 中，使用了嵌套 if 语句，首先判断 num>0 是否为真，以判断用户输入的是否为正数，如果输入的是负数（num>0 为假）则直接执行与之配对的最后一个 else 语句，输出"输入错误，您输入的不是正整数！"。如果输入的是正数（num>0）为真，执行 if 中的语句块，判断 num % 2 == 0 是否为真，如果为真就是偶数，否则就是奇数。

在实际开发中，嵌套条件语句使用较多，按 if...else 匹配的原则进行分析，避免出现混乱。

任务5　使用多分支 if 选择结构处理复杂问题

当条件判断有多个选择时，需要使用多分支 if 语句解决。多分支 if 语句的语法如下：

```
if(表达式 1){
     语句块 1          //表达式 1 的值为 true 时执行的语句
}else if(表达式 2){
     语句块 2          //表达式 2 的值为 true 时执行的语句
} else if(表达式 3){
     语句块 3          //表达式 3 的值为 true 时执行的语句
} else{
     语句块 4          //以上表达式都不为 true 执行代码
}
```

以上多分支 if 语句的执行步骤：

（1）对表达式 1 的结果进行判断。

（2）如果表达式 1 的结果为 true，则执行语句 1；否则判断表达式 2 的值。

（3）如果表达式 2 的结果为 true，则执行语句 2；否则判断表达式 3 的值。

（4）如果表达式 3 的结果为 true，则执行语句 3；否则执行语句 4。

多分支 if 语句的流程图如图 4.8 所示。

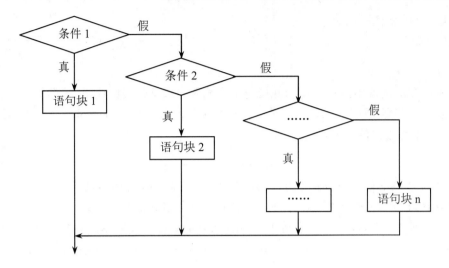

图 4.8   if...else if...else 语句的流程图

示例 4: 为学校教务系统开发成绩转换功能, 将学生成绩转化为对应等级。

成绩/分	等级
90～100	A
80～89	B
70～79	C
60～69	D
0～60	E

```java
public class MultiIfTest {
    public static void main(String[] args) {
        System.out.println("请输入分数：");
        Scanner in = new Scanner(System.in);
        float result = in.nextFloat();
        if(result >= 90 && result <= 100){
            System.out.print("您的成绩是 A 等");
        }else if(result >= 80 && result < 90) {
            System.out.print("您的成绩是 B 等");
        }else if(result >= 70 && result < 80) {
            System.out.print("您的成绩是 C 等");
        }else if(result >= 60 && result < 70) {
            System.out.print("您的成绩是 D 等");
        }else {
            System.out.print("您的成绩是 E 等");
        }
    }
}
```

运行程序，执行结果如下：

请输入分数：
89.5
您的成绩是 B 等

示例解析：在示例 4 中，首先提示并接受用户输入的成绩，成绩为 float 类型，然后通过 if…else if…else 语句判断用户输入的成绩处在哪个区间，并输出该区间对应的等级，最后的 else 用于处理以上都不是的情况。

经验分享

（1）if 语句只能有 1 个 else 语句，else 语句在所有的 else if 语句之后。

（2）if 语句可以有若干个 else if 语句，它们必须在 else 语句之前。

（3）一旦其中一个 else if 语句表达式为 true，其他的 else if 以及 else 语句都将跳过执行。

任务 6   使用 switch 结构解决特定问题

Java 中还提供了 switch 语句，switch 是"开关"的意思，它也是一种选择语句，用于实现多分支选择结构。它和多分支 if 控制语句结构在某些情况下可以相互替代。

当嵌套的 if 语句比较少时，用 if 语句编写程序会比较简洁。但是当选择的分支比较多时，嵌套的 if 语句层数就会很多，导致程序冗长，可读性下降，因此 Java 语言提供 switch 语句来处理多分支选择。switch 语句的语法如下：

```
switch(表达式){
    case 常量1：
        语句;
        break;
    case 常量2：
        语句;
        break;
    ……
    default：
        语句;
}
```

在语法中：

- switch、case、break、default 是 Java 关键字。
- switch 后的表达式只能是整型、字符型或枚举类型。
- case 用于与表达式进行匹配。
- break 用于终止后续语句的执行。
- default 是可选的，当其他条件都不匹配时执行 default。

switch 语句的执行流程如图 4.9 所示。

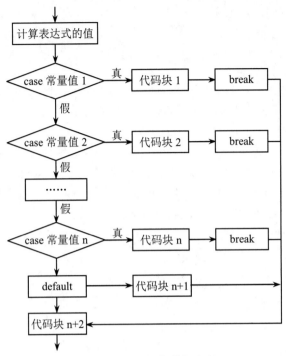

图 4.9　switch 语句执行流程

　　示例 5：使用 switch 语句实现示例 4，为学校教务系统开发成绩转换功能，将学生成绩转化为对应等级。

```
public class SwitchTest {
    public static void main(String[] args) {
        System.out.println("请输入分数：");
        Scanner in = new Scanner(System.in);
        int result = (int) ( in.nextFloat());
        switch(result / 10) {
        case 10:
        case 9:
            System.out.println("您的成绩是 A 等");
            break;
        case 8:
            System.out.println("您的成绩是 B 等");
            break;
        case 7:
            System.out.println("您的成绩是 C 等");
            break;
        case 6:
            System.out.println("您的成绩是 D 等");
            break;
        default:
            System.out.println("您的成绩是 E 等");
        }
    }
}
```

执行示例 5 代码，运行结果如下：

请输入分数：
76.5
您的成绩是 C 等

示例解析：在示例 5 中，首先用户输入成绩，因为 switch 后的表达式的值只能为整型、字符型或枚举类型，所以要将 float 类型的成绩强制转换为 int 类型。表达式 rusult/10 得到的实际上是成绩的十位。每一个 case 对应十位的数字，如果匹配到了就输出该成绩对应的等级，并执行 break 语句，跳出 switch 语句。如果所有的 case 都没有匹配上则执行 default 语句。

在 switch 语句中，case 语句中的 break 是必须的，用于跳出 switch 语句，如果没有加 break 语句，则下面的 case 语句都会被执行。default 语句不是必须的，如果不需要可以不加。

示例 6：分别输入 95 和 87.5，分析以下程序的执行结果。

```java
public class SwitchBreak {
    public static void main(String[] args) {
        System.out.println("请输入分数：");
        Scanner in = new Scanner(System.in);
        int result = (int) ( in.nextFloat());
        switch(result / 10) {
        case 10:
        case 9:
            System.out.println("您的成绩是 A 等");
            break;
        case 8:
            System.out.println("您的成绩是 B 等");
        case 7:
            System.out.println("您的成绩是 C 等");
        case 6:
            System.out.println("您的成绩是 D 等");
        }
    }
}
```

执行示例 6，当输入 95 时，95/10=9，进入 case 9，输出"您的成绩是 A 等"，然后执行 break 语句退出程序。当输入 87.5 时，强制类型转换为 87，87/10=8，进入 case8，输出"您的成绩是 B 等"，由于没有 break 语句，后面所有的 case 语句都会被执行，会依次输出"您的成绩是 C 等""您的成绩是 D 等"。程序输出效果如图 4.10 所示。

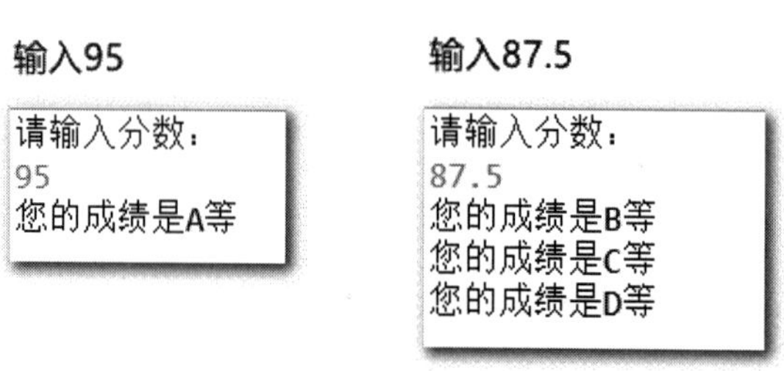

输入95

请输入分数：
95
您的成绩是A等

输入87.5

请输入分数：
87.5
您的成绩是B等
您的成绩是C等
您的成绩是D等

图 4.10　switch 语句中的 break 关键字

在 switch 语句中建议加上 default 语句，可以将不可预料的情况或错误输入由 default 来处理，提升程序的健壮性和可维护性。

本 章 小 结

（1）流程是为了实现某个目标或完成某项任务而进行的一系列有序的步骤或活动，通常包括输入、过程和输出三个核心要素。在计算机中，流程用于描述程序执行的顺序，而流程控制指令是指会改变程序运行顺序的指令。

（2）Java 提供了 3 种流程控制结构：顺序结构、选择结构和循环结构，其中，顺序结构是程序从上向下依次执行每条语句的结构，中间没有任何的判断和跳转；选择结构是根据条件判断的结果选择执行不同语句的结构；循环结构是根据条件判断的结果重复性地执行某段代码的结构。

（3）if 语句是选择结构中最简单的一种，用于解决单分支结构问题，描述的是汉语中"如果……就……"的情形。

（4）if…else 语句描述的就是汉语中"如果……就……，否则就……"这类互斥性问题。

（5）选择语句的嵌套是指在选择语句中又包含选择语句，在编程时可以根据逻辑关系进行一层或多层嵌套。在 if 控制语句中又包含一个或多个 if 控制语句称为嵌套 if 控制语句。

（6）当条件判断有多个选择时，需要使用 if…else if…else 多分支语句解决，if 语句只能有一个 else 语句，else 语句在所有的 else if 语句之后。if 语句可以有若干个 else if 语句，它们必须在 else 语句之前。一旦其中一个 else if 语句表达式为 true，其他的 else if 以及 else 语句都将跳过执行。

（7）switch 是"开关"的意思，它也是一种选择语句，用于实现多分支选择结构。它和多分支 if 控制语句结构在某些情况下可以相互替代。switch 后的表达式只能是整型、字符型或枚举类型，case 用于与表达式进行匹配，break 用于终止后续语句的执行，default 是可选的，当其他条件都不匹配时执行 default。

本 章 习 题

一、简答题

1．请写出 if…else 语句的语法及执行流程图。
2．请写出 if…else if…else 多分支语句的语法及执行流程图。
3．请写出 switch 语句的语法及执行流程图。

二、实践项目

1．输入 1～7 之间的任意正整数，根据输入的数字输出对应的星期，对于非法输入给予相应提示，执行效果如图 4.11 所示。

输入不符合规则	正确输入
请输入1～7之间的正整数： 8 输入不正确，请输入1～7之间的正整数	请输入1～7之间的正整数： 6 今天是星期六

图 4.11　实践项目 1 效果

2. 为某旅游网站开发在线订机票功能，机票的价格受季节旺季、淡季影响，假设机票头等舱原价为 2000 元，经济舱原价为 1400 元，4～10 月为旺季，旺季头等舱打 9 折，经济舱打 6 折，其他月份为淡季，淡季头等舱打 5 折，经济舱打 4 折。编写程序，根据出行的月份和选择的舱位输出实际的机票价格。

（1）如果输入数字不是 1～12，提示"月份输入错误，请输入 1～12 之间的正整数"。

（2）如果输入的舱位不是 1 或 2，提示"舱位选择错误！头等舱输入 1，经济舱输入 2"。

（3）月份和舱位选择正确时，输出该月份相应舱位机票费用。

执行效果如图 4.12 所示。

月份输入错误	舱位输入错误	输入正确
请输入出行的月份1~12：13 请选择舱位，头等舱输入1，经济舱输入2：1 月份输入错误，请输入1~12之间的正整数	请输入出行的月份1~12：12 请选择舱位，头等舱输入1，经济舱输入2：3 舱位选择错误！头等舱输入1，经济舱输入2	请输入出行的月份1~12：3 请选择舱位，头等舱输入1，经济舱输入2：1 3月份头等舱机票费用为：1000.0

图 4.12　实践项目 2 运行结果

青年人首先要树雄心，立大志；其次要度衡量力，决心为国家、人民作一个有用的人才；为此就要选择一个奋斗的目标来努力学习和实践。

——无产阶级革命家、教育家　吴玉章

第5章 循环结构

本章导读

第 4 章学习了选择结构，使用它可以解决逻辑判断的问题。在实际问题中，还会遇到需要多次重复执行的操作，仅仅使用选择结构不容易解决。循环结构可以让程序帮助开发人员完成繁重的重复性计算任务，同时可以简化程序编码。

循环语句的主要作用是反复执行一段代码，直到满足一定的条件为止。本章重点学习 Java 中的 while 循环、do-while 循环和 for 循环等循环控制语句。

思维导图

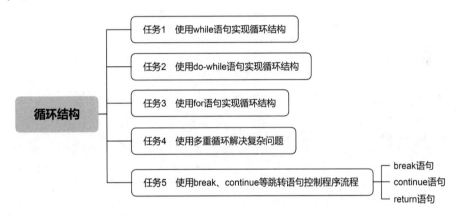

本章预习

预习本章内容，在作业本上完成以下简答题。
（1）简述 while 循环的语法及执行流程。
（2）简述 do-while 循环的语法及执行流程。
（3）简述 for 循环的语法及执行流程。

任务 1 使用 while 语句实现循环结构

while 循环是通过一个条件来判断是否继续执行循环体，while 循环的语法格式如下：

```
变量初始化
while（条件表达式）{
    循环体
}
```

在语法中，首先声明并初始化循环变量。关键字 while 后的小括号中的内容是循环条件，循环条件是一个布尔表达式，它的值为布尔类型"真"或"假"，大括号中的语句统称为循环操作，又称循环体。

while 循环的执行步骤为：

（1）声明并初始化循环变量。

（2）判断循环条件是否满足，如果满足则执行循环操作；否则退出循环。

（3）执行完循环操作后，再次判断循环条件，决定继续执行循环或退出循环。

对于 while 语句，如果第一次判断循环条件为假，则一次也不会执行。

while 循环流程图如图 5.1 所示。

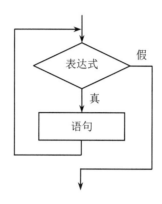

图 5.1　while 循环流程图

示例 1： 使用 while 循环计算 1～100 的和。

```java
public class WhileTest {
    public static void main(String[] args) {
        int i = 1;
        int sum = 0;
        while(i <= 100) {
            sum += i;        //和与当前值相加
            i++;             //i 自增 1，变成下一个正整数
        }
        System.out.println("1～100 的和是："+sum);
    }
}
```

运行示例 1，执行结果如下：

1～100 的和是：5050

示例解析：在示例 1 中，求 1～100 所有数的和，则 while 语句的条件表达式为 i <= 100，第一次 i=1，1<100 的值为 true，进入循环体内，首先执行 sum += i，即 sum = sum+1，然后执行 i++，执行完成后 i=2，再次判断条件表达式的值是否为真，如此循环直至 i=100 时，计算完 i++，i=101，条件表达式 101 <= 100 的值为 false，不再进行循环，执行循环外下一条语句，输出"1～100 的和是：5050"。

在循环中，i++非常关键，它让 i 的值不断自增，没有这条语句程序就会陷入死循环。

任务 2　使用 do-while 语句实现循环结构

while 循环的特点是当一开始循环条件就不满足的时候，while 循环一次也不会执行，是先

判断再执行。但有时有这样的需要：循环先执行一次，再判断循环条件，决定是否继续执行，do-while 循环就满足这样的需要。

do-while 循环的语法如下：

> **do** {
>> 循环操作
> } **while**(循环条件);

在语法中，do-while 循环以关键字 do 开头，然后是大括号括起来的循环操作，接着才是 while 关键字和紧随的小括号括起来的循环条件。需要注意的是，do-while 循环结构以分号结尾。

do-while 循环的执行步骤：

（1）声明并初始化循环变量。

（2）执行一遍循环操作。

（3）判断循环条件，如果循环条件满足，则循环继续执行，否则退出循环。

do-while 循环的特点是先执行，再判断，循环操作至少执行一遍。

do-while 循环的流程图如图 5.2 所示。

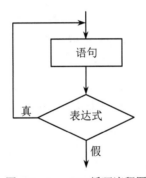

图 5.2　do-while 循环流程图

示例 2：编写程序，求 1～100 内所有偶数的和。

```java
public class DoWhileExample {
    public static void main(String[] args) {
        int i = 1;
        int sum = 0;
        do {
            if(i % 2 == 0) {   //判断 i 是否为偶数
                sum += i;
            }
            i++;
        }while(i<=100);
        System.out.print("1～100 内所有偶数的和为："+sum);
    }
}
```

运行程序，执行结果如下。

1～100 内所有偶数的和为：2550

示例解析：在示例 2 中使用了 do-while 循环，在循环体中使用 if（i % 2 == 0）语句判断

i 是否是偶数，如果是偶数就执行 sum+=i 语句，然后通过 i++语句将 i 自增 1，最后判断 i 是否小于等于 100，如果条件满足则继续执行循环，如果条件不满足则结束循环，执行输出语句。

示例 3：如图 5.3 所示，为某系统编写菜单功能，当用户输入菜单序号时进入该功能，当用户输入错误时提示用户并重新输入，直到输入正确的序号，输出进入的功能后退出程序。

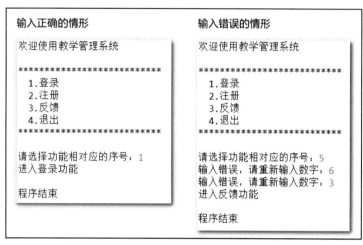

图 5.3　使用 do-while 循环实现菜单功能

实现步骤：

（1）使用输出语句输出菜单列表。

（2）声明 boolean 类型变量 isTrue 来标识用户输入是否正确，初值为 true。如果输入错误，则其值变为 false。

（3）使用 do-while 循环结构：循环体中接收用户的输入，利用 switch 语句执行不同的操作，循环体至少执行一次。

（4）循环条件是判断 isTrue 的值。如果为 false 则继续执行循环体，否则退出循环，程序结束。

实现代码：

```java
import java.util.Scanner;
public class MenuExample {
    public static void main(String[] args) {
        //输入菜单列表
        System.out.println("欢迎使用教学管理系统\n");
        System.out.println("***********************");
        System.out.println("    1.登录");
        System.out.println("    2.注册");
        System.out.println("    3.反馈");
        System.out.println("    4.退出");
        System.out.println("***********************\n");
        int tag;                //记录用户输入
        boolean isTrue;         //标记输入是否正确
        System.out.print("请选择功能相对应的序号：");
        Scanner in = new Scanner(System.in);
```

```
        do{
            isTrue = true;
            tag = in.nextInt();        //接收用户输入
            switch(tag) {
            case 1:
                System.out.println("进入登录功能");
                break;
            case 2:
                System.out.println("进入注册功能");
                break;
            case 3:
                System.out.println("进入反馈功能");
                break;
            case 4:
                System.out.println("进入退出功能");
                break;
            default:{                //以上 case 都不匹配说明输入错误
                System.out.print("输入错误，请重新输入正确数字：");
                isTrue = false;
            }
            }
        }while(!isTrue);                //当 isTrue 为 false 时，表达式为 true，继续循环
            System.out.println("\n 程序结束");
    }
}
```

运行程序，执行结果如图 5.3 所示。示例 3 中需要用户先输入数据，再进行判断是否正确，如果不正确则重复输入，直到输入正确为止，使用 do-while 循环可以实现该功能。请读者结合实现步骤和实现代码进行分析。

任务 3　使用 for 语句实现循环结构

for 循环是计次循环，一般应用在循环次数已知的情况下。通常用于遍历字符串、数组、集合等序列类型，逐个获取序列中的各个元素。其语法格式如下：

```
for(表达式 1;表达式 2;表达式 3){
    循环体
}
```

在 for 循环结构中：
- 表达式 1 是赋值语句，用于为循环变量赋初始值，如 int i=1。
- 表达式 2 是条件语句，用于指定循环条件，如 i<=100。
- 表达式 3 是赋值语句，是循环结构的迭代部分，用来修改循环变量的值，如 i++。

由此，for 循环语法格式可以更直观地表示为：

```
for(变量初始化;循环条件;修改循环变量的值){
    循环体
}
```

经验分享

（1）for 关键字后面括号中的 3 个表达式必须用 ";" 隔开。

（2）for 循环和 while 循环一样，都是先判断后执行。

for 循环结构执行的顺序：

（1）执行初始部分，如 int i=1。

（2）判断循环条件，如 i<=100。

●   如果为 true，则执行循环体，循环体执行结束后，执行（3）。

●   如果为 false，则退出循环，步骤（3）、步骤（4）均不执行。

（3）执行迭代部分，改变循环变量值，如 i++。

（4）依次重复步骤（2）～步骤（3），直到退出 for 循环。

for 循环结构流程如图 5.4 所示。

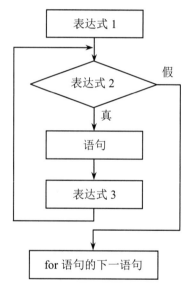

图 5.4   for 循环结构的流程图

示例 4：编写程序，求 100 以内所有偶数的和、奇数的和。

```java
public class ForExample {
    public static void main(String[] args) {
        int sum1 = 0;
        int sum2 = 0; //定义两个整型变量，用于存储偶数的和、奇数的和
        for(int i=1;i<=100;i++) {
            if(i%2 == 0){    //i 为偶数
                sum1 += i;
            }else {          //i 为奇数
                sum2 += i;
            }
        }
```

```
        System.out.println("100 以内所有偶数的和为："+sum1);
        System.out.println("100 以内所有奇数的和为："+sum2);
    }
}
```

运行程序，执行结果如下。

```
100 以内所有偶数的和为：2550
100 以内所有奇数的和为：2500
```

示例解析：在示例 4 中，通过 for 循环迭代，在 for 循环中使用 if...else 语句判断 i 是偶数还是奇数，如果是偶数则与 sum1 相加，如果是奇数则与 sum2 相加，当 i=100 时，运行 i++后，i=101，i<=100 为假，终止循环，分别输出偶数的和 sum1 和奇数的和 sum2。

经验分享

根据 for 循环结构的语法，3 个表达式都可以省略，在语法上以下 4 种形式都是正确的。

for(; i< 10; i++);

for(int i = 0; ; i++);

for(int i = 0; i< 10;);

for(; ;);

如果省略第 1 个表达式，应在 for 循环前声明 i 变量并赋值，否则会有语法错误。

如果省略第 2 个表达式，for 循环将变成死循环。

如果省略第 3 个表达式，可以在循环体内通过 i++等形式改变循环变量的值，否则也会出现死循环。

在实际开发中，为了提高代码的可读性，建议不要省略各个表达式。如果需要省略，可以考虑改用 while 或 do-while 循环结构。

任务 4　使用多重循环解决复杂问题

对于一些复杂问题，需要多重循环，也就是嵌套循环才能解决。

示例 5：使用嵌套 for 循环打印九九乘法表。

```java
public class EnhancedFor {
    public static void main(String[] args) {
        for(int i=1; i<=9; i++) {                          //控制行
            for(int j =1; j <= i;j++) {                    //控制列
                System.out.print(i+"*"+j+"="+(i*j)+"\t");  //输出乘法表
            }
            System.out.println();                          //一行结束，换行
        }
    }
}
```

运行程序，执行结果如图 5.5 所示。

```
1*1=1
2*1=2    2*2=4
3*1=3    3*2=6    3*3=9
4*1=4    4*2=8    4*3=12   4*4=16
5*1=5    5*2=10   5*3=15   5*4=20   5*5=25
6*1=6    6*2=12   6*3=18   6*4=24   6*5=30   6*6=36
7*1=7    7*2=14   7*3=21   7*4=28   7*5=35   7*6=42   7*7=49
8*1=8    8*2=16   8*3=24   8*4=32   8*5=40   8*6=48   8*7=56   8*8=64
9*1=9    9*2=18   9*3=27   9*4=36   9*5=45   9*6=54   9*7=63   9*8=72   9*9=81
```

图 5.5　使用嵌套 for 循环打印九九乘法表

示例解析：在示例 5 中，使用了嵌套 for 循环，外循环用来控制行，i<=9 说明循环 9 次，整个九九乘法表是 9 行，就是由外循环决定的。内循环用来控制列，即每行打印几列，j<=i，说明外循环 i 是几就打印几列，比如外循环 i=3，则打印"3*1=3""3*2=6""3*3=9"这三列，也就是说外循环每执行一次，内循环就要执行 i 次。在输出语句中使用的"\t"是转义字符，含义是打印一个制表符。

示例 6：为学校教务管理系统开发成绩录入及计算总分、平均分功能，假设每名学生有三门课，执行效果如图 5.6 所示。

```
输入学生姓名：大贤
请输入3门课程中的第1门课的成绩：  98
请输入3门课程中的第2门课的成绩：  94
请输入3门课程中的第3门课的成绩：  96
大贤的总分是：288,平均分是：96.0

继续录入成绩吗?输入y继续，输入其他字符退出：y
输入学生姓名：小诺
请输入3门课程中的第1门课的成绩：  96
请输入3门课程中的第2门课的成绩：  89
请输入3门课程中的第3门课的成绩：  97
小诺的总分是：282,平均分是：94.0

继续录入成绩吗?输入y继续，输入其他字符退出：n
成绩录入结束,退出系统！
```

图 5.6　示例 6 执行效果

需求分析：

（1）根据需求，要录入多名学生多门课的成绩，可以使用嵌套循环，外循环用于循环录入每名学生，内循环用于循环录入该学生的每门课的成绩，并求和、平均值。

（2）因为至少要接收一名学生三门课成绩，计算其总分和平均分，所以，外层循环使用 do-while 循环。学生课程是三门，循环次数是确定的，所以内循环可以使用 for 循环。

（3）外循环是否继续可依据用户是否输入"y"判定。如果用户输入"y"，则继续输入一名同学的姓名及三门课的成绩，并求总分和平均分。如果用户输入的是其他字符，则输出"成绩录入结束，退出系统！"。

实现代码：

```java
import java.util.Scanner;
public class MultipleLoop {
    public static void main(String[] args) {
        String end=null;
```

```
        do{
            int score;                           //每门课的成绩
            int sum = 0;                         //成绩之和
            double avg = 0.0;                    //平均分
            Scanner in = new Scanner(System.in);
            System.out.print("输入学生姓名: ");
            String name = in.next();
            for(int i = 1; i <= 3; i++) {        //循环 3 次录入 3 门课成绩
                System.out.print("请输入 3 门课程中的第" +i+"门课的成绩:   ");
                score = in.nextInt();            //录入成绩
                sum = sum + score;               //计算成绩和
            }
            avg = sum / 3;                       //计算平均分
            System.out.println(name+ "的总分是: "+sum+",平均分是: " + avg);
            System.out.print("\n 继续录入成绩吗? 输入 y 继续, 输入其他字符退出: ");
            end= in.next() ;
        }while(end.equals("y") || end.equals("Y"));  //判断是否继续录入
        System.out.println("成绩录入结束,退出系统! ");
        }
    }
```

示例解析：在示例 6 中，外循环每循环一次处理一个学生，内循环则处理一个学生的 3 门课成绩，也就是说，外循环每执行一次，内循环将执行 3 次。在程序中，判断字符或字符串是否相同，不能使用"=="运算符，要使用字符串的 equals()函数，在后续章节中将会学习。

任务 5　使用 break、continue 等跳转语句控制程序流程

Java 语言支持 3 种类型的跳转语句：break 语句、continue 语句和 return 语句。使用这些语句可以改变程序的执行流程。

1. break 语句

无论是 for 循环还是 while、do-while 循环，break 语句都可以终止当前的循环，break 语句在 switch 语句中的作用是终止 switch。break 语句的语法比较简单,只要在循环语句中加入 break 关键字即可。

示例 7：模拟某系统的查询功能，通过循环比对某个人的身份信息，如果比对成功则退出循环，执行效果如图 5.7 所示。

```
请输入要查询的id：123456789
该id123456789在系统中匹配不成功

请输入要查询的id：123456
该id123456在系统中匹配不成功

请输入要查询的id：123123123
匹配成功，123123123对应的姓名为：张三
```

图 5.7　示例 7 执行效果

需求分析：

（1）首先须定义要匹配的字符串 id 及匹配成功要输出的姓名，并定义一个字符串用于接收用户输入的 id。

（2）可以使用 while 循环，判断条件是 true，也就是一直循环进行匹配，直到用户输入的 id 与要匹配的 id 一样时，使用 break 语句结束循环，否则就提示用户不匹配，继续接收 id。

实现代码：

```java
public class BreakExample {
    public static void main(String[] args) {
        Scanner in =new Scanner(System.in);
        //字符串
        String id ="123123123";      //要匹配的字符串
        String inId = null;          //用户输入的字符串
        String name = "张三";
        while(true){
            System.out.print("请输入要查询的 id：");
            inId = in.next();        //获取用户输入
            if(inId.equals(id)){     //输入字符串与要匹配的字符串相同，退出循环
                break;
            }else {                  //提示不匹配
                System.out.println("该 id"+inId+"在系统中匹配不成功\n");
            }
        }
        System.out.println("匹配成功，"+id+"对应的姓名为："+name);
    }
}
```

示例解析：在示例 7 中，while 循环的判断条件是 true，只有 if 语句的判断条件 inId.equals(id) 为真，也就是用户输入的 id 与要匹配的 id 一样时，才会执行 break 语句终止循环，否则循环一直进行。

break 语句只使用在 switch 语句或循环中，在循环语句中常与 if 语句配合使用，当符合某个条件时终止循环。

2. continue 语句

continue 语句的作用是强制一个循环提前返回，也就是让循环跳过本次循环剩余代码，然后开始下一次循环。continue 语句的应用场景比较常见，比如：某班级要评选三好学生，要求参评同学不能有科目不及格，可以使用循环统计每个同学的各科成绩以便进行排名，在循环过程中，当某同学成绩有不及格时，就不用统计他的成绩，可以使用 continue 语句终止本次循环，开始下一个循环，对下一名同学进行判断和统计。

示例 8：输出 1～100 内所有能被 5 整除的数。

```java
public class ContinueExample {
    public static void main(String[] args) {
        for(int i=1; i<= 100; i++){
            if(i % 5 != 0){              //不能被 5 整除，结果本次循环
                continue;
            }
            System.out.print(i+" ");     //只有可以被 5 整除的数才会执行输出语句
```

```
                }
                System.out.println("\n 循环结束。");
            }
        }
```

运行程序，执行结果如下：

5 10 15 20 25 30 35 40 45 50 55 60 65 70 75 80 85 90 95 100
循环结束。

示例解析：在示例 8 中，要求输出可以被 5 整除的数，在程序的 for 循环中使用了 if 语句判断 i 是否能被 5 整除，如果不能整除则执行 continue 语句，结束本次循环，后面的输出语句不被执行。如果可以整除则执行输出语句，输出该数字。

经验分享

（1）continue 语句只会出现在循环语句中，它只有这一种使用场合。

（2）在 while 和 do-while 循环中，continue 执行完毕后，程序将直接判断循环条件，如果为 true，继续下一次循环，否则，终止循环。而在 for 循环中，continue 使程序先跳转到迭代部分执行，然后再判断循环条件。

3. return 语句

return 语句的作用是结束当前方法的执行并退出，返回到调用该方法的语句处。

示例 9：编写程序，接收用户输入，当用户输入负数时退出程序。

```java
import java.util.Scanner;
public class ReturnExample {
    public static void main(String[] args) {
        Scanner in = new Scanner(System.in);
        for(int i=1; i<=100; i++){
            System.out.println("请输入学生成绩：");
            float result = in.nextFloat();
            if(result <= 0){
                System.out.println("输入错误，退出程序");
                return;
            }
        }
        System.out.println("循环结束。");
    }
}
```

运行程序，执行结果如图 5.8 所示。

```
请输入学生成绩：
99
请输入学生成绩：
95
请输入学生成绩：
88
请输入学生成绩：
-89
输入错误，退出程序
```

图 5.8　示例 9 执行效果

示例解析：示例 9 中，在 for 循环中输入学生成绩，使用 if 语句判断用户输入的数字是否为负数，如果是负数则输出"输入错误，退出程序"，并执行 return 语句返回。return 语句的更多使用场景将在后续章节中讲解。

本 章 小 结

（1）循环语句的主要作用是反复执行一段代码，直到满足一定的条件为止。可以把循环分成 4 个部分。初始部分：设置循环的初始状态；循环体：重复执行的代码；迭代语句：下一次循环开始前要执行的部分，如使用"i++;"进行循环次数的累加；循环条件：判断是否继续循环的条件，如使用"i<100"判断循环次数是否已经达到 100 次。

（2）while 循环通过一个条件来判断是否继续执行循环体，对于 while 语句，如果第一次判断循环条件为假，则一次也不会执行。

（3）do-while 循环以关键字 do 开头，然后是大括号括起来的循环操作，接着才是 while 关键字和紧随的小括号括起来的循环条件。需要注意的是，do-while 循环结构以分号结尾。do-while 循环的特点是先执行，再判断，循环操作至少执行一遍。

（4）for 循环是计次循环，一般应用在循环次数已知的情况下，for 关键字后面括号中的 3 个表达式必须用";"隔开，for 循环和 while 循环一样，都是先判断后执行。

（5）break 语句可以终止当前的循环，只使用在 switch 语句或循环中，在循环语句中常与 if 语句配合使用，当符合某个条件时终止循环。

（6）continue 语句的作用是强制一个循环提前返回，也就是让循环跳过本次循环剩余代码，然后开始下一次循环。

（7）return 语句主要用于从方法中返回值或结束方法的执行。

本 章 习 题

一、简答题

1．循环语句的作用及包含的 4 个部分别是什么？
2．对比 while 循环、do-while 循环和 for 循环，说明它们的语法及特点。
3．对比 break 语句和 continue 语句，说明它们的特点。

二、实践项目

1．1、2、3、4 四个数字能组成多少个互不相同且无重复数字的三位数？都是多少？要求每行输出 5 个。

执行效果如图 5.9 所示。

123	124	132	134	142
143	213	214	231	234
241	243	312	314	321
324	341	342	412	413
421	423	431	432	
共有：24个数				

图 5.9 实践项目 1 效果

2．打印出所有的"水仙花数"，所谓"水仙花数"是指一个三位数，其各位数字立方和等于该数本身。例如，153 是一个"水仙花数"，因为 153=1 的三次方＋5 的三次方＋3 的三次方。执行效果如图 5.10 所示。

```
153      370      371      407
```

图 5.10　实践项目 2 运行结果

3．根据用户输入的行数，使用"*"号打印三角形，执行效果如图 5.11 所示。

打印一个三角形，请输入行数： 10
```
         *
        ***
       *****
      *******
     *********
    ***********
   *************
  ***************
 *****************
*******************
```

图 5.11　实践项目 3 运行结果

盖士人读书，第一要有志，第二要有识，第三要有恒。有志则断不甘为下流；有识则知学问无尽，不敢以一得自足，如河伯之观海，如井蛙之窥天，皆无识者也；有恒则断无不成之事。此三者缺一不可。

——[清]　曾国藩

第6章 数　　组

本章导读

Java 基本数据类型只能存储单个数据，但在实际应用中大量存在一个变量需要存储多个数据的情况，比如：每个学生的成绩单包含了多门课程的成绩。数组（array）是一种最简单的复合数据类型，它是有序数据的集合，数组中的每个元素具有相同的数据类型，可以用一个统一的数组名和不同的下标来确定数组中唯一的元素，根据数组的维度，可以将其分为一维数组、二维数组和多维数组等。

本章将重点学习一维数组、二维数组的创建、遍历，数组排序和 Arrays 类及其常用方法。

思维导图

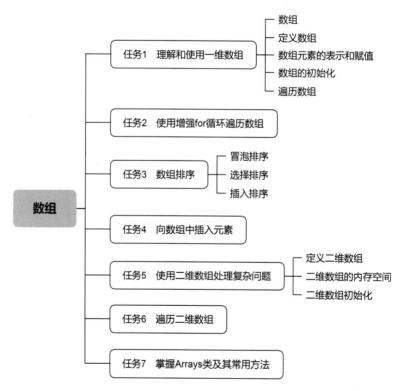

本章预习

预习本章内容，在作业本上完成以下简答题。

（1）简述如何定义数组。

（2）简述如何遍历二维数组。

（3）简述 Arrays 类及其常用方法有哪些。

任务 1　理解和使用一维数组

1. 组数

Java 中，int、float、double 等基本数据类型存储的往往是单个数据，如果要统计全班 50 名同学的 Java 课程的平均分、最高分、最低分，就需要定义 50 个变量来存储每个人的成绩，操作极其烦琐。

Java 针对此类问题提供了高效的存储方式——数组。在 Java 中，数组用于将相同数据类型的数据存储在内存中。数组中的每一个数据元素都属于同一数据类型。例如，全班 50 名学生的成绩都是整型，就可以存储在一个整型数组里面。当数组初始化完毕后，Java 会为数组在内存中分配一段连续的空间。数组存储方式如图 6.1 所示。

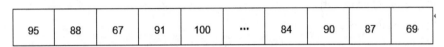

图 6.1　数组存储方式

数组包含以下几个基本要素，如图 6.2 所示：

● 数组名：和其他变量一样，在计算机中，数组也要有一个名称，用于区分不同的数组。

● 数组元素：当给出了数组名称后，要向数组中存放数据，这些数据就称为数组元素。

● 数组下标：为了正确地得到数组的元素，需要对它们进行编号，这样计算机才能根据编号去存取，这个编号就称为数组下标或索引，Java 中数组的下标从 0 开始。

● 数据类型：存储在数组中的数组元素是同一数据类型，所以定义数组时要声明数组的数据类型。

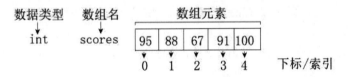

图 6.2　数组的组成要素

2. 定义数组

在 Java 中，定义数组的语法有两种。

数据类型[ ] 数组名 ＝new 数据类型[数组长度];

或者：

数据类型 数组名[ ] ＝new 数据类型[数组长度];

在语法中：

● 定义数组时一定要指定数组名和数组类型。

● 必须书写 "[ ]"，表示定义了一个数组，而不是一个普通的变量。

● "[数组长度]" 决定连续分配的内存空间的个数，"数据长度" 为大于 0 的正整数，通过数组的 length 属性可获取此长度。

● 数组的数据类型确定分配的每个空间的大小。

经验分享

当数组初始化完毕后，其在内存中开辟的空间也将随之固定，此时数组的长度就不能再发生改变。即使数组中没有保存任何数据，数组所占据的空间依然存在。

如：以下定义数组的语句都是正确的。

int[] scores = **new int**[50];

String students[] = **new** String[100];

3. 数组元素的表示和赋值

在定义数组时，内存分配的是连续的空间，所以数组元素是有序排列的，每个元素的下标标明了元素在数组中的位置。首元素的编号为 0，因此，数组的下标从 0、1、2、3、4、…依次递增，每次的增长数是 1。数组中的每个元素都可以通过下标来访问。例如，数组 scores 的第一个元素表示为 scores[0]。

获得数组元素的语法：

数组名[下标值]

例如，下面两个语句是为 scores 数组的第一个和第二个元素赋值。

scores[0]=95;　//将 scores 数组中的第一个元素赋值为 95

scores[1]=88;　//将 scores 数组中的第二个元素赋值为 88

4. 数组的初始化

所谓数组初始化，就是在定义数组的同时一并完成赋值操作。数组初始化的语法：

数据类型[] 数组名 = {值 1,值 2,值 3,…,值 n};

或者：

数据类型[] 数组名 = new 数据类型[]{值 1,值 2,值 3,…,值 n};

下面两个语句都是定义数组，并初始化数组。

int[] result = **new int**[]{90,80,98,90,76};

String[] books = {"平凡的世界","白鹿原","尘埃落定","繁花"};

5. 遍历数组

在编写程序时，为数组元素赋值或遍历数组通常使用循环，可以大大地简化代码，提高程序效率。通常，使用 for 循环遍历数组。

示例 1：输入 5 名学生的 Java 课程成绩，并输出平均分、最高分和最低分，效果如图 6.3 所示。

```
请输入5名学生成绩：
98
90
86
79
80
平均分为：86
最高分为：98
最低分为：79
```

图 6.3　示例 1 运行效果

实现步骤:

(1) 定义整型数组 scores,长度为 5。

(2) 创建 Scanner 对象,通过循环为 scores 数组每个元素赋值。

(3) 通过 for 循环遍历数组,先求所有元素的和,然后用和除以数组长度获得平均分。

(4) 通过 for 循环遍历数组,求最高分(将数组第一个元素赋值给 max,用 max 与数组中每个元素比较,如果比 max 大,则将值赋值给 max,依次比较后,max 即为数组元素中最大值)。

(5) 通过 for 循环遍历数组,求最低分(将数组第一个元素赋值给 min,用 min 与数组中每个元素比较,如果比 min 小,则将值赋值给 min,依次比较后,min 即为数组元素中最小值)。

实现代码:

```java
import java.util.Scanner;
public class ArrayExample_1 {
    public static void main(String[] args) {
        int scores[] = new int[5];                    //创建长度为 5 的整型数组
        int sum = 0;                                  //总分
        float avg = 0;                                //平均分
        int max = 0;                                  //最高分
        int min = 0;                                  //最低分
        Scanner input = new Scanner(System.in);
        System.out.println("请输入 5 名学生成绩:");
        for(int i = 0; i < scores.length; i++) {      //循环遍历数组
            scores[i] = input.nextInt();              //从控制台接收键盘输入,循环赋值
        }
        max = scores[0];                              //max 为 scores[0]
        min = scores[0];                              //min 为 scores[0]
        for(int i=0;i<scores.length;i++) {            //for 循环遍历数组
            sum += scores[i];                         //循环求总分
            if(scores[i]>max){                        //求最大值
                max=scores[i];
            }
            if(scores[i]<min){                        //求最小值
                min=scores[i];
            }
        }
        System.out.println("平均分为: "+sum/scores.length);
        System.out.println("最高分为: "+max);
        System.out.println("最低分为: "+min);
    }
}
```

运行示例 1 实现代码,执行结果如图 6.3 所示。

示例解析:在示例 1 中,首先通过 for 循环为数组 scores 赋值,数组长度为 5,用户需要输入 5 个正整数。根据实现步骤,求总分、最高分和最低分都需要遍历数组,所以将这三个操作整合,通过一次遍历实现。首先将数组的第一个元素赋值给变量 max 和 min,然后通过 for 循环遍历数组,在循环中对数组元素求和,用 max 与数组中每个元素比较,如果元素值比 max 大,则将值赋值给 max,循环比较后,max 即为数组元素中最大值。在循环中用 min 与数组中

每个元素比较，如果比 min 小，则将值赋值给 min，循环比较后，min 即为数组元素中最小值。最后输出平均分、最高分和最低分。

任务 2　使用增强 for 循环遍历数组

在某些情况下，常规的遍历方式容易显得代码臃肿，为此，Java 提供了增强 for 循环。增强 for 可以简化数组和集合的遍历，增强代码的可读性。

增强 for 循环的语法格式为：

```
for(元素类型 变量名: 要循环的数组或集合名){
    循环体
}
```

在语法中，元素类型是数组或集合中元素的类型，变量名在循环时用来保存每个元素的值，冒号后面是要循环的数组或集合名称。

示例 2：使用 Random 对象生成 1～100 内的随机整数，为长度为 10 的数组元素赋值，并使用增强 for 循环输出数组所有元素，效果如图 6.4 所示（随机产生数值，运行结果会有不同）。

数组中的元素有：	88	20	92	44	51	64	46	52	98	84

图 6.4　使用增强 for 循环遍历数组

实现步骤：

（1）定义整型数组 nums，长度为 10。

（2）创建 Random 对象，创建一个新的随机数生成器。

（3）通过 for 循环，使用随机数生成器的 nextInt(int origin, int bound)方法为数组元素赋值，参数 origin 是随机数的左边界（包含在内），bound 是随机数的右边界（不包含在内）。如果要产生 1～100 之间的随机数（包含 100），方法为 nextInt(1, 101)。

（4）使用增强 for 循环输出数组中的所有元素。

实现代码：

```java
import java.util.Random;
public class EnhanceFor {
    public static void main(String[] args) {
        int nums[] = new int[10];              //创建长度为 10 的数组
        Random rd = new Random();              //创建随机数生成器
        //使用 for 循环为数组元素赋值
        for(int i=0; i<10;i++) {
            nums[i] = rd.nextInt(1, 101);      //使用随机数为数组元素赋值
        }
        System.out.print("数组中的元素有：");
        //使用增强 for 循环输出数组中所有元素
        for(int num:nums) {
            System.out.print(num + "\t");
        }
    }
}
```

运行示例 2，执行效果如图 6.4 所示。

任务 3 数 组 排 序

在实际开发中，对数组进行排序是常见操作，开发中常用的数组排序算法有：冒泡排序、选择排序、插入排序等。

1. 冒泡排序

冒泡排序（Bubble Sort）是一种简单的交换排序算法，它通过多次遍历待排序的元素，比较相邻元素的大小，并交换它们直到整个序列有序。冒泡排序的基本思想是根据元素自身大小像气泡一样一点点地向着数组的一端移动。其基本原理如下：

（1）从数组的第一个元素开始，比较相邻的两个元素。

（2）如果前一个元素大于后一个元素（升序排序），则交换它们的位置，当一个元素小于或等于右侧元素时，位置不变。

（3）重复以上步骤，但不包括已排序的最大元素（每一轮都会少一次排序），直到整个数组排序完成。

示例 3：使用冒泡排序法对 5 名学生的成绩按升序排序。

```java
public class BubbleSort {
    public static void main(String[] args) {
        int scores[] = {78,86,74,92,89}; //定义数组
        //输出排序前的数组元素
        System.out.print("排序前的数组: ");
        for(int score:scores) {
            System.out.print(score+"    ");
        }
        //使用冒泡排序法进行升序排序
        for(int i=0;i<scores.length-1;i++) { //进行元素个数-1 轮排序
            //对没有排序的元素进行排序
            for(int j=0;j<scores.length-i-1;j++) {
                //如果前一个元素大，则互换位置
                if(scores[j] > scores[j+1]) {
                    int temp = scores[j];
                    scores[j] = scores[j+1];
                    scores[j+1] = temp;
                }
            }
            //输出本轮排序后的数组元素
            System.out.print("\n 第"+(i+1)+" 轮排序后：");
            for(int score:scores) {
                System.out.print(score+"    ");
            }
        }
        //输出排序后的数组元素
        System.out.print("\n 排序后的数组：");
```

```
    for(int score:scores) {
        System.out.print(score+"    ");
    }
  }
}
```

运行程序，输出结果如图 6.5 所示。

```
排序前的数组： 78    86    74    92    89
第 1 轮排序后： 78    74    86    89    92
第 2 轮排序后： 74    78    86    89    92
第 3 轮排序后： 74    78    86    89    92
第 4 轮排序后： 74    78    86    89    92
排序后的数组： 74    78    86    89    92
```

图 6.5　示例 3 冒泡排序

示例解析：首先定义了包含 5 个元素的数组 scores，然后使用增强 for 循环输出了排序前的数组，再使用冒泡排序算法对数组进行升序排序。冒泡排序需要使用嵌套 for 循环，其中外层 for 循环控制循环的次数，冒泡排序遍历的次数为数组长度-1，所以循环判断条件为 i<scores.length-1。内层的 for 循环用于控制对没有排序的元素进行比较排序，其循环判断条件是 j<scores.length-1-i，之所以减 i 是因为冒泡排序外循环每循环 1 次都会有一个元素被排到数组的一端，该元素在以后都不会再参与比较，比如，示例中第一次排序后 92 作为最大值移到了数组的最右端，在后续的排序中 92 不会再参与比较，第二次 89 成了倒数第二个元素，在后续也不会再参与比较。在内层 for 循环中使用 if 语句判断相邻两个数的大小，如果前面的元素大于后面的元素，则交换值，通过循环后值大的元素就被逐渐向后移。程序中，内层 for 循环执行完后使用增强 for 循环输出本轮排序完成后的数组元素，可以看出 5 个元素的数组进行了 4 轮排序。排序结束后，使用了增强 for 循环输出了排序后的数组元素。

值得注意的是，如图 6.5 所示，在示例 3 中第 2 轮、第 3 轮、第 4 轮排序输出的元素值是相同的，也就是说在第 2 轮已经排好了序，第 3 轮、第 4 轮排序并没有发生元素移动，为此，冒泡排序还可以进一步优化，优化代码如下。

```
public class BubbleSort {
    public static void main(String[] args) {
        int scores[] = {78,86,74,92,89}; //定义数组
        //输出排序前的数组元素
        System.out.print("排序前的数组： ");
        for(int score:scores) {
            System.out.print(score+"    ");
        }
        //使用冒泡排序法进行升序排序
        for(int i=0;i<scores.length-1;i++) {        进行元素个数-1 轮排序
            boolean tag = true;                     //用于标记是否进行过元素交换
            //对没有排序的元素进行排序
            for(int j=0;j<scores.length-1-i;j++) {
                //如果前一个元素大，则互换位置
                if(scores[j] > scores[j+1]) {
```

```
                    int temp = scores[j];
                    scores[j] = scores[j+1];
                    scores[j+1] = temp;
                    tag = false;    //如果进行了交换则 tag 为 false
                }
            }
            //输出本轮排序后的数组元素
            System.out.print("\n 第"+(i+1)+" 轮排序后：");
            for(int score:scores) {
                System.out.print(score+"    ");
            }
            //如果本次遍历没有发生过元素交换，说明已经排好序，退出循环
            if(tag == true) {
                break;
            }
        }
        //输出排序后的数组元素
        System.out.print("\n 排序后的数组：");
        for(int score:scores) {
            System.out.print(score+"    ");
        }
    }
}
```

运行程序，执行结果如图 6.6 所示。

```
排序前的数组：78      86      74      92      89
第1 轮排序后：78      74      86      89      92
第2 轮排序后：74      78      86      89      92
第3 轮排序后：74      78      86      89      92
排序后的数组：74      78      86      89      92
```

图 6.6　优化冒泡排序

可以看到，在优化的冒泡排序代码中，在外层 for 循环中加入了一个 boolean 类型的变量 tag，它的值是 true，用来判断内层循环中是否有元素进行过移动。在内层 for 循环的 if 语句中将 tag 设置为 false（有元素移动过），每次执行完内部 for 循环都会判断 tag 的值是不是 true，如果是 true 说明内层 for 循环中的 if 语句没有被执行，也就是说没有数组元素被交换位置，发生这种情况的原因是数组已经按序排列了，所以执行 break 语句退出循环，如图 6.6 所示，同样的数组只进行了 3 轮循环，如果数组元素较多，可以极大提升程序运行效率。

在实际开发中，一方面要考虑实现功能，另一方面要考虑运行效率，要让程序更加优雅高效。

2. 选择排序

选择排序的原理是遍历元素找到一个最小（或最大）的元素，把它放在第一个位置，然后再在剩余元素中找到最小（或最大）的元素，把它放在第二个位置，依次下去，完成排序。

示例 4：使用选择排序法对 5 名学生的成绩按升序排序。

```java
public class SelectionSort {
    public static void main(String[] args) {
        int scores[] = {78,86,74,92,89}; //定义数组
        //输出排序前的数组
        System.out.print("排序前的数组：");
        for(int score:scores) {
            System.out.print(score + "    ");
        }
        //对数据进行选择排序
        for(int i=0;i<scores.length;i++) {
            int minIndex = i; //用来记录最小元素索引值，默认值为 i
            //遍历 i+1 到 length 的值，找到其中最小元素的索引给 minIndex
            for(int j=i+1;j<scores.length;j++) {
                if(scores[j] < scores[minIndex]) {
                    minIndex = j;
                }
            }
            //交换当前索引 i 和最小值索引 minIndex 两处的值
            if(i != minIndex) {
                int temp = scores[i];
                scores[i] = scores[minIndex];
                scores[minIndex] = temp;
            }
            //循环完一轮后数组的值
            System.out.print("\n 第"+(i+1)+" 轮排序后: ");
            for(int score:scores) {
                System.out.print(score + "    ");
            }
        }
        //输出排序后的数组
        System.out.print("\n 排序后的数组: ");
        for(int score:scores) {
            System.out.print(score + "    ");
        }
    }
}
```

运行示例 4，执行效果如图 6.7 所示。

排序前的数组:	78	86	74	92	89
第1 轮排序后:	74	86	78	92	89
第2 轮排序后:	74	78	86	92	89
第3 轮排序后:	74	78	86	92	89
第4 轮排序后:	74	78	86	89	92
第5 轮排序后:	74	78	86	89	92
排序后的数组:	74	78	86	89	92

图 6.7　示例 4 选择排序

示例解析：在示例 4 中，首先创建了长度为 5 的数组，并输出了数组元素。在对数组进行选择排序时，同样需要使用嵌套 for 循环，在外循环中控制循环的次数，数组长度为 5，需要循环 5 次，所以循环判断条件为 i<scores.length，循环体中定义了 minIndex 变量用于记录最小元素的索引值，默认值为 i。在内循环中，循环变量 j=i+1 是因为外循环每执行一次都会移动最小的元素到数组最左边，下一轮循环时该元素不会再参与比较，循环判断条件为 j<数组长度。内循环中，对相邻元素进行比较，如果后一个元素小于前一个元素则把后个元素的索引赋值给 minIndex，当内循环结束时，minIndex 的值便是剩余元素中最小元素的索引。当内循环结束后，如果 i==minIndex 说明 scores[i]本身就是剩余元素中的最小值，不需要交换元素值；如果不相等，则说明剩余元素中有比 scores[i]更小的元素，对元素值进行交换，交换后 scores[i]就成了本轮循环中最小的元素。然后使用增强 for 循环输出本轮排序后的结果。在排序结束后，使用增强 for 循环输出排序后的数组元素。

3. 插入排序

插入排序（Inserion Sort）是一种简单直观的排序算法，它的基本思想是将待排序序列分为已排序区间和未排序区间，然后每次从未排序区取出一个元素，将其插入到已排序区的合适位置中，使得插入后仍然保持已排序区有序。重复这个过程，直到未排序区为空，整个序列有序为止。

插入排序的实现可以分为两个步骤：

（1）将待排序序列分为已排序区间和未排序区间。初始时，已排序区间只包含第一个元素，而未排序区间包含剩余的所有元素。

（2）从未排序区间取出一个元素，将其插入到已排序区间的合适位置中。插入时，从已排序区间的末尾开始比较，找到插入位置后将其插入，并将已排序区间的元素向后移动一位。

示例 5：使用插入排序法对 5 名学生的成绩按升序排序。

```java
public class InsertionSort {
    public static void main(String[] args) {
        int scores[] = {98,89,86,78,71}; //定义数组
        //输出排序前的数组
        System.out.print("排序前的数组：");
        for(int score:scores) {
            System.out.print(score + "    ");
        }
        //使用插入排序将数组按升序排序
        for (int i = 1; i < scores.length; i++) {
            for (int j = i; j >0 ; j--) {
                if(scores[j-1] > scores[j]) { //将小的元素向前移
                    int temp = scores[j-1];
                    scores[j-1] = scores[j];
                    scores[j] = temp;
                }
            }
            //循环完一轮后数组的值
            System.out.print("\n 第"+i+" 轮排序后：");
            for(int score:scores) {
```

```
                    System.out.print(score + "      ");
                }
            }
            //输出排序前的数组
            System.out.print("\n 排序后的数组：");
            for(int score:scores) {
                System.out.print(score + "      ");
            }
        }
    }
}
```

运行示例 5，执行结果如图 6.8 所示。

```
排序前的数组：98    89    86    78    71
第1 轮排序后：89    98    86    78    71
第2 轮排序后：86    89    98    78    71
第3 轮排序后：78    86    89    98    71
第4 轮排序后：71    78    86    89    98
排序后的数组：71    78    86    89    98
```

图 6.8 示例 5 插入排序

示例解析：在示例 5 中，首先创建了长度为 5 的数组，并输出了数组元素。在对数组进行选择排序时，同样需要使用嵌套循环，在外循环中控制循环的次数，数组长度为 5，需要循环 4 次，所以循环判断条件为 i<scores.length。在内循环中，循环变量 j=i，是因为外循环每经历一轮排序都会有一个元素被移到左侧已排序区，不再参与后续的排序；循环迭代为 j--，是用待排序元素 scores[j]从后向前与前面已排序的每个元素 scores[j-1]进行比较，如果比哪个元素小，就与这个元素交换，直至放到已排序区合适的位置，在每一轮排序结束后输出数组的元素，从图 6.8 可以看出共经历了 4 轮排序。排序结束后使用增强 for 循环输出了排序后的数组。

经验分享

插入排序是一种稳定排序算法，即相等的元素在排序前后的相对位置不变。适用于小规模的数据排序，对于大规模数据排序效率较低。

任务 4   向数组中插入元素

向数组中插入元素是对数据的常用操作，可以分为两种情况，一种是向无序数组中插入元素，此时只需要将待插入位置及其后的元素全部后移，将新元素插入到指定位置即可，另一种是向有序数组中插入元素，插入后仍然要保持数组有序，首先要判断待插入元素在数组中的位置，然后将待插入位置及其后的元素全部后移，将新元素插入到指定位置。

示例 6：有一组学生的成绩{86，83，96，78，70}，将它们按降序排列，现需要输入一个学生的成绩，将它插入数组，并保持成绩降序排列。

实现步骤：

（1）定义长度为 6 的数组，最后一个元素为 0。

（2）输出排序前学生成绩。

（3）使用插入排序法对数据按降序进行排序，并输出排序后的数组。

（4）创建 Scanner 对象，接收用户输入的成绩。

（5）通过 for 循环将用户输入的成绩与数组元素进行比较，获取要插入位置的下标。

（6）通过 for 循环将待插入位置及其后的元素向后移，将用户输入的成绩插入下标位置。

运行程序，执行结果如图 6.9 所示。

```
原学生成绩为：86  83  96  78  70  0
降序排序后为：96  86  83  78  70  0
请输入新增成绩：
90
插入成绩的下标是：1
插入后成绩为：96  90  86  83  78  70
```

图 6.9　使用嵌套条件语句判断偶数奇数

实现代码：

```java
import java.util.Scanner;
public class InsertElement {
    public static void main(String[] args) {
        int scores[] = {86,83,96,78,70,0};         //定义 6 个元素的数组
        int index = 0;                             //保存新增成绩插入位置
        //输出原数组
        System.out.print("原学生成绩为：");
        for(int score:scores) {
            System.out.print(score+"   ");
        }
        //使用插入排序对数组进行排序
        for (int i = 1; i < scores.length; i++) {
            for (int j = i; j >0 ; j--) {
                if(scores[j-1] < scores[j]) {     //将小的元素向后移
                    int temp = scores[j-1];
                    scores[j-1] = scores[j];
                    scores[j] = temp;
                }
            }
        }
        //输出排序后的数组
        System.out.print("\n 降序排序后为：");
        for(int score:scores) {
            System.out.print(score+"   ");
        }
        //获得新增成绩，并找到新元素在数组中应该放置的位置
        System.out.println("\n 请输入新增成绩： ");
        Scanner input = new Scanner(System.in);
```

```
        int num = input.nextInt();              //输入要插入的数据
        //找到新元素的插入位置的下标
        for(int i = 0; i < scores.length; i++){
            if(num > scores[i]){
                index = i;
                break;
            }
        }
        //元素后移
        for(int j = scores.length-1; j > index; j--){
            scores[j] = scores[j-1];            //index 下标开始的元素后移一个位置
        }
        scores[index] = num;                    //插入数据
        System.out.println("插入成绩的下标是: "+index);
        System.out.print("插入后成绩为: ");
        for (int score:scores) {                //循环输出目前数组中的数据
            System.out.print(score + "   ");
        }
    }
}
```

运行示例 6 代码，执行结果如图 6.9 所示。

示例解析：在示例 6 中，按实现步骤实现了功能，需要注意的是数组一经定义长度是不可变的，所以在定义数组时，定义为 6 个元素且最后一个元素值为 0，如果定义为 5 个元素的数组，插入后最后一个元素将被丢失。

任务 5 使用二维数组处理复杂问题

Java 中定义和操作多维数组的语法与一维数组类似。在实际应用中，三维及以上的数组很少使用，主要使用二维数组。下面以二维数组为例进行讲解。

1. 定义二维数组

二维数组定义的语法如下：

数据类型 [][] 数组名;

或者：

数据类型 数组名 [][];

在语法中：

● 数据类型为数组元素的类型。

● "[][]"用于表明定义了一个二维数组，通过多个下标进行数据访问。

以下二维数组的定义都是正确的。

```
int[][] scores;              //定义二维数组
scores=new int[10][20];      //分配内存空间
```

或者

```
int[][] scores = new int[5][80]; //定义二维数组并分配内存空间
```

2. 二维数组的内存空间

以下代码定义了二维数组并分配内存空间，其内存空间如图 6.10 所示。

`int[][] scores = new int[3][5]; //定义二维数组并分配内存空间`

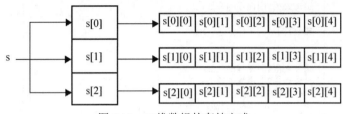

图 6.10　二维数组的存储方式

如图 6.11 所示，二维数据类似于表格，第一维控制的是行，第二维控制的是列。以上代码实际上定义了一个 3 行 5 列的表格，其中，s[0]代表第 1 行，s[1]代表第 2 行，s[2]代表第 3 行，s[0][4]代表数组中第 1 行第 5 列的元素，s[1][1]代表数组第 2 行第 2 列的元素。

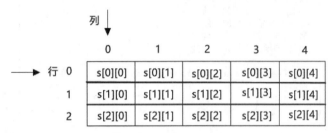

图 6.11　二维数组元素

3. 二维数组初始化

`int[][] scores = new int[][]{{50,55,60,65,70},{75,80,80,82,65}};`

或者：

`int scores[][] = {{90,85,92,78,54 },{76,63,80,64},{82,92}};`

任务 6　遍历二维数组

二维数组的遍历需要使用嵌套循环，其中外层循环控制行，内层循环控制列。

示例 7：输入 3 名学生 5 门课程的成绩，分别求他们的总分、平均分，并输出学生成绩列表。学生成绩如表 6.1 所示，执行效果如图 6.12 所示。

表 6.1　学生成绩

姓名	Java	Python	体育	英语	高数
小王	89	92	88	96	82
小李	93	86	78	83	87
小张	83	72	80	78	90

```
请输入第1位同学的成绩
请输入第1门课程的成绩：89
请输入第2门课程的成绩：92
请输入第3门课程的成绩：88
请输入第4门课程的成绩：96
请输入第5门课程的成绩：82
第1位同学的总分为：447
第1位同学的平均分为：89

请输入第2位同学的成绩
请输入第1门课程的成绩：93
请输入第2门课程的成绩：86
请输入第3门课程的成绩：78
请输入第4门课程的成绩：83
请输入第5门课程的成绩：87
第2位同学的总分为：427
第2位同学的平均分为：85

请输入第3位同学的成绩
请输入第1门课程的成绩：83
请输入第2门课程的成绩：72
请输入第3门课程的成绩：80
请输入第4门课程的成绩：78
请输入第5门课程的成绩：90
第3位同学的总分为：403
第3位同学的平均分为：80
----------------------------------------------
姓名      Java    Python   体育    英语    高数
小王      89      92       88      96      82
小李      93      86       78      83      87
小张      83      72       80      78      90
```

图 6.12 遍历二维数组

实现步骤：

（1）表 6.1 为 3 行 5 列，创建二维数组，用于存放 3 名学生 5 门课的成绩。

（2）创建 Scanner 对象用于接收用户输入的成绩。

（3）通过 for 循环输入 3 名学生 5 门课的成绩，将输入的成绩赋值给数组元素，同时求每名学生的总分及平均分并输出。

（4）输出分隔线及表头。

（5）遍历二维数组，输出学生姓名及成绩。

实现代码：

```java
import java.util.Scanner;
public class TwoDimensionalArray {
    public static void main(String[] args) {
        int scores[][] = new int[3][5];        //创建二维数组
        Scanner input = new Scanner(System.in);
        //通过循环输入 3 名学生 5 门课的成绩，并赋值给数组
        for(int i=0;i<3;i++) {
            int sum = 0;                //用于保存学生的总分
            int avg = 0;                //用于保存学生的平均分
            System.out.println("\n 请输入第"+(i+1)+"位同学的成绩");
            for(int j=0;j<5;j++) {
                System.out.print("请输入第"+(j+1)+"门课程的成绩：");
```

```
            scores[i][j] = input.nextInt();
            sum += scores[i][j]; //获得学生的总分
        }
        System.out.println("第"+(i+1)+"位同学的总分为："+sum);
        System.out.println("第"+(i+1)+"位同学的平均分为："+sum/5);
    }
    System.out.println("-----------------------------------------");
    //输出表头
    System.out.println("  姓名   Java   Python   体育   英语   高数 ");
    //输出数组元素
    for(int i=0;i<scores.length;i++) {
        //输出姓名
        if(i==0) {
            System.out.print("      "+"小王");
        }else if(i==1) {
            System.out.print("\n      "+"小李");
        }else {
            System.out.print("\n      "+"小张");
        }
        for(int j=0;j<scores[i].length;j++) {
            System.out.print("        "+scores[i][j]);
        }
    }
}
```

示例解析：在示例 7 中，首先创建了 3 行 5 列的数组，然后通过嵌套 for 循环为二维数组赋值，外层 for 循环用于控制行，在外层循环中，定义了变量 sum 和 avg，用于保存总分和平均分。内层 for 循环用于控制列，将用户输入的每门成绩赋值给数组元素 scores[i][j]，并使用 sum += scores[i][j] 语句迭代求每位学生的总分。在内层循环结束后，该同学的 5 门成绩被赋值给对应的数组元素，并获得了该同学的总分，最后输出总分和平均分。接下来同样使用嵌套 for 循环遍历二维数组来输出每名学生每门课的成绩。

> **经验分享**
>
> 对于二维数组，数组名.length 代表的是在二维数组中有多少个一维数组，也就是有几行，如示例 7 中 scores.length=3。数组名[行序].length 代表的是每个一维数组有多少个元素，也就是每行有几列，如示例 7 中 scores[1].length=5。

任务 7　掌握 Arrays 类及其常用方法

Arrays 类是 Java 工具包 java.util 提供的工具类，可以方便地操作数组。Arrays 类的常用方法如表 6.2 所示。

表 6.2　Arrays 类的常用方法

序号	方法及说明
1	public static int binarySearch(Object[] a, Object key) 用二分查找算法在给定数组中搜索给定值的对象(Byte,Int,double 等)。数组在调用前必须排序好，如果查找值包含在数组中，则返回搜索键的索引，否则返回-1
2	public static boolean equals(long[] a, long[] a2) 如果两个指定的 long 型数组彼此相等，则返回 true。如果两个数组包含相同数量的元素，并且两个数组中的所有相应元素对都是相等的，则这两个数组是相等的
3	public static void fill(int[] a, int val) 将指定的 int 值分配给指定 int 型数组指定范围中的每个元素。 public static void fill(int[] a, int fromIndex, int toIndex, int val) 使用变量 val 的值给数组索引从 fromIndex 到 toIndex 的元素赋值，不包含索引为 toIndex 的元素
4	public static void sort(Object[] a) 对指定对象数组根据其元素的自然顺序进行升序排列

示例 8：使用 Arrays 类操作数组。

```java
import java.util.Arrays;
public class ArraysClass {
    public static void main(String[] args) {
        int scores[] = new int[5];
        Arrays.fill(scores, 100);              //将数组所有元素赋值为 100
        String str1 = Arrays.toString(scores); //返回包含数组元素的字符串
        System.out.println(str1);
        Arrays.fill(scores, 1,3,90);           //将数组索引为 1 和 2 的元素赋值为 90
        String str2 = Arrays.toString(scores);
        System.out.println(str2);
        int num[] = new int[] {92,67,83,78,90};
        Arrays.sort(num);                      //将数组按升序排序
        String str3 = Arrays.toString(num);
        System.out.println(str3);
        //判断两个数组是否相等
        boolean result = Arrays.equals(scores, num);
        System.out.println(result);
    }
}
```

运行示例 8 程序，执行结果如下：

```
[100, 100, 100, 100, 100]
[100, 90, 90, 100, 100]
[67, 78, 83, 90, 92]
false
```

示例解析：在示例 8 中，使用 Arrays.fill()方法为数组赋值，首先使用了 Arrays.fill(int[] a, int val)方法，该方法是将数组元素全部赋值为 val 变量的值。然后使用了 Arrays.fill(int[] a, int fromIndex, int toIndex, int val)方法，该方法是使用变量 val 的值给数组索引从 fromIndex 到 toIndex 的元素赋值(不包含索引为 toIndex 的元素)。示例中使用了 Arrays.toString(scores)语句，

该语句返回包含数组元素的字符串。Arrays.sort(num)方法是将 num 数组按升序排序。使用 Arrays.equals(scores, num)方法判断数组 scores 和 num 是否相等，结果是 false。

本 章 小 结

（1）在 Java 中，数组用于将相同数据类型的数据存储在内存中。

（2）当数组初始化完毕后，其在内存中开辟的空间也将随之固定，此时数组的长度就不能再发生改变。即使数组中没有保存任何数据，数组所占据的空间依然存在。

（3）增强 for 循环的语法格式为：for(元素类型 变量名: 要循环的数组或集合名){//循环体}，在语法中。元素类型是数组或集合中元素的类型，变量名在循环时用来保存每个元素的值，冒号后面是要循环的数组或集合名称。

（4）Random 对象可以产生随机数，如使用 Random 对象的 nextInt(1, 101)方法产生 1～100 之间的随机数。

（5）冒泡排序（Bubble Sort）通过多次遍历待排序的元素，比较相邻元素的大小，并交换它们直到整个序列有序。

（6）选择排序的原理是遍历元素找到一个最小（或最大）的元素，把它放在第一个位置，然后再在剩余元素中找到最小（或最大）的元素，把它放在第二个位置，依次下去，完成排序。

（7）插入排序（inserion Sort）的基本思想是将待排序序列分为已排序区间和未排序区间，然后每次从未排序区间取出一个元素，将其插入到已排序区间的合适位置中，使得插入后仍然保持已排序区间有序。重复这个过程，直到未排序区间为空，整个列有序为止。

（8）二维数据类似于表格，第一维控制的是行，第二维控制的是列。二维数组的遍历需要使用嵌套循环，其中外层循环控制行，内层循环控制列。

（9）Arrays 类是 Java 工具包 java.util 提供的工具类，可以方便地操作数组。Arrays.sort(Object[] a)方法可以对指定对象数组根据其元素的自然顺序进行升序排列。

本 章 习 题

实践项目

1. 根据用户输入的阶数 n，创建 n×n 的矩阵，其中元素值为 10～100 之间随机产生的整数，输出数字矩阵，并求对角线元素之和。执行效果如图 6.13 所示。

```
请输入矩阵的阶数：5
27  57  54  19  78
21  80  46  36  40
42  27  88  88  84
63  68  78  41  21
46  89  49  73  26
对角线元素和为：262
```

图 6.13　实践项目 1 效果

实现步骤：

（1）定义 3×3 的二维数组，并创建 Random 对象。

（2）通过嵌套循环产生随机数并为数组元素赋值。

（3）输出数组并计算对角线元素的和。

（4）输出对角线元素的和。

2．要求定义一个包含 100 个元素的 int 型数组 a，保存 100 个随机的 4 位数，并以每行 10 个数输出所有数组 a 的元素。再定义一个 int 型数组 b，包含 10 个元素。统计 a 数组中的元素对 10 求余等于 0 的个数，保存到 b[0]中；对 10 求余等于 1 的个数，保存到 b[1]中……依此类推，直至对 10 求余等于 9 的个数，保存到 b[9]中。

执行效果如图 6.14 所示（注：因产生的是随机数，故每次运行结果会不同）。

```
随机产生的数组：
6080  8425  9193  8826  5986  6318  6445  5978  1747  5463
4392  2954  2489  6378  9603  5710  2636  6546  2499  3248
3501  1569  5791  5337  7978  1244  5420  5479  2375  2899
9196  3666  2078  8315  5726  2188  9567  8130  1398  2469
9298  7863  7221  1976  1793  8155  4003  8670  6323  5864
8345  8205  3659  5708  2067  7484  6703  1570  7002  5838
1404  6933  6824  2648  1887  2362  3661  4745  4463  3385
3686  4501  1102  5367  5321  3157  3196  8195  8479
6295  7756  1634  8166  9758  3684  5568  4526  2234  5674
5269  1486  9936  4473  3613  3602  2815  4928  4273  2571
与10求余，余数为0的数有6个
与10求余，余数为1的数有7个
与10求余，余数为2的数有5个
与10求余，余数为3的数有13个
与10求余，余数为4的数有10个
与10求余，余数为5的数有12个
与10求余，余数为6的数有15个
与10求余，余数为7的数有7个
与10求余，余数为8的数有16个
与10求余，余数为9的数有9个
```

图 6.14 实践项目 2 运行结果

实现步骤：

（1）创建包含 100 个元素的数组 a，包含 10 个元素的数组 b，并创建 Random 对象。

（2）通过循环产生随机数并为数组 a 元素赋值，同时输出数组元素，每输出 10 个元素输出一个换行。

（3）通过遍历数组 a，求数组元素 a[i]与 10 求余相同余数的个数，即在循环中通过 if 语句或 switch 语句判断 a[i]%10 的值，如果为 0 则 b[0]++，如果为 1 则 b[1]++，依次类推。

（4）通过遍历数组 b，输出"与 10 求余数，余数为 X 的数有 X 个"。

3．杨辉三角是中国古代数学的杰出研究成果之一，它把二项式系数图形化，把组合数内在的一些代数性质直观地从图形中体现出来，是一种离散型的数与形的结合，请根据用户输入的行数打印出杨辉三角。执行效果如图 6.15 所示。

```
请输入行数：5
                    1
                 1     1
              1     2     1
           1     3     3     1
        1     4     6     4     1
```

图 6.15 实践项目 3 运行结果

实现步骤：

（1）创建 Scanner 对象，接收用户输入的行数 row。

（2）根据用户输入的行数创建二维数组 array，array 数组的行数为 row，列数为 2*row+1。

（3）将数组第一行中间的数 array[0][row]赋值为 1。

（4）从第二行遍历数组，为数组元素赋值，规律为当前元素等于上一行的左右两个数字之和，即 array[i][j] = array[i-1][j-1] + array[i-1][j+1]。

（5）遍历数组，输出数组元素值，如果数组元素值为 0 则输出制表符（\t），否则输出元素值+制表符，每输出完一行输出一个换行。

劝　学

三更灯火五更鸡，正是男儿读书时。

黑发不知勤学早，白首方悔读书迟。

——[唐]　颜真卿

第7章 类和对象

本章导读

在1~6章节学习了 Java 程序基础知识，所编写的程序都是面向过程的。从本章起将进入面向对象编程。Java 是高级程序语言，是更接近于人类自然语言的编程语言，人类在认识和理解世界的时候也是面向对象的，而在面向对象编程语言中，万物皆对象。Java 作为具有代表性的面向对象语言，具有较强的扩展性和灵活性。

本章将重点学习类和对象、定义类、创建和使用对象、成员方法、成员变量、构造方法等面向对象的相关知识。

思维导图

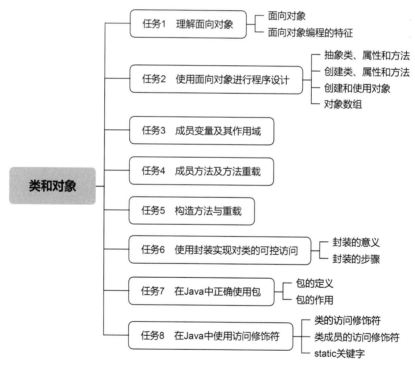

本章预习

预习本章内容，在作业本上完成以下简答题。

（1）如何理解面向对象？

（2）如何创建类？

（3）构造方法的作用和特点是什么？

（4）简述类成员的访问修饰符及其作用范围。

任务1　理解面向对象

1. 面向对象

Java 语言是一种面向对象的语言。要使用 Java 进行面向对象的编程，首先要建立面向对象的思想。

现实世界就是"面向对象的"。任何存在的事物都可以看作"对象"。对象是一个抽象的概念，可以是有形的，如人、学校、老师、学生、树木、图书、飞机、汽车、计算机等。对象也可以是无形的，如创意、方案、计划、活动、培训、考试等也可以被定义为一个对象。在面向对象编程语言的世界中"万物皆对象"。

通常把对象分为两部分，一部分是静态部分，另一部分是动态部分。静态部分用于描述这个对象，被称为对象的属性。例如，人具有姓名、性别、年龄、身高、体重、籍贯、地址等各种属性，而动态部分是对象的操作或行为，被称为对象的方法。例如，人还可以有吃饭、睡觉、说话、工作、运动等各种行为。

面向对象就是采用"现实模拟"的方法设计和开发程序。面向对象是一种直观而且程序结构简单的程序设计方法，它比较符合人类认识现实世界的思维方式。其基本思想是把问题看成是由若干个对象组成的，这些对象之间是独立的，但又可以相互配合、连接和协调，从而共同完成整个程序要实现的任务和功能。同时，面向对象编程还有代码重用性高、可靠性高等优点，大大提高了软件尤其是大型软件的设计和开发效率。

2. 面向对象编程的特征

面向对象编程（Object-oriented Programming，OOP）是一种软件开发方法。面向对象的核心是封装了属性和方法的类，即把相关的数据和方法组织为一个整体来看待，从更高的层次来进行系统建模，本质上是一种封装代码的方法。

面向对象编程的特征包括：抽象、封装、继承和多态。

（1）抽象。抽象是指将具有一致的数据结构（属性）和行为（方法）的对象抽象成类。它反映了与应用有关的重要性质，而忽略其他一些无关内容。如图 7.1 所示，同样是图书类 Book，在教学管理系统和图书馆管理系统中两个类的属性和方法是有区别的。在教学管理系统中，图书有书名（name）、作者（auhor）、出版社（publisher）、书号（isbn）、价格（price）、数量（quantity）、专业（subject）、是否是规划教材（isplanning_book）等属性，有采购（purchase）、发放（grant）等方法。而在图书馆管理系统中，图书有书名（name）、作者（auhor）、出版社（publisher）、书号（isbn）、价格（price）、数量（quantity）、类目（category）、编码（number）、存放位置（position）等属性，有采购（purchase）、借阅（borrowing）、归还（return）等方法。可以看到同样是 Book类，在两个系统中，其属性和方法也是不尽相同的。图书还有字数、页数等属性，有编写、审核、印刷等操作方法，但在这两个系统中这些信息是与应用无关的，就不需要包括进来。

（2）封装。封装是面向对象的核心思想，就是把一个事物包装起来，并尽可能隐藏内部细节。例如：一台洗衣机，其内部有电机与传动系统、电路板与控制系统、滚筒与内桶、水泵与水管系统、外壳与控制面板等组成，作为洗衣机的生产厂家，不希望用户对电机、电路板进行操作，所以要将这些模块封装起来，给用户一个控制面板，用户通过控制面板上的按钮就可以完成洗衣服的过程，这就是典型的封装思想。

Book
-name
-author
-publisher
-isbn
-price
-quantity
-subject
-isplanning_book
+purchase()
+grant()

Book
-name
-author
-publisher
-isbn
-price
-quantity
-category
-number
-position
+purchase()
+borrowing()
+return()

（a）教学管理系统中的 Book 类　　　　（b）图书馆管理系统中的 Book 类

图 7.1　将对象抽象为类

（3）继承。继承是子类自动共享父类属性和方法的机制，这是对象之间的一种关系，如图 7.2 所示，在教务管理系统中，有教师（Teacher）类和学生（Student）类，作为人，这两个类都有姓名（name）、年龄（age）、性别（sex）、身份证号码（id）、电话（mobile）、地址（address）等属性，都具有考勤的操作方法，这样就可以抽象出一个 Person 类，让教师和学生继承 Person 类，将两个类公有的属性和方法给 Person 类，教师类和学生类独有的属性和方法放到自己的类中，比如：教师类具有学位（degree）、工资（wages）的属性和教学（teaching）的方法，学生类中具有专业（specialty）、学分（credits）的属性和考试（exam）的方法。教师类和学生类继承了 Person 类，它们便具有了 Person 类中公有的属性和方法。由此可以看出，继承可以实现数据和方法的共享，提高了代码的复用性、可维护性和可扩展性。

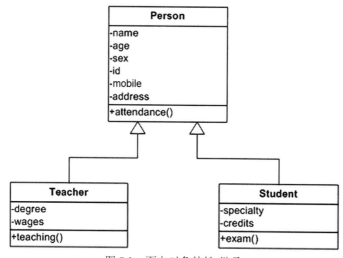

图 7.2　面向对象特性-继承

（4）多态。多态是面向对象编程的重要特性，不同的对象，收到同一消息可以产生不同的结果，这种现象称为多态性。如图 7.3 所示，教师、医生、程序员都是人，人有一个共同的行为是工作，而教师表现的是教学，医生表现的是治病，程序员表现的是编程，即同一件事情，发生在不同对象身上，就会产生不同的结果。

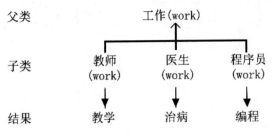

图 7.3　面向对象特性-多态

任务 2　使用面向对象进行程序设计

类是具有相同属性和方法的一组对象的集合。类定义了对象将会拥有的特征（属性）和行为（方法）。

1. 抽象类、属性和方法

在理解了面向对象编程思想后，本节以具体需求讲解如何抽象出类、属性和方法。

需求：开发一个图书管理系统，用户输入用户名和密码登录系统，在控制台打印出图书的书名、作者、价格、数量信息。

面向对象设计的过程就是抽象的过程，分以下 3 步来完成。

第一步：发现类。

第二步：发现类的属性。

第三步：发现类的方法。

根据业务需求，关注与业务相关的属性和行为，忽略不必要的属性和行为，由现实世界中的"对象"抽象出软件开发中的"对象"，下面按照发现类、发现类的属性、发现类的方法的步骤进行程序设计。

第一步：发现类。

需求中，与业务相关的重要名词有图书、书名、作者、价格、数量、用户、用户名、密码。从这些名词可以看出图书和用户是核心，可以抽象出图书类 Book 和用户类 User。

第二步：发现属性。

需求中，书名、作者、价格、数量是作为图书的属性存在的，而用户名和密码是作为用户的属性存在的，所以图书的属性有书名（name）、作者（author）、价格（price）、数量（quantity），用户的属性有用户名（name）和密码（password）。

第三步：发现方法。

需求中，用户有登录系统的操作，所以用户要有登录（login）的方法，要求打印出图书信息的操作，所以图书要有打印（print）的方法。

经过分析，可以画出两个类的类图，如图 7.4 所示。

经验分享

在抽象类、属性和方法时，要注意属性、方法的设置是为了解决业务问题，要关注主要属性、方法，如果没有必要，不要增加额外的类、属性和方法。

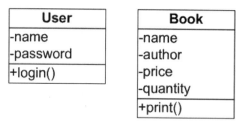

图 7.4　图书管理系统类图

2．创建类、属性和方法

（1）创建类。定义类的语法：

```
[访问修饰符] class  类名{
    //省略类的内部具体代码
}
```

在语法中：

- 访问修饰符如 public、private 是可选的，其具体含义会在任务 8 中讲解。
- class 是声明类的关键字。

按照命名规范，类名首字母大写。

示例 1：创建图书类 Book 和用户类 User。

创建 Book.java 源文件，源文件中创建 Book 类。

```
public class Book {


}
```

创建 User.java 源文件，源文件中创建 User 类。

```
public class User {


}
```

示例 1 中，分别创建了两个 Java 源文件，并使用 class 关键字创建了两个类，在开发中，为了降低程序耦合性，每一个类要单独创建一个文件。

（2）创建属性。定义属性的语法：

```
[访问修饰符] 数据类型 属性名;
```

在语法中：

- 访问修饰符是可选的。
- 除了访问修饰符之外，其他的语法和声明变量是一致的。

属性名一般小写，如果由多个单词组成，第一个单词首字符小写，后续单词首字母大写，如 name、userName、cityName、userId。

示例 2：为 Book 类和 User 类添加相应属性。

为 Book 类添加属性。

```
public class Book {
    public String name;        //书名
    public String author;      //作者
    public double price;       //价格
    public int quantity;       //数量
}
```

为 User 类添加属性。

```
public class User {
    public String name="冬燕";                    //用户名
    public String password="123456";              //密码
}
```

示例 2 中，为 Book 类和 User 类添加了属性，其中 User 类的 name 属性赋值为 "冬燕"，password 属性赋值为 "123456"。

（3）创建方法。定义方法的语法：

```
[访问修饰符] 返回类型 方法名称(参数类型 参数名 1, 参数类型 参数名 2, ...){
    //······省略方法体代码
}
```

在语法中：

- 访问修饰符是可选的。
- 返回类型可以是 void，当返回类型为 void 时，表明该方法没有返回值，方法体中不必使用 return 关键字返回具体数据，也可以使用 return 关键字退出方法。当返回类型不为 void 时，要在方法体中使用 return 关键字返回对应类型的结果，否则程序会有编译错误。
- 小括号中的 "参数类型 参数名 1, 参数类型 参数名 2, ..." 称为参数列表。当需要在方法执行的时候为方法传递参数时才需要参数列表，如果不需要传递参数时就可以省略，小括号不可以省略，传递多个参数时，以半角的逗号进行分隔。
- 方法名小写，如果由多个单词组成，第一个单词首字母小写，其他单词首字母大写，如 print()、getInfo()、setName()。

示例 3：为 Book 类和 User 类创建相应方法。

为 Book 类添加 print()方法。

```
public class Book {
    public String name;                //书名
    public String author;              //作者
    public double price;               //价格
    public int quantity;               //数量
    //输出图书信息
    public void print() {
        System.out.print(name +"\t" + author +"\t" +price + "\t" + quantity);
    }
}
```

为 User 类添加 login()方法。

```
public class User {
    public String name="冬燕";                    //用户名
    public String password="123456";              //密码
    //登录的方法
    public boolean login(String name,String password) {
        //判断用户名和密码是否相同，相同返回 true，否则返回 false
        if(this.name.equals(name) && this.password.equals(password)) {
```

```
            return true;
        }else {
            return false;
        }
    }
}
```

示例 3 中，为 Book 类添加了 print()方法，该方法没有返回值，返回类型为 void，没有参数，在方法体中打印出图书信息。为 User 类添加了 login()方法，该方法的返回值类型为 boolean，登录成功返回 true，登录失败返回 false。login()方法的参数为用户名和密码，在 login()方法体中，使用了 this 关键字，this 通常指当前对象的引用，它可以调用当前对象的成员。例如：this.name 的值为"冬燕"，this.password 的值为"123456"，关于 this 的具体详细内容会在后面进行讲解。程序中使用了 if 语句判断参数传递进来的用户名 name 和"冬燕"是否相同，密码 password 和 123456 是否相同，如果相同返回 true，否则返回 false。需要注意的是字符串的比较要使用 equals()方法，不能使用"=="运算符。

3．创建和使用对象

一个类给出它的全部对象的一个统一的定义，而它的每个对象则是符合这种定义的一个实体。因此类和对象的关系就是抽象和具体的关系。例如：书是一个类，而《平凡的世界》则是书的一个对象，类的对象可以调用类中的成员，如属性和方法。

创建对象的语法：

类名 对象名 = new 类名();

在语法中：

● new 是关键字。

● 左边的类名为对象的数据类型。

● 右边的类名()称为类的构造方法。

示例 4：在示例 1～3 基础上创建 Test 类，在 Test 类中添加 main()方法，创建 User 类的对象，调用 login()方法实现用户登录，创建 Book 类的对象，调用 print()方法打印图书信息。

图 7.5　示例 4 执行效果

实现步骤：

（1）创建 Scanner 对象，提示用户输入用户名和密码，接收用户输入，将用户名赋值给 String 类型的变量 name，将密码赋值 String 类型的变量 ps。

（2）创建 User 类的对象 user。

（3）调用 user 对象的 login()方法，将用户输入的 name 和 ps 作为参数，将 boolean 类型的返回值赋值给 boolean 类型的变量 is_login。

（4）使用 if 语句判断 is_login 变量是 true 还是 false，如果是 true 输出"登录成功!"，如果是 false 提示"登录失败!"。

（5）当 is_login 为 true 时，创建 Book 类的对象 book，为 book 对象的 name、author、price、quantity 属性赋值，最后调用 book 对象的 print()方法，输出图书信息。

实现代码：

```java
import java.util.Scanner;
public class Test {
    public static void main(String[] args) {
        Scanner input = new Scanner(System.in);
        System.out.print("请输入用户名：");
        String name = input.next();
        System.out.print("请输入密码：");
        String ps = input.next();
        User user = new User();                    //创建 User 类的对象
        boolean is_login = user.login(name, ps);   //调用 login()方法
        if(is_login == true) {                     //登录成功
            System.out.println("登录成功！");
            //打印表头
            System.out.println("    书名"+"\t\t"+"作者"+"\t"+"价格"+"\t"+"数量");
            Book book = new Book();                //创建 Book 类的对象
            book.name = "《平凡的世界》";           //为属性赋值
            book.author = "路遥";
            book.price = 65;
            book.quantity = 100 ;
            book.print();                          //调用 print()方法
        }else {                                    //登录失败
            System.out.print("登录失败！");
        }
    }
}
```

运行示例 4，执行效果如图 7.5 所示。

示例解析：在示例 4 中，使用面向对象编程较好地封装了 Book 类和 User 类的细节，在 main()中只专注于业务逻辑，具体的处理方法在类的方法中实现，代码具有更好的可读性和可维护性。

从示例 4 中可以得出：

- 通过构造方法来创建对象，如"Book book = new Book ();"。
- 通过对象名.属性名的方式调用属性，如"book.name="《平凡的世界》";"。
- 通过对象名.方法名的方式调用方法，如"book.print();"。

类（Class）和对象（Object）是面向对象中的两个核心概念。类是对某一类事物的描述，是抽象的、概念上的定义。对象是实际存在的、具体的事物个体，可以由一个类创建多个对象。

4. 对象数组

在第 6 章中学习了数组，数组中存储的是同一数据类型的数据，所以存储的也可以是对象。例如，包含 5 个 Book 对象的数组定义为：Book books[] = new Book[5];。

示例 5：创建 Book 类，包含书名、作者、价格、数量信息，用户输入 3 本书的信息，批量打印出图书信息，效果如图 7.6 所示。

```
请输入3本书的信息：
请输入第1本书的书名：平凡的世界
请输入第1本书的作者：路遥
请输入第1本书的价格：65
请输入第1本书的数量：35
请输入第2本书的书名：黄河东流去
请输入第2本书的作者：李準
请输入第2本书的价格：60
请输入第2本书的数量：45
请输入第3本书的书名：沉重的翅膀
请输入第3本书的作者：张洁
请输入第3本书的价格：58
请输入第3本书的数量：40
----------------------------------------
    书名         作者      价格      数量
平凡的世界      路遥      65.0      35
黄河东流去      李準      60.0      45
沉重的翅膀      张洁      58.0      40
```

图 7.6　示例 5 执行效果

实现步骤：

（1）创建 Book 类，属性包括书名、作者、价格和数量，方法为批量输出图书信息的 print()方法，print()方法的参数为 Book 类型的数组，在 print()方法中通过增强 for 循环输出每个对象的属性。

（2）创建 Test 类，创建 Scanner 对象，并提示用户输入 3 本书的信息。

（3）创建长度为 3 的 Book 类型的数组。

（4）通过循环输入 3 本书的信息，每次循环创建 Book 对象，并接收用户输入为 Book 对象的属性赋值，每次循环结束将 Book 对象赋值给对应的数组元素。

（5）循环结束后，创建 Book 对象，调用 Book 对象的 print()方法，参数为 Book 类型的数组。

实现代码：

```java
/** Book 类 */
public class Book {
    public String name;        //书名
    public String author;      //作者
    public double price;       //价格
    public int quantity;       //数量
    //批量输出图书信息
    public void print(Book[] books) {
        //打印表头
        System.out.println("    书名" + "\t\t" + "作者" + "\t" + "价格" + "\t" + "数量");
        //通过循环打印数组中所有 book 对象
        for(Book book:books) {
            System.out.println(book.name + "\t" + book.author + "\t" + book.price + "\t" + book.quantity);
        }
    }
```

```
}

/** Test 类 */
import java.util.Scanner;
public class Test {
    public static void main(String[] args) {
        Scanner input = new Scanner(System.in);
        System.out.println("请输入 3 本书的信息：");
        Book[] books = new Book[3];              //创建类型为 Book 的数组，长度为 3
        //通过循环接收用户信息为图书对象赋值
        for(int i=0;i<3;i++) {
            Book book = new Book();              //创建 Book 类的对象
            System.out.print("请输入第"+(i+1)+"本书的书名：");
            book.name = input.next();            //为属性 name 赋值
            System.out.print("请输入第"+(i+1)+"本书的作者：");
            book.author = input.next();          //为属性 author 赋值
            System.out.print("请输入第"+(i+1)+"本书的价格：");
            book.price = input.nextDouble();     //为属性 price 赋值
            System.out.print("请输入第"+(i+1)+"本书的数量：");
            book.quantity = input.nextInt();     //为属性 quantity 赋值
            books[i] = book;                     //将 Book 对象赋值给数组元素
        }
        System.out.println("---------------------------------------");
        Book mybook = new Book();
        //调用 book 对象的 print(Book[] books)方法打印书籍信息
        mybook.print(books);
    }
}
```

运行 Test 类，执行效果如图 7.6 所示。

示例解析：在示例 5 中，Book 类中定义了 print()方法用于打印图书列表，其参数为 Book[] books，是 Book 类型的数组。在 Test 类中，使用 Book[] books = new Book[3]语句创建了长度为 3 的 Book 类型的数组，这与创建 int、String 等类型数组的操作一致。在 for 循环中，每次要创建一个 Book 的实例对象，通过"对象.属性"为对象的属性赋值，然后再通过 books[i]=book 语句将该对象赋值给数组相应元素。在使用 mybook.print(books)语句调用 Book 对象的 print() 方法时，要将对象数组 books 作为参数传递给 print()方法，这里的 books 也可以是其他名称，但类型要与 Book 类中定义该方法时参数的数据类型一致。

任务 3　成员变量及其作用域

类中的属性，也就是直接在类中定义的变量，称作成员变量，它定义在方法的外部。例如：示例 5 中，在 Book 类中定义的 name、author、price、quantity 属性，是属于 Book 类本身的属性，它们是 Book 类的成员变量，成员变量的作用域是整个类。

局部变量就是定义在方法中的变量。

成员变量和局部变量的区别：

（1）作用域不同。局部变量的作用域仅限于定义它的方法，在该方法外无法访问它。成员变量的作用域在整个类内部都是可见的，所有成员方法都可以使用它，如果访问权限允许，还可以在类外部使用成员变量。

（2）初始值不同。对于成员变量，如果在类定义中没有给它赋予初始值，Java 会给它一个默认值，基本数据类型的值为 0，引用类型的值为 null。但是 Java 不会给局部变量赋予初始值，因此局部变量必须要定义赋值后再使用。

在同一个方法中，不允许有同名的局部变量。在不同的方法中，可以有同名的局部变量。局部变量可以和成员变量同名，并且在使用时，局部变量具有更高的优先级。

示例 6：创建 Author 类，定义成员变量及局部变量。

```java
public class Author{
    public String name = "冬燕";        //姓名
    public String gender = "女";        //性别
    public int age= 20;                 //年龄
    public void makeFriend(String name) {
        System.out.println(this.name +"和"+name+"成为了好朋友！");
    }
    public void writeNovel(String bookname) {
        int age = 18;                   //定义局部变量
        System.out.println(this.name + age +"岁写了小说"+bookname);
    }
}
/** Test 类 */
public class Test {
    public static void main(String[] args) {
        Author author= new Author();
        author.makeFriend("灵儿");
        author.writeNovel("《遇见美好》");
    }
}
```

运行示例 6 的 Test 类，执行结果为：

冬燕和灵儿成为了好朋友！

冬燕 18 岁写了小说《遇见美好》

示例解析：在示例 6 的 Author 类中，定义了 name、gender、age 三个成员属性（成员变量），并赋予了初始值。这三个成员变量的作用范围是整个类，在类内可以直接使用或使用 this 关键字来调用，如 this.name。Author 类中还创建了成员方法 makeFriend()，该方法有一个 String 类型的参数 name，在方法体的输出语句中，使用 this.name 获得成员变量 name 的值（冬燕），在 Test 类中调用 makeFriend（）方法时传递的参数为"灵儿"，形参 name 的值为"灵儿"，所以输出"冬燕和灵儿成为了好朋友!"。在 Author 类中还定义了 writeNovel() 成员方法，该方法中定义了局部变量 age，在输出语句中使用 this.name 获得成员变量 name 的值（冬燕），age 为局部变量的值 18，在 Test 类中调用 writeNovel() 方法时传递给形参 bookname 的值为《遇见美好》，所以输出"冬燕 18 岁写了小说《遇见美好》"。

注意

实际开发中，尽量避免成员变量和局部变量同名，当成员变量与局部变量同名时，在方法内成员变量会被局部变量覆盖，也就是成员变量虽然存在，但是无法在该方法内起作用。如果要在该方法内使用被覆盖的成员变量必须使用 this 或者类名作为调用者来限定访问。

this 关键字是对一个对象的默认引用，可以使用 this 调用成员变量，解决成员变量和局部变量的同名冲突，也可以使用 this 调用成员方法，例如：在 writeNovel()方法中使用 this.makeFriend()调用成员方法。

任务 4 成员方法及方法重载

类的成员包含成员属性和成员方法。成员方法根据业务需求可以是带参数的方法，也可以是不带参数的方法。在示例 4 和示例 5 中，带参数的 login(String name,String password)方法和 print(Book[] books)方法可以接受调用时传递的参数。

在 Java 中，创建方法时定义的参数叫做形式参数，简称形参。调用方法时传入的参数叫做实际参数，简称实参。例如：示例 5 中，在 Book 类中定义的 public void print(Book[] books) {…}方法，参数 Book[] books 为形参，形参要带参数的数据类型。在 Test 类中调用 book.print(books)方法时输入的 books 为实参。

方法重载（Overloading）是指在同一个类中，或在具有继承关系的不同类中，可以有多个方法具有相同的名字，但这些方法的参数必须不同，即参数的个数不同，参数的类型不同，或者两者都不同。

在 Java 中，方法重载通常用于创建几个功能类似的方法，但是每个方法可以适应不同的参数类型或参数个数。

示例 7：在 Book 类中编写多个 print()方法，调用不同的 print()方法，实现如图 7.7 所示的效果。

图 7.7 示例 7 执行效果

实现步骤：

（1）创建 Book 类，属性包括书名、作者、价格和数量，在 Book 类中定义三个 print()方法，第一个 print()方法不带参数，直接输出欢迎语 "----欢迎使用翰林图书管理系统----"；第二个 print()方法的参数为 String 类型的字符串，输出用户传递的字符串，可以用于输出提示信息，如"请输入第 1 本书的书名"和表头；第三个 print()方法的参数为 Book 类型的数组，在该 print()方法中通过增强 for 循环输出每个对象的属性。

（2）创建 Test 类，创建 Scanner 对象，创建长度为 3 的 Book 类型的数组，创建 Book 对象。

（3）调用 Book 对象不带参数的 print()方法输出欢迎信息。

（4）通过 for 循环，循环输入 3 本书的信息，每次循环创建一个 Book 对象，调用 Book 对象参数为字符串类型的 print()方法提示用户输入图书相应信息，并接收用户输入，为 Book 对象的属性赋值，每次循环结束将 Book 对象赋值给对应的数组元素。

（5）循环结束后，调用 Book 对象参数为字符串的 print()方法输出表头，并调用参数为 Book 类型数组的 pritn()方法打印出图书信息。

实现代码：

```java
/** Book 类 */
public class Book {
    public String name;        //书名
    public String author;      //作者
    public double price;       //价格
    public int quantity;       //数量
    //不带参数的 print 方法
    public void print() {
        //打印欢迎信息
        System.out.println("----欢迎使用翰林图书管理系统----\n");
    }
    //以字符串为参数的 print 方法
    public void print(String str) {
        System.out.print(str);          //打印提示用户输入的字符串
    }
    //以对象数组为参数的 print 方法
    public void print(Book[] books) {
        //通过循环打印数组中所有 book 对象
        for(Book book:books) {
            System.out.println("\n"+book.name + "\t" + book.author + "\t" + book.price + "\t" + book.quantity);
        }
    }
}

/** Test 类 */
import java.util.Scanner;
public class Test {
    public static void main(String[] args) {
        Scanner input = new Scanner(System.in);
        //创建 Book 类的对象
```

```
        Book mybook = new Book();
        //调用 mybook 对象的无参 print()方法打印欢迎信息
        mybook.print();
        Book[] books = new Book[3];                    //创建类型为 Book 的数组，长度为 3
        //通过循环接收用户信息为图书对象赋值
        for(int i=0;i<3;i++) {
            Book book = new Book();                    //创建 Book 类的对象
            String name_str = "请输入第"+(i+1)+"本书的书名："; 
            book.print(name_str);                      //输出提示信息
            book.name = input.next();                  //为属性 name 赋值
            String author_str = "请输入第"+(i+1)+"本书的作者：";
            book.print(author_str);
            book.author = input.next();                //为属性 author 赋值
            String price_str = "请输入第"+(i+1)+"本书的价格：";
            book.print(price_str);
            book.price = input.nextDouble();           //为属性 price 赋值
            String num_str = "请输入第"+(i+1)+"本书的数量：";
            book.print(num_str);
            book.quantity = input.nextInt();           //为属性 quantity 赋值
            books[i] = book;                           //将 Book 对象赋值给数组元素
        }
        System.out.println("--------------------------------------");
        //表头字符串
        String print_str = "    书名\t\t 作者\t 价格\t 数量";
        //调用 mybook 对象的 print(String str)方法打印表头
        mybook.print(print_str);
        //调用 mybook 对象的 print(Book books)方法打印书籍信息
        mybook.print(books);
    }
}
```

示例解析：在示例 7 的 Book 类中，定义了三个同名的 print()方法，这三个同名方法要么参数数量不同，要么参数类型不同，实现了对 print()方法的重载，在 Test 类中可以根据不同需要调用不同的方法。

任务 5　构造方法与重载

构造方法（也叫构造器）是一种特殊的方法，方法名与类名一致，它的作用是对对象进行初始化。当使用 new 关键字为类创建一个对象时，会自动调用该类的构造方法，构造方法分为默认构造方法和带参数的构造方法，带参数的构造方法需要用户手动创建，当用户不创建任何构造方法时，系统会自动创建一个无参的默认构造方法。

构造方法的语法：

```
[访问修饰符] 方法名([参数列表]){
    //……省略方法体的代码
}
```

在语法中：

● 构造方法没有返回值，也不加 void 关键字。

● 默认构造方法没有参数，因此参数列表可选。

● 构造方法的方法名与类名相同。

示例 8：创建构造方法为 User 类的对象属性赋初始值，实现用户登录功能，效果如图 7.8 所示。

图 7.8　示例 8 执行效果

实现步骤：

（1）创建 User 类，定义类的成员属性 name 和 password，分别表示用户名和密码。

（2）为 User 类定义构造方法，在构造方法中为 name 赋值为"冬燕"，为 password 赋值为"123456"。

（3）为 User 类定义成员方法 login()，该方法有 2 个 String 类型的参数，用于接收用户传递的用户名和密码。

（4）创建 Test 类，创建 Scanner 对象，提示用户输入用户名和密码。

（5）在 Test 类中创建 User 类的对象，并调用 login()方法，以用户输入的用户名和密码为参数，判断返回值为 true/false，根据返回值判断登录是否成功。

实现代码：

```java
/**User 类*/
public class User {
    public String name;            //用户名
    public String password;        //密码
    public User() {                //User 类无参构造方法
        this.name = "冬燕";
        this.password = "123456";
        System.out.println("初始化---用户名："+name+"，密码: "+password);
    }
    //登录的方法
    public boolean login(String name, String password) {
        //判断用户名和密码是否相同，相同返回 true，否则返回 false
        if (this.name.equals(name) && this.password.equals(password)) {
            return true;
        } else {
            return false;
        }
    }
}
```

```
        /**Test 类*/
import java.util.Scanner;
public class Test {
        public static void main(String[] args) {
                Scanner input = new Scanner(System.in);
                System.out.print("请输入用户名：");
                String name = input.next();
                System.out.print("请输入密码：");
                String ps = input.next();
                User user = new User();                              //创建 User 类的对象
                boolean is_login = user.login(name, ps);             //调用 login()方法

                if(is_login == true) {                               //登录成功
                        System.out.println("登录成功！");
                }else {                                              //登录失败
                        System.out.print("登录失败！");
                }
        }
}
```

示例解析：在示例 8 的 User 类中，为 User 类定义了无参数的构造方法，在该构造方法中，为 name 和 password 属性赋值，当在 Test 类中使用 new 关键字创建 User 类的对象时，会调用该构造方法进行初始化。在实际开发中，当创建对象时要对对象进行初始化的代码可以写在构造方法中。

构造方法作为一种特殊的方法，也可以重载，构造方法的重载与类的成员方法重载性质一样，只不过方法名必须与类名一致，不能有返回值，两个或多个构造方法的参数类型或数量要不同。

示例 9：为 User 类自定义构造方法，实现构造方法的重载，实现如图 7.9 所示的登录功能。

图 7.9　示例 9 执行效果

实现步骤：

（1）创建 User 类，定义类的成员属性 name、password 和 code，分别表示用户名、密码和管理员编码。

（2）为 User 类定义无参构造方法和有参构造方法，实现构造方法的重载，在无参构造方法中为 name 赋值为"冬燕"，为 password 赋值为"123456"。在有参构造方法中，三个参数都为 String 类型，分别是用户名、密码和管理员编码，在构造方法中使用参数为对象的属性赋值。

（3）为 User 类定义两个成员方法 login()，实现成员方法的重载，分别用于管理员登录和普通用户登录，其中管理员登录的 login()方法没有参数，在方法中判断对象的 name 属性值是否等于"admin"，password 属性值是否等于"abc123abc"，code 属性值是否等于"001"，如果三个值都相等则返回 true，否则返回 false。普通用户登录的 login()方法有 2 个 String 类型的参数，用于接收用户传递的用户名和密码，在该方法中判断对象的 name 属性值是否等于参数传递的用户名，password 属性值是否等于参数传递的密码，如果都相等返回 true，否则返回 false。

（4）创建 Test 类，创建 Scanner 对象，提示用户选择登录身份，1 是管理员用户，2 是普通用户。通过 if...else if...else 语句处理用户选择，管理员身份需要输入用户名、密码和管理员编号，普通用户需要输入用户名和密码，根据不同身份创建 User 类的对象，并调用相应的 login()方法，根据返回值判断登录是否成功。

实现代码：

```java
/**User 类*/
public class User {
    public String name;         //用户名
    public String password;     //密码
    public String code;         //管理员编号
    //普通用户对象构造方法
    public User() {
        this.name = "冬燕";
        this.password = "123456";
        System.out.println("初始化普通用户---用户名："+name+"，密码："+password);
    }
    //管理员对象构造方法
    public User(String name,String password,String code) {
        this.name = name;
        this.password = password;
        this.code = code;
        System.out.println("初始化管理员用户---用户名:"+name+",密码:"+password+",编号:"+code);
    }
    //管理员登录的方法
    public boolean login() {
        //判断用户名和密码是否相同，相同返回 true，否则返回 false
        if (this.name.equals("admin") && this.password.equals("abc123abc") && this.code.equals("001")) {
            return true;
        } else {
            return false;
        }
    }
    //普通用户登录的方法
    public boolean login(String name, String password) {
        //判断用户名和密码是否相同，相同返回 true，否则返回 false
        if (this.name.equals(name) && this.password.equals(password)) {
            return true;
        } else {
```

```java
                    return false;
                }
        }
}


        /**Test 类*/
import java.util.Scanner;
public class Test {
        public static void main(String[] args) {
                Scanner input = new Scanner(System.in);
                System.out.println("管理员用户请输入 1，普通用户请输入 2：");
                int tag = input.nextInt();
                if( tag == 1) { //管理员用户
                        System.out.print("请输入用户名：");
                        String name = input.next();
                        System.out.print("请输入密码：");
                        String ps = input.next();
                        System.out.print("请输入管理员编码：");
                        String code = input.next();
                        User user = new User(name,ps,code);      //创建管理员 User 类的对象
                        boolean is_login = user.login();          //调用管理员登录的 login()方法
                        if(is_login == true) {                    //登录成功
                                System.out.println("登录成功！");
                        }else {                                    //登录失败
                                System.out.print("登录失败！");
                        }
                }else if(tag == 2) {//普通用户
                        System.out.print("请输入用户名：");
                        String name = input.next();
                        System.out.print("请输入密码：");
                        String ps = input.next();
                        User user = new User();                    //创建普通用户 User 类的对象
                        boolean is_login = user.login(name, ps);   //调用 login()方法
                        if(is_login == true) {                     //登录成功
                                System.out.println("登录成功！");
                        }else {                                     //登录失败
                                System.out.print("登录失败！");
                        }
                }else {
                        System.out.println("输入不正确！");
                }
        }
}
```

示例解析：在示例 9 的 User 类中，定义了用于管理员登录的无参 login()方法和用于普通用户登录的有参 login()方法，实现了成员方法的重载。在 Test 类中，根据用户选择的身份类型，在使用 new 关键字创建 User 对象时，如果是普通用户则使用 User user = new User()语句，

与构造方法一致，不需要带参数。如果是管理员用户则使用 User user = new User(name,ps,code) 语句，与构造方法一致，需要带参数。

经验分享

可以使用 this 关键字在一个构造方法 A 中调用另一个构造方法 B，语法为：this.被调用的构造方法 B。使用 this 调用重载的构造方法，只能在构造方法中使用，且必须是构造方法 A 的第一条语句。

任务 6　使用封装实现对类的可控访问

1. 封装的意义

Java 中，封装是实现高内聚、低耦合的重要措施之一，其实质是将类的相关信息隐藏在类的内部，不允许外部程序直接访问，而是通过该类提供的方法来实现对隐藏信息的操作和访问。

封装的好处主要是隐藏类的实现细节，让使用者只能通过程序员规定的方法来访问数据，可以方便地加入存取控制语句，限制不合理操作。

2. 封装的步骤

（1）修改属性的可见性，即将类中的属性由 public 修改为 private。

（2）为 private 修饰的私有属性设置 setter/getter()方法。

（3）设置属性的存取限制，利用条件判断语句进行限制，避免错误。

示例 10：对示例 9 进行封装，实现如图 7.10 所示的功能。

```
冬燕--女--20
冬燕和小贤成为了好朋友！
冬燕20岁写了小说《我和我的祖国》
************************
双双--女--22
双双和小周成为了好朋友！
双双22岁写了小说《我爱你中国》
```

图 7.10　示例 9 执行效果

实现步骤：

（1）创建 Author 类，定义私有成员属性 name、gender、age，分别代表姓名、性别、年龄。

（2）创建无参构造方法，在构造方法中为成员属性赋值，name = "冬燕"，gender = "女"，age=20。

（3）为成员属性 name、gender 和 age 配置 getter/setter 方法。其中，在 setAge()方法中，判断传入的参数是否大于 0 并且小于 150 岁，如果在此范围内，this.age = 传入的参数值，否则提示年龄不合规。在 setGender()方法中判断传入的参数是否为"男"或"女"，如果是则 this.gender=传入的参数值，否则提示性别不合规。

（4）为 Author 类定义成员方法 makeFriend()和 writeNovel()。在 makeFriend()方法中使用 System.out.println(this.name +"和"+name+"成为了好朋友！")语句输出"XX 和 XX 成为了好朋友！"，在 writeNovel()方法中使用 System.out.println(this.name + this.age +"岁写了小说

"+bookname)语句输出"XX 在 XX 岁写了小说 XXX"。

（5）创建 Test 类，在 Test 类中完成以下操作：

1）创建 Author 对象，调用 Author 对象的 get 方法输出"冬燕--女--20"。

2）调用 makeFriend()方法，参数为"小贤"，输出"冬燕和小贤成为了好朋友！"。

3）调用 writeNovel()方法，参数为"《我和我的祖国》"，输出"冬燕 20 岁写了小说《我和我的祖国》"。

4）输出分隔线"**************************"。

5）调用 Author 对象的 setName()方法为 name 属性赋值"双双"，调用 Author 对象的 setGender()方法为 gender 属性赋值"女"，调用 Author 对象的 setAge()方法为 age 属性赋值"22"。

6）调用 Author 对象的 get 方法输出"双双--女--22"。

7）调用 makeFriend()方法，参数为"小周"，输出"双双和小周成为了好朋友！"。

8）调用 writeNovel()方法，参数为"《我爱你中国》"，输出"双双 22 岁写了小说《我爱你中国》"。

实现代码：

```java
/** Author 类 */
public class Author{
    private String name;        //私有属性：姓名
    private String gender;      //私有属性：性别
    private int age;            //私有属性：年龄

    //构造方法
    public Author() {
        this.name = "冬燕";       //对成员属性 name 赋值
        this.gender = "女";       //对成员属性 gender 赋值
        this.age = 20;           //对成员属性 age 赋值
    }

    public void setName(String name) {
        this.name = name;
    }

    public String getName() {
        return name;
    }

    public void setGender(String gender) {
        //限制条件，判断性别是否合规
        if(gender.equals("男") || gender.equals("女")) {
            this.gender = gender;
        }else {
            System.out.println("***性别不合规！***");
        }
    }
```

```java
        public String getGender() {
            return gender;
        }

        public void setAge(int age) {
            //限制条件，判断年龄是否合规
            if(age > 0 && age <150) {
                this.age = age;
            }else {
                System.out.println("***输入的年龄为："+age+"，该年龄不合规，将重置！***");
            }
        }

        public int getAge() {
            return age;
        }

        public void makeFriend(String name) {
            System.out.println(this.name +"和"+name+"成为了好朋友！");
        }

        public void writeNovel(String bookname) {
            System.out.println(this.name + this.age +"岁写了小说"+bookname);
        }
    }
/** Test 类 */
public class Test {
    public static void main(String[] args) {
        Author author = new Author();                //创建 Author 对象
        System.out.println(author.getName()+"--"+author.getGender()+"--"+author.getAge());
        author.makeFriend("小贤");                    //调用 makeFriend()方法
        author.writeNovel("《我和我的祖国》");          //调用 writeNovel ()方法
        System.out.println("*************************");
        author.setName("双双");                        //为 author 对象的 name 属性赋值
        author.setGender("女");                        //为 author 对象的 gender 属性赋值
        author.setAge(22);                             //为 author 对象的 age 属性赋值
        System.out.println(author.getName()+"--"+author.getGender()+"--"+author.getAge());
        author.makeFriend("小周");                     //调用 makeFriend()方法
        author.writeNovel("《我爱你中国》");            //调用 writeNovel ()方法
    }
}
```

运行示例 10，执行结果如图 7.10 所示。

示例解析：在示例 10 的 Author 类中，使用 private 关键字将类的成员属性定义为私有的，这样在外部通过"对象.属性"的方式是无法直接访问到类的成员属性的，如果需要访问则需要通过 getter/setter 方法，getXXX()方法用于获取属性的值，而 setXXX()方法用于为属性赋值。

在 setGender()和 setAge()方法中,使用 if 语句对值进行了合规判断。在 Test 类中,创建了 Author 类的对象 author,并为 author 对象的属性进行了重新赋值。

任务 7　在 Java 中正确使用包

1. 包的定义

Java 中的包机制也是封装的一种形式。定义包的语法:

package 包名;

在语法中:

- package 是关键字。
- 包的声明必须是 Java 源文件中的第一条非注释性语句,而且一个源文件只能有一个包声明语句。
- 包名全部是小写的 ASCII 字母,为了确保包名的唯一性,通常使用组织的网络域名的逆序。例如,域名为 www.ytgc.edu.cn,可以声明包为:

package cn.edu.ytgc.projectname;　　//projectname 是项目名称

2. 包的作用

包主要有以下几个方面的作用。

- 简化类的查找和使用。包允许将类组合成较小的单元(类似文件夹),易于找到和使用相应的类文件。
- 防止命名冲突。Java 中只有在不同包中的类才能重名。不同的程序员命名同名的类在所难免。有了包,类名就容易管理了。A 定义了一个类 Student,封装在包 A 中,B 定义了一个类 Student,封装在包 B 中。在使用时,为了区别 A 和 B 分别定义的 Student 类,便可以通过包名区分开,如 A.Student 和 B.Student 分别对应于 A 和 B 定义的 Student 类。
- 组织代码。包可以将相关的类、接口和其他资源组织在一起,便于代码的管理和组织,有助于维护程序结构的清晰性和可维护性。
- 支持模块化开发。包有助于按功能或模块划分代码,便于团队协作和代码复用。
- 控制代码访问权限。包限定只有拥有包访问权限的类才能访问某个包中的类。如果要在程序中调用其他包中的类,需要先使用 import 关键字导入该类所在的包。

示例 11:使用包对示例 10 的程序 Author 类和 Test 类进行分类,如图 7.11 所示。

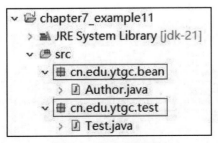

图 7.11　创建和使用包

实现步骤：

（1）在 Eclipse 中，鼠标右击 src 文件夹，选择 New→Class，创建类，如图 7.12 所示，创建包名 cn.edu.ytgc.bean，再创建类名 Author，单击 Finish 按钮，便可创建 Author 类。同理，创建 Test 类，Test 类的包名为 cn.edu.ytgc.test。

图 7.12　在 Eclipse 中创建包和类

（2）如示例 10，编写 Author 类中的代码，在 Test 类中创建 Author 类的对象，需要使用 import cn.edu.ytgc.bean.*语句导入 Author 类所在的包，如图 7.13 所示。

```
1  package cn.edu.ytgc.test;     ←── Test类的包名，为第一句代码
2
3  import cn.edu.ytgc.bean.*;     ←── 导入Author类的包名
4
5  public class Test {
6
7  public static void main(String[] args) {
8
9          Author author = new Author();          //创建Author对象
10         System.out.println(author.getName()+"--"+author.getGender()+"--"+author.getAge());
11         author.makeFriend("小贤");              //调用makeFriend()方法
12         author.writeNovel("《我和我的祖国》");    //调用writeNovel ()方法
13         System.out.println("*************************");
14         author.setName("双双");                //为author对象的name属性赋值
15         author.setGender("女");                //为author对象的gender属性赋值
16         author.setAge(22);                     //为author对象的age属性赋值
17         System.out.println(author.getName()+"--"+author.getGender()+"--"+author.getAge());
18         author.makeFriend("小周");              //调用makeFriend()方法
19         author.writeNovel("《我爱你中国》");      //调用writeNovel ()方法
20      }
21  }
```

图 7.13　导入包名

声明包的含义是声明当前类所处的位置，导入包的含义是声明在当前类中要使用到的其他类所处的位置。

任务 8　在 Java 中使用访问修饰符

从任务 7 可以看出，包实际上是一种访问控制机制，通过包来限制和制约类之间的访问关系。访问修饰符也同样可以限制和制约类之间的访问关系。

1. 类的访问修饰符

Java 中，类可以使用 public、protected、default（默认修饰符）和 private 四种访问修饰符之一进行修饰。

- public：全局访问，类可以被本包或其他包中的任何类或对象访问。
- protected：包或子类访问，类可以被本包中的类、子类（不论是否在同一个包中）访问。
- default（或包私有）：包访问，类只能被同一个包中的类访问。
- private：类访问，类只能被它自己的方法访问。

如果没有指定任何访问修饰符，那么类的默认访问级别是 default，也就是说，类只能被同一个包中的其他类访问。

2. 类成员的访问修饰符

类的成员变量和成员方法也可以被 public、protected、default 和 private 四种访问修饰符之一进行修饰，被不同的修饰符修饰后，成员属性和方法可被访问的范围不同，具体如表 7.1 所示。

表 7.1　Java 中类成员的访问修饰符

修饰符	作用域			
	同一类中	同一包中	子类中	其他地方
private	可以使用	不可以使用	不可以使用	不可以使用
default	可以使用	可以使用	不可以使用	不可以使用
protected	可以使用	可以使用	可以使用	不可以使用
public	可以使用	可以使用	可以使用	可以使用

3. static 关键字

Java 中，一般情况下调用类的成员都需要先创建类的对象，然后通过对象进行调用。使用 static 关键字可以实现通过类名加 "." 直接调用类的成员，不需创建类的对象。使用 static 修饰的属性和方法属于类，不属于具体的某个对象。

static 修饰的属性称为静态变量或者类变量，没有使用 static 修饰的属性称为实例变量。实际开发中，static 关键字修饰属性的最常用场景就是定义使用 final 关键字修饰的常量。使用 final 关键字修饰的常量在整个程序运行时都不能被改变，和具体的对象没有关系，因此使用 static 修饰，如 "static final int TIME= 1;"。

示例 12：创建 Student 类，创建成员变量和静态变量，在 Test 类中调用实例变量和静态变量。

```
/**Student 类*/
public class Student {
    private String name;                                    //姓名
    private String gender;                                  //性别
    private String stuCode;                                 //学号
    private String oldSpeciality;                           //原专业
    private String newSpeciality;                           //新专业
    public static final int TRANSFER_TIME = 1;              //学校允许转专业的次数
    public static final String COLLEGE_NAME = "Yantai Golden College";     //学校名称
    //省略其他代码
}

/**Test 类*/
public class Test {

    public static void main(String[] args) {

        String collegeName = Student.COLLEGE_NAME;          //调用常量校名
        int transferTime = Student.TRANSFER_TIME;           //调用常量转专业次数
        Student student = new Student();
        String name = student.getName();                    //调用实例变量的 getName()方法
        //省略其他代码
    }
}
```

经验分享

（1）常量名一般由大写字母组成。
（2）声明常量时一定要赋初值。

在实际开发中，static final 修饰的常量增加了代码的可维护性和可扩展性。例如：在示例12 中，如果要在程序中更换学校名称，则只需要在定义常量 COLLEGE_NAME 的地方进行一次修改，整个程序中使用该常量的地方都可以改变。

static 修饰的方法称为静态方法或者类方法，不用 static 关键字修改的方法称为实例方法。使用 static 修饰的方法是不依赖于任何对象的，类名直接加 "." 调用即可。

静态属性和静态方法是属于类的，即它们是随着类的加载而加载的，在加载类时，程序就会为静态方法分配内存，而非静态方法是属于对象的，对象是在类加载之后创建的，也就是说静态方法先于对象存在，所以，在静态方法中不能直接访问实例变量和实例方法，需要通过创建对象来访问。而实例方法由于创建时间上的滞后性，可以直接调用类中定义的静态变量和静态方法。

本 章 小 结

（1）Java 语言是一种面向对象的语言，现实世界就是"面向对象的"，在面向对象编程语言的世界中"万物皆对象"，面向对象就是采用"现实模拟"的方法设计和开发程序。

（2）通常把对象分为两部分，一部分是静态部分，另一部分是动态部分。静态部分用于描述这个对象，被称为对象的属性。而动态部分是对象的操作或行为，被称为对象的方法。

（3）面向对象编程（Object-oriented Programming，简称 OOP）是一种软件开发方法，面向对象的核心是封装了属性和方法的类，即把相关的数据和方法作为一个整体来看待，从更高的层次来进行系统建模，本质上是一种封装代码的方法，面向对象编程的特征包括抽象、封装、继承和多态。

（4）类是具有相同属性和方法的一组对象的集合。类定义了对象将会拥有的特征（属性）和行为（方法），定义类使用的关键字是 class。

（5）面向对象设计的过程就是抽象的过程，分为发现类、发现类的属性、发现类的方法三个步骤现实。

（6）类与对象的关系就如同模具和用这个模具制作出的物品之间的关系。一个类给出它的全部对象的一个统一的定义，而它的每个对象则是符合这种定义的一个实体。因此类和对象的关系就是抽象和具体的关系，创建类的对象使用 new 关键字。

（7）在类中定义的变量是成员变量，在方法中定义的变量是局部变量，成员变量和局部变量的区别是：两者的作用域不同，局部变量的作用域仅限于定义它的方法，在该方法外无法访问它，成员变量的作用域在整个类内部都是可见的，所有成员方法都可以使用它，如果访问权限允许，还可以在类外部使用成员变量；两者的初始值不同，对于成员变量，如果在类定义中没有给它赋予初始值，Java 会给它一个默认值，基本数据类型的值为 0，引用类型的值为 null。但是 Java 不会给局部变量赋予初始值，因此局部变量必须要定义赋值后再使用。

（8）在 Java 中，创建方法时定义的参数叫做形式参数，简称形参。调用方法时传入的参数叫做实际参数，简称实参。

（9）方法重载（Overloading）是指在同一个类中，或在具有继承关系中的不同类中，可以有多个方法具有相同的名字，但这些方法的参数必须不同，即参数的个数不同、参数的类型不同，或者两者都不同。

（10）构造方法是一种特殊的方法，方法名与类名一致，它的作用是对对象进行初始化。当使用 new 关键字为类创建一个对象时，会自动调用该类的构造方法，构造方法分为默认构造方法和带参数的构造方法，带参数的构造方法需要用户手动创建。

（11）构造方法也可以重载，构造方法的重载与类的成员方法重载性质一样，只不过方法名必须与类名一致，不能有返回值，两个或多个构造方法的参数类型或数量要不同。

（12）在开发中，要求系统设计遵循高内聚、松耦合的原则，高内聚表示模块内的功能紧密相关，松耦合表示模块之间的依赖关系尽可能少。

（13）封装的好处主要是隐藏类的实现细节，让使用者只能通过规定的方法来访问数据，可以方便地加入存取控制语句，限制不合理操作。

（14）Java 中的包机制也是封装的一种形式，使用 package 关键字声明包。包名全部是小写的 ASCII 字母，为了确保包名的唯一性，通常使用组织的网络域名的逆序。使用包可以简化类的查找和使用、防止命名冲突、组织代码、支持模块化开发、控制代码访问权限。

（15）包的声明必须是 Java 源文件中的第一条非注释性语句，而且一个源文件只能有一个包声明语句。如果要在程序中调用其他包中的类，需要先使用 import 关键字导入该类所在的包。

（16）在 Java 中，类可以使用 public、protected、default 和 private 四种访问修饰符之一进行修饰。public 是全局访问，类可以被本包或其他包中的任何类或对象访问；protected 是包或子类访问，类可以被本包中的类、子类（不论是否在同一个包中）访问；default 是包访问，类只能被同一个包中的类访问；private 是类访问，类只能被它自己的方法访问。

（17）类中被 private 修饰的成员是私有的，只能在本类中被访问；类中被默认修饰符修饰的成员可以在本包中被访问；类中被 protected 修饰的成员可以被同一包中的类和子类访问（不论是否在同一包中）；类中被 public 修饰的成员是公有的，工程内都可以访问。

（18）在 Java 中，被 static 关键字修饰的属性称为静态变量，被 static 修饰的方法称为静态方法，静态变量和静态方法属于类，不属于具体的某个对象，可以通过类名加 "." 直接调用，不需创建类的对象。

（19）static final 用于定义常量，常量名一般要大写、在声明时要赋初值，在整个程序运行时常量值都不能被改变。

（20）在静态方法中不能直接访问实例变量和实例方法，需要通过创建对象来访问。而实例方法由于创建时间上的滞后性，可以直接调用类中定义的静态变量和静态方法。

本 章 习 题

实践项目

1. 开发学生查询功能，输入 5 名学生信息，判断要查询的学生信息（姓名冬燕，学号 202501，性别女，年龄 22，层次大学）是否与输入的学生信息匹配，如果匹配输出 "经过查找，冬燕同学在您输入的学生数据中!"，如果不匹配输出 "经过查找，冬燕同学不在您输入的学生数据中!"。

执行结果如图 7.14 所示。

实现步骤：

（1）创建 Student 类，定义私有属性 name、stuCode、gender、age、level，分别代表姓名、学号、性别、年龄、层次，并为私有属性定义 getter/setter 方法，其中对性别和年龄的 setter 方法进行合规性判断。

（2）为 Student 类定义无参构造方法，在构造方法中初始化对象，将要查询的学生 "冬燕" 的信息赋值给对象的属性。

（3）为 Student 类定义成员方法 showInfo()，在该方法中输出要查找的学生 "冬燕" 的相关信息。

（4）为 Student 类定义成员方法 search()方法，参数为 Student 对象数组，在该方法中查询要查询的学生信息是否在 Student 对象数组中，如果存在返回 true，否则返回 false。

（5）创建 Test 类，在 Test 类中创建长度为 5、类型为 Student 的对象数组，并通过循环提示用户输入 5 名学生的信息，保存在对象数组中。

（6）在 Test 类中，创建 Student 对象，调用对象的 showInfo()方法，输出要查询的学生信息。

```
请输入第1名学生的姓名:赵世烨
请输入第1名学生的学号:202510
请输入第1名学生的性别:女
请输入第1名学生的年龄:23
请输入第1名学生的层次:大学

请输入第2名学生的姓名:小宇
请输入第2名学生的学号:202502
请输入第2名学生的性别:男
请输入第2名学生的年龄:17
请输入第2名学生的层次:高中

请输入第3名学生的姓名:夏天
请输入第3名学生的学号:202512
请输入第3名学生的性别:男
请输入第3名学生的年龄:13
请输入第3名学生的层次:初中

请输入第4名学生的姓名:冬燕
请输入第4名学生的学号:202501
请输入第4名学生的性别:女
请输入第4名学生的年龄:22
请输入第4名学生的层次:大学

请输入第5名学生的姓名:华秀
请输入第5名学生的学号:202513
请输入第5名学生的性别:女
请输入第5名学生的年龄:21
请输入第5名学生的层次:大学

学生信息为：
姓名：冬燕
学号：202501
性别：女
年龄：22
层次：大学

经过查找，冬燕同学在您输入的学生数据中！
```

图 7.14　实践项目 1 执行效果

（7）在 Test 类中，调用 Student 对象的 search()方法，参数为 Student 对象数组，返回值为 booleal 值，如果为 true，输出"经过查找，冬燕同学在您输入的学生数据中！"，如果为 false，输出"经过查找，冬燕同学不在您输入的学生数据中！"。

2. 为某学校开发在校生转专业申请系统，按学校规定，每个在校生只允许转一次专业，如果已转过专业，则输出"按学校规定，只允许转一次专业，您已转过专业，不允许再转！"。如果是第 1 次转专业，要求学生输入姓名、学号、性别、原专业及新转入专业，学生输入信息后，输出学生转专业信息要求学生确认，如果确认要转专业且信息无误，输出"您的申请已提交，等待审批结果，退出系统！"，如果不确认，则输出"您的转专业申请不提交，退出系统！"。

执行效果如图 7.15 所示。

实现步骤：

（1）创建 Student 类，包名为 cn.edu.ytgc.bean，并定义私有的 name、gender、stuCode、oldSpeciality、newSpeciality 属性，分别代表姓名、性别、学号、原专业和新专业。并定义整型常量 TRANSFER_TIME=1 表示学校允许转专业的次数。定义 String 类型常量 COLLEGE_NAME = "Yantai Golden College"表示学校名称。

转专业次数为2的运行结果

---Yantai Golden College在校生转专业申请系统---

请输入转专业次数：2
按学校规定，只允许转一次专业，您已转过专业，不允许再转！

转专业次数为1的运行结果

---Yantai Golden College在校生转专业申请系统---

请输入转专业次数：1
请输入姓名：冬燕
请输入学号：202501
请输入性别：女
请输入原专业：计算机网络
请输入新专业：软件技术

您的姓名：冬燕
您的学号：202501
您的性别：女
您现在的专业：计算机网络
您要转入的专业：软件技术

您确认要转专业且输入信息正确吗？确认输入y,不确认输出n：y

您的申请已提交，等待审批结果，退出系统！

图 7.15　实践项目 2 运行结果

（2）为 Student 类的私有属性配置 getter/setter 方法，对性别的 setter 方法进行合规判断。

（3）为 Student 类定义 showInfo()方法，用于输出学生信息。

（4）在包 cn.edu.ytgc.test 下创建 Test 类，在 Test 类中，获取 Student 类中的校名常量和允许转专业次数常量。

（5）如图 7.15 所示，输出系统名称。

（6）提示用户输入转专业次数，如果用户输入与允许转专业次数常量值不相等，则提示"按学校规定，只允许转一次专业，您已转过专业，不允许再转！"。如果用户输入与允许转专业次数常量值相等，则创建 Student 对象，并提示用户输入姓名、学号、性别、原专业、新专业，并将用户输入赋值给 Student 对象的属性。

（7）输出分隔线，调用 Student 对象的 showInfo()方法输出学生输入的信息。

（8）输出"您确认要转专业且输入信息正确吗？确认输入 y,不确认输出 n："，要求用户确认是否转专业和个人信息是否正确，如果用户输入"y"或"Y"，表示确认，输出"您的申请已提交，等待审批结果，退出系统！"。如果用户输入"n"或"N"，表示不确认，输出"您的转专业申请不提交，退出系统！"。如果输出其他信息，提示"输入错误，退出系统！"。

竹　石

咬定青山不放松，立根原在破岩中。
千磨万击还坚劲，任尔东西南北风。

——[清]　郑燮

第8章 继承和多态

本章导读

继承的概念源自生活,用来描述实物之间具有共性的关系。可以通过继承实现共性提取,以实现代码复用,当子类继承某个父类时,子类就拥有了父类的属性和方法。例如:动物包含了名称、年龄、吃东西、行走等属性和方法,老虎作为动物的子类,就拥有了动物的这些属性和方法。

多态是 Java 的基本特性之一,通俗地说就是同一个事件发生在不同对象身上会产生不同的结果。例如:动物有牛、老虎等,对吃这个行为不同动物会有不同的状态,牛吃草,老虎吃肉,这就是多态的具体体现。

本章将重点学习继承、子类重写父类方法、继承关系中的构造方法、多态等知识。

思维导图

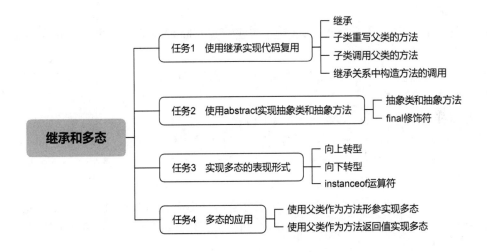

本章预习

预习本章内容,在作业本上完成以下简答题。

(1)实现继承的语法是什么?继承的优点是什么?

(2)子类可以从父类继承哪些内容?

(3)super 关键字的作用是什么?

(4)什么是多态?实现多态的表现形式有哪些?

任务 1　使用继承实现代码复用

1. 继承

在现实世界中人们根据事物的特性可以将事物分类，每一个类别下又可以根据不同特性划分为不同的子类，比如：学校可以分为大学、中学、小学等，大学按学科类别又可分为综合类、理工类、政法类、医药类、师范类、财经类等，每一级都具备上一级的特性，同时又具有自己的特性，这就是继承关系。

继承表达的是"is a"的关系，或者说是一种特殊和一般的关系，如 Peking University is a University。同样可以让"学生"继承"人"，让"香蕉"继承"水果"等。

在面向对象编程语言中，当一个类继承另一个类时，将拥有它继承类的所有公有成员和受保护成员，被继承的类称为父类或基类，新的类称为子类或派生类。继承最基本的作用就是使得代码可重用，降低冗余，提升开发效率。

Java 中只支持单继承，即每个类只能有一个直接父类。使用 extends 关键字实现继承，语法为：

```
[访问修饰符] class <SubClass> extends <SuperClass>{
    //类体代码
}
```

在语法中：

- 在 Java 中，继承通过 extends 关键字实现，其中 SubClass 称为子类或派生类，SuperClass 称为父类或基类。
- 访问修饰符如果是 public，那么该类在整个项目可见。不写访问修饰符，则该类只在当前包可见。

在 Java 中，子类可以从父类中继承以下内容：

- 可以继承 public 和 protected 修饰的属性和方法，不论子类和父类是否在同一个包里。
- 可以继承默认访问修饰符修饰的属性和方法，子类和父类必须在同一个包里。
- 无法继承父类的构造方法。

示例 1：某公司根据业务需要开设了华东分公司、华南分公司、华中分公司、华北分公司，各分公司包括分公司编号、分公司名称、分公司经理、分公司人数、分公司地址等属性，具有输出分公司详情的方法。请开发一个分公司管理系统。

需求分析：根据需求，4 个分公司的属性和方法基本是一致的，如果建 4 个同样的类则会有大量重复代码，可抽取出类中公共的属性和方法，创建"分公司"父类，在父类中创建公共的属性和方法，让各分公司继承该父类，便继承了父类的属性和方法。类图如图 8.1 所示。

实现步骤：

（1）创建分公司类 BranchOffice，包含私有的 ID（编号）、name（名称）、manager（经理）、amount（人数）、address（地址）。为各属性设置 getter/setter 方法。

（2）为 BranchOffice 类编写无参构造方法和有参构造方法。

（3）为 BranchOffice 类编写 showDetail()方法，用于输出部门信息。

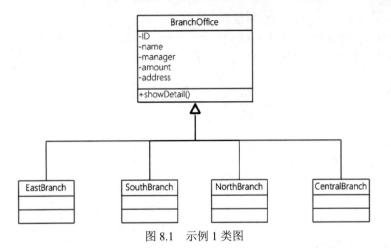

图 8.1　示例 1 类图

（4）编写 EastBranch 类（华东分公司）、SouthBranch 类（华南分公司）、NorthBranch 类（华北分公司类）、CentralBranch 类（华中分公司），各类均继承 BranchOffice 类。

实现代码：

```
/**分公司类**/
package cn.edu.ytgc.bean;
public class BranchOffice {
    private String ID;                    //编号
    private String name;                  //名称
    private String manager;               //经理
    private int amount;                   //人数
    private String address;               //地址
    /**无参构造方法*/
    private BranchOffice() {

    }
    /**有参构造方法*/
    public BranchOffice(String id,String name,String manager,int amount,String addr) {
        this.ID = id;
        this.name = name;
        this.manager = manager;
        this.amount = amount;
        this.address = addr;
    }
    //省略私有属性的 getter/setter 方法
    /**输出分公司相关信息*/
    public void showDetail() {
        System.out.println("分公司名称："+this.name+",分公司负责人："+this.manager+"，分公司人数：
"+this.amount+"，公司地址："+this.address);
    }
}
/**华东分公司*/
package cn.edu.ytgc.bean;
```

```java
public class EastBranch extends BranchOffice{
    public EastBranch(String id, String name, String manager, int amount, String addr) {
        super(id, name, manager, amount, addr);
    }
}
/**华南分公司*/
package cn.edu.ytgc.bean;
public class SouthBranch extends BranchOffice{
    public SouthBranch(String id, String name, String manager, int amount, String addr) {
        super(id, name, manager, amount, addr);
    }
}
/**华北分公司*/
package cn.edu.ytgc.bean;
public class NorthBranch extends BranchOffice{
    public NorthBranch(String id, String name, String manager, int amount, String addr) {
        super(id, name, manager, amount, addr);

    }
}
/**华中分公司*/
package cn.edu.ytgc.bean;
public class CentralBranch extends BranchOffice{
    public CentralBranch(String id, String name, String manager, int amount) {
        super(id, name, manager, amount, addr, resp);
    }
}
```

示例解析：

从示例 1 可以看出，在抽取出 BranchOffice 类后，公共的代码都写在父类中，各分公司通过 extents 关键字继承 BranchOffice 类，后续可以在子类中写专属于自己的代码。

在示例 1 中，各子类的构造方法中使用"super(id, name, manager, amount, addr, resp);"语句表示调用了父类 BranchOffice 的有参构造方法，还可以使用 super 关键字调用直接父类的方法，如"super.showDetail()"。

示例 2：编写 Test 类，创建 4 个分公司的对象，输出各分公司相关信息。

```java
/**Test 类*/
package cn.edu.ytgc.bean;
public class Test {
    public static void main(String[] args) {
        CentralBranch cb = new CentralBranch("01", "华中分公司","张起", 5, "武汉市武昌区");
        cb.showDetail();
        EastBranch eb = new EastBranch("02", "华东分公司","王信", 10, "上海市静安区");
        eb.showDetail();
        NorthBranch nb = new NorthBranch("03", "华北分公司", "李羽", 8, "北京市朝阳区");
        nb.showDetail();
        SouthBranch sb = new SouthBranch("04", "华南分公司", "赵飞", 15, "深圳市福田区");
```

```
            sb.showDetail();
        }
    }
}
```

运行示例 2，执行结果如图 8.2 所示。

```
分公司名称：华中分公司,分公司负责人：张起，分公司人数：5，公司地址：武汉市武昌区
分公司名称：华东分公司,分公司负责人：王信，分公司人数：10，公司地址：上海市静安区
分公司名称：华北分公司,分公司负责人：李羽，分公司人数：8，公司地址：北京市朝阳区
分公司名称：华南分公司,分公司负责人：赵飞，分公司人数：15，公司地址：深圳市福田区
```

图 8.2 示例 2 执行结果

在示例 2 的 Test 类中，创建了各分公司的对象，并调用了父类的 showDetail()方法输出分公司详细信息。

2. 子类重写父类中的方法

父类的方法是面向所有子类的，如果从父类继承的方法不能满足某个子类的需求，可以在子类中对父类的同名方法进行重写（覆盖），以符合需求。

示例 3：在 EastBranch 子类中重写 BranchOffice 父类的 showDetail()方法，执行效果如图 8.3 所示。

```
分公司名称：华中分公司,分公司负责人：张起，分公司人数：5，公司地址：武汉市武昌区
分公司名称：华东分公司,分公司负责人：王信，分公司的职责：负责华东地区业务
分公司名称：华北分公司,分公司负责人：李羽，分公司人数：8，公司地址：北京市朝阳区
分公司名称：华南分公司,分公司负责人：赵飞，分公司人数：15，公司地址：深圳市福田区
```

图 8.3 示例 3 执行结果

实现步骤：

（1）在 EastBranch 类中编写参数为 String duty 的 showDetail()方法，在该方法中输出分公司名称、分公司负责人和分公司的职责。

（2）在 Test 类中创建 EastBranch 类的对象，调用自己带参的 showDetail()的方法。

实现代码：

```
/**华东分公司*/
package cn.edu.ytgc.bean;
public class EastBranch extends BranchOffice{
    public EastBranch(String id, String name, String manager, int amount, String addr) {
        super(id, name, manager, amount, addr);
    }
    public void showDetail() {
        String duty = "负责华东地区业务";
        System.out.println("分公司名称："+super.getName()+",分公司负责人："+super.getManager()+",
分公司的职责："+duty);
    }
}
/**Test 类*/
```

```
package cn.edu.ytgc.bean;
public class Test {
    public static void main(String[] args) {
        CentralBranch cb = new CentralBranch("01", "华中分公司","张起", 5, "武汉市武昌区");
        cb.showDetail();
        EastBranch eb = new EastBranch("02", "华东分公司","王信", 10, "上海市静安区");
        eb.showDetail();                        //调用子类重写的 showDetail()方法
        NorthBranch nb = new NorthBranch("03", "华北分公司", "李羽", 8, "北京市朝阳区");
        nb.showDetail();
        SouthBranch sb = new SouthBranch("04", "华南分公司", "赵飞", 15, "深圳市福田区");
        sb.showDetail();
    }
}
```

示例解析：在示例 3 中的 EastBranch 类中，创建了 showDetail(String duty)方法，该方法是重写了父类的 showDetail()方法，在 Test 类中，创建了 EastBranch 类的对象 eb，通过 eb.showDetail()语句调用了子类重写的 showDetail()方法。

在子类中可以根据需求对从父类继承的方法进行重新编写，称为方法的重写或方法的覆盖（overriding）。方法重写必须满足如下要求。

- 重写方法和被重写方法必须具有相同的方法名。
- 重写方法和被重写方法必须具有相同的参数列表。
- 重写方法的返回值类型必须和被重写方法的返回值类型相同或是其子类。
- 重写方法不能缩小被重写方法的访问权限。

经验分享

重载涉及同一个类中的同名方法，要求方法名相同，参数列表不同，与返回值类型、访问修饰符无关。而重写涉及的是子类和父类之间的同名方法，要求方法名相同、参数列表相同、返回值类型相同（或是其子类）、访问修饰符不能比父类有更严格的访问限制。

3．子类调用父类方法

在示例 3 中，EastBranch 子类的 showDetail()方法中调用父类的 getName()等方法，使用的是 super 关键字，如 super.getName()。

super 代表对当前对象的直接父类对象的默认引用。在子类中可以通过 super 关键字来访问父类的成员，正确使用 super 关键字需要注意以下几点：

- super 必须出现在子类（子类的方法和构造方法）中，不能是其他位置。
- 使用 super 关键字可以访问父类的成员，如父类的属性、方法、构造方法。
- 注意访问权限的限制，无法通过 super 访问父类 private 修饰的私有成员。

例如，在 EastBranch 类中可以通过如下语句来访问父类成员（以下父类成员和构造方法都不是 private 权限）。

```
super.getName;                          //访问直接父类的方法
super.showDetail();                     //访问直接父类的 showDetail()方法
super(id, name, manager, amount, addr);     //在子类的构造方法中访问直接父类对应构造方法
```

4. 继承关系中构造方法的调用

继承条件下构造方法的调用规则如下。

● 如果子类的构造方法中通过 super 显式调用父类的有参构造方法，则将执行父类相应的构造方法，而不执行父类无参构造方法。

● 如果子类的构造方法中没有通过 super 显式调用父类的有参构造方法，也没有通过 this 显式调用自身的其他构造方法，则系统会默认先调用父类的无参构造方法。在这种情况下，有没有"super();"语句效果都是一样的。

● 如果子类的构造方法中通过 this 显式调用自身的其他构造方法，则在相应构造方法中应用以上两条规则。

● 在构造方法中如果有 this 语句或 super 语句出现，则只能是第一条语句。

● 在类方法中不允许出现 this 或 super 关键字。

● 在实例方法中，this 和 super 语句不要求是第一条语句，可以共存。

示例 4：创建 BranchOffice 类，创建子类 EastBranch 继承 BranchOffice 类，再创建 Department 类继承 EastBranch 类，各类都带有无参构造方法和有参构造方法，创建 Department 类的对象，分析构造方法调用执行过程，运行效果如图 8.4 所示。

```
执行构造方法：BranchOffice()
执行构造方法：EastBranch()
执行构造方法：Department()
-------------------------------
执行构造方法：BranchOffice(String id,String name)
执行构造方法：EastBranch(String id, String name, String manager)
执行构造方法：Department(String id, String name, String manager,int amount)
```

图 8.4　示例 4 执行结果

实现步骤：

（1）创建 BranchOffice 类，该类包含 id（编号）和 name(名称)两个属性，并为两个私有属性设置 getter/setter 方法。为 BranchOffice 类编写无参构造方法和有参构造方法。在无参构造方法中输出"执行构造方法：BranchOffice()"，在有参构造方法 BranchOffice(String id,String name)中输出"执行构造方法：BranchOffice(String id,String name)"。

```java
/**分公司类**/
package cn.edu.ytgc.bean;
public class BranchOffice {
    private String id;                //编号
    private String name;              //名称
    /**无参构造方法*/
    public BranchOffice() {
        super();   //调用 Object()类的无参构造方法，写不写效果都一样
        System.out.println("执行构造方法：BranchOffice()");
    }
    /**有参构造方法*/
    public BranchOffice(String id,String name) {
        this.Id = id;
```

```
        this.name = name;
        System.out.println("执行构造方法：BranchOffice(String id,String name)");
    }
    //省略私有属性 id 和 name 的 getter/setter 方法
}
```

（2）创建 EastBranch 类，继承 BranchOffice 类，定义私有属性 manager，并为 manager 设置 getter/setter 方法。为 EastBranch 类编写无参构造方法和有参构造方法。在无参构造方法中输出"执行构造方法：EastBranch()"，在有参构造方法 EastBranch(String id, String name, String manager)中输出"执行构造方法：EastBranch(String id, String name, String manager)"。

```
/**华东分公司*/
package cn.edu.ytgc.bean;
public class EastBranch extends BranchOffice{

    private String manager;
    /**无参构造方法*/
    public EastBranch() {
        super();                //调用父类无参构造方法，有没有该语句，效果一样
        System.out.println("执行构造方法：EastBranch()");
    }
    /**有参构造方法*/
    public EastBranch(String id, String name, String manager) {

        super(id, name);        //显式调用了父类有参构造方法，将不执行无参构造方法
        this.manager = manager;
        System.out.println("执行构造方法：EastBranch(String id, String name, String manager)");
    }
    public String getManager() {
        return manager;
    }
    public void setManager(String manager) {
        this.manager = manager;
    }
}
```

（3）创建 Department 类，继承 EastBranch 类，定义私有属性 amount，并为 amount 设置 getter/setter 方法。为 Department 类编写无参构造方法和有参构造方法。在无参构造方法中输出"执行构造方法：Department()"，在有参构造方法 Department(String id, String name, String manager,int amount)中输出"执行构造方法：Department(String id, String name, String manager,int amount)"。

```
/**部门类*/
package cn.edu.ytgc.bean;
public class Department extends EastBranch{
    private int amount;
    /**无参构造方法*/
    public Department() {
```

```
            super();     //调用父类无参构造方法，有没有该语句，效果一样
            System.out.print("执行构造方法：Department()");
    }
    /**有参构造方法*/
    public Department(String id, String name, String manager,int amount) {
            super(id, name, manager);    //显式调用了父类有参构造方法，将不执行无参构造方法
            this.setAmount(amount);
            System.out.print("执行构造方法：Department(String id, String name, String manager,int amount) ");
    }
    public int getAmount() {
            return amount;
    }
    public void setAmount(int amount) {
            this.amount = amount;
    }
}
```

（4）创建 TestConstructor 类，在 TestConstructor 类中，通过"Department depart = new Department();"语句创建 Department 对象，输出分隔线，再通过"Department department = new Department("01","华东分公司","张飞",10);"语句创建 Department 对象。

```
/**测试类*/
package cn.edu.ytgc.test;
import cn.edu.ytgc.bean.Department;
public class TestConstructor {
    public static void main(String[] args) {
            //创建无参的 Department 对象
            Department depart = new Department();
            System.out.println("\n-----------------------------");
            //创建有参的 Department 对象
            Department department = new Department("01","华东分公司","张飞",10);
    }
}
```

示例解析：如图 8.4 所示，在 TestConstructor 测试类中，当执行"Department depart = new Department();"语句时，调用构造方法 Department()，在 Department()构造方法中，首先调用其父类的构造方法 EastBranch()，而在调用 EastBranch()方法时，又会调用其（EastBranch 类）父类的构造方法 BranchOffice()，在执行 BranchOffice()方法时会调用它的直接父类 Object 的无参构造方法，该方法内容为空。最终输出的结果依次是 Object()、BranchOffice()、EastBranch()和 Department()方法中的内容。

执行"Department department = new Department("01","华东分公司","张飞",10);"语句时，调用规则与执行"Department depart = new Department();"时相同，只是此次调用的是有参构造方法，依次是 public Department(String id, String name, String manager,int amount)、public EastBranch(String id, String name, String manager)、public BranchOffice(String id,String name)和 Object()，最终输出结果则是从 Object()开始，与调用顺序相反。

任务 2 使用 abstract 实现抽象类与抽象方法

1. 抽象类和抽象方法

在示例 4 中，定义了 BranchOffice 类，用来表示分公司，如果在 TestConstructor 类中执行以下代码：

BranchOffice bo = **new** BranchOffice("0001","分公司");

程序虽然不会出错，但是创建 BranchOffice 对象是没有意义的，因为实际生活中并没有"分公司"，"分公司"是抽象出来的一个概念，具体的华东分公司、华中分公司应该通过其子类 EastBranch、CentralBranch 来实现，如何限制 BranchOffice 类被实例化呢？可以使用 Java 中的抽象类来实现，用 abstract 关键字来修饰 BranchOffice 类。

抽象类的特征：

- 抽象类不能实例化，即不能用 new 来实例化抽象类。
- 抽象类中包含有构造方法，但构造方法不能用 new 来实例化，只能用来被子类调用。
- 抽象类中可以包含成员变量、成员方法、静态方法、构造方法。
- 抽象类只能用来被继承。

在父类中的方法中如果没有被子类重写，则子类就会继承方法，但子类在调用父类方法时往往会出现与业务不符的情况。比如：父类中有一个考勤的方法，考勤地点是北京，时间是早上 9：30，而子类考勤的地点是烟台，时间是 8：30，如果子类没有重写父类考勤的方法，直接调用了父类考勤的方法就会出现错误的结果。能否强迫子类必须重写考勤方法呢？可以使用 Java 中的抽象方法来实现，父类中用 abstract 关键字修饰的方法为抽象方法，子类必须要重写该方法。

抽象方法的特征：

- 抽象方法没有方法体，只有声明，抽象方法定义的是一种"规范"，就是告诉子类必须要为抽象方法提供具体的实现。
- 含有抽象方法的类必须是抽象类。
- 抽象类中可以包含 0 个或多个抽象方法。
- 抽象方法必须被子类实现，如果子类不能实现父类中的抽象方法，那么子类也必须是抽象类。

示例 5：使用 abstract 关键字定义 BranchOffice 类为抽象类，并创建抽象方法 attendance()。创建 BranchOffice 类的子类 BastBranch，重写 attendance()方法。并在 TestConstructor 类实现如图 8.5 所示的效果。

分公司名称：华东分公司
打卡时间：2024年8月21日 早上 8：50，考勤地点：北京大学

图 8.5 示例 5 执行效果

实现步骤：

（1）创建分公司类 BranchOffice，该类中定义私有属性 ID 和 name，并为私有属性配置 getter/setter 方法。创建无参和有参构造方法，并创建抽象方法 attendance。

```
/**分公司类**/
package cn.edu.ytgc.bean;
public abstract class BranchOffice {
    private String ID;                    //编号
    private String name;                  //名称
    /**无参构造方法*/
    public BranchOffice() {
        super();
    }
    /**有参构造方法*/
    public BranchOffice(String id,String name) {
        this.ID = id;
        this.name = name;
    }
    //省略私有属性的 getter/setter 方法
    //抽象方法，子类必须重写，没有方法体
    public    abstract void attendance(String time,String address);
}
```

（2）编写 EastBranch 类，继承 BranchOffice 类，编写带参构造方法。如图 8.6 所示，子类 EastBranch 必须要重写父类的抽象方法 attendance(String time,String address)，在该方法中输出打卡时间和考勤地点。

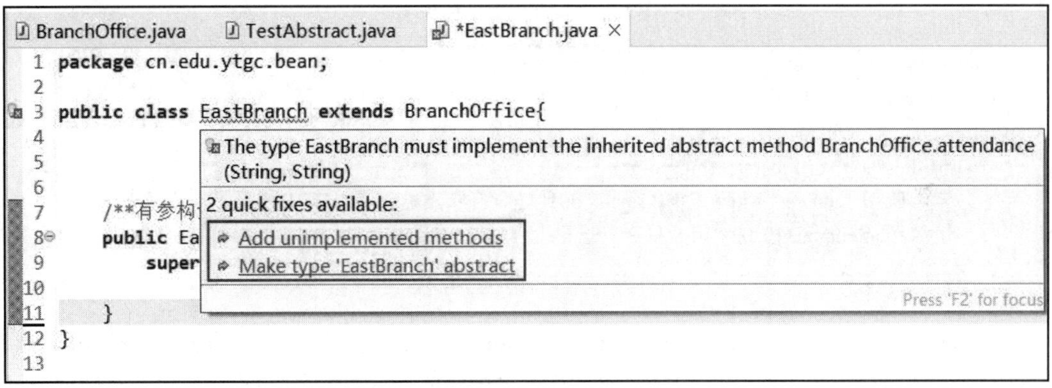

图 8.6 继承抽象类

```
/**华东分公司类**/
package cn.edu.ytgc.bean;
public class EastBranch extends BranchOffice{
    /**有参构造方法*/
    public EastBranch(String id,String name) {
        super(id,name);
        System.out.println("分公司名称："+this.getName());

    }
    /**重写父类的抽象方法*/
    @Override
```

```
    public void attendance(String time, String address) {
        System.out.println("打卡时间: "+time+", 考勤地点: "+address);
    }
}
```

（3）编写 TestAbstract 类，如图 8.7 所示，因为 BranchOffice 类是抽象类，当使用 new 创建其对象时，提示错误 "Cannot instantiate the type BranchOffice"，所以，抽象类是不可以实例化对象的。在 TestAbstract 类中，创建 EastBranch 的对象，在其构造方法中输出了分公司名称"分公司名称：华东分公司"，调用 EastBranch 对象的 attendance()方法输出"打卡时间：2024年 8 月 21 日早上 8：50，考勤地点：北京大学"。

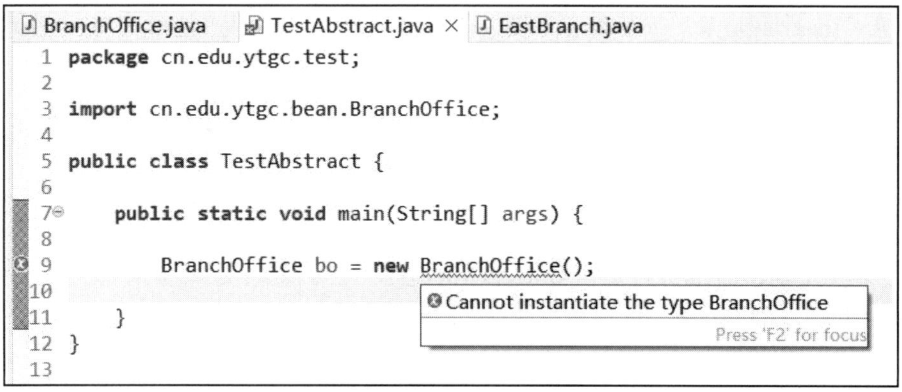

图 8.7　不能实例化抽象类

```
package cn.edu.ytgc.test;
import cn.edu.ytgc.bean.EastBranch;
public class TestAbstract {
    public static void main(String[] args) {
        EastBranch eb = new EastBranch("001", "华东分公司");
        eb.attendance("2024 年 8 月 21 日 早上 8：50", "北京大学");
    }
}
```

示例解析：在示例 5 中，使用 abstract 修饰 BranchOfficeod 类，该类为抽象类，只能被继承，不可以实例化。使用 abstract 修饰 BranchOfficeod 类中的 attendance()方法，该方法为抽象方法，不可以有方法体，必须被子类重写。

2. final 修饰符

在实际开发中，如果遇到以下问题该如何解决？

问题 1：如果想让某个类不被其他类继承，不允许再有子类，该如何实现？

问题 2：如果某个类可以有子类，但是它的某个方法不能再被子类重写，该如何实现？

问题 3：如果某个类可以有子类，但是某个属性的值不能被改变，该如何实现？

针对以上问题，Java 提供了 final 关键字来实现，final 的中文意思是"最终的、不可改变的"。

示例 6：被 final 修饰的类、方法和变量。

（1）用 final 修饰的类不能再被继承，如以下代码所示。

```
public final class EastBranch extends BranchOffice {
    @Override
    public void attendance(String time, String address) {

    }
}
```

EastBranch 类被 final 关键字修饰后，该类不能被其他类继承，如图 8.8 所示，当 Department 类要继承 EastBranch 时，提示错误，错误信息"The type Department cannot subclass the final class EastBranch"，即 Department 类不能作为 final 修饰的 EastBranch 类的子类。

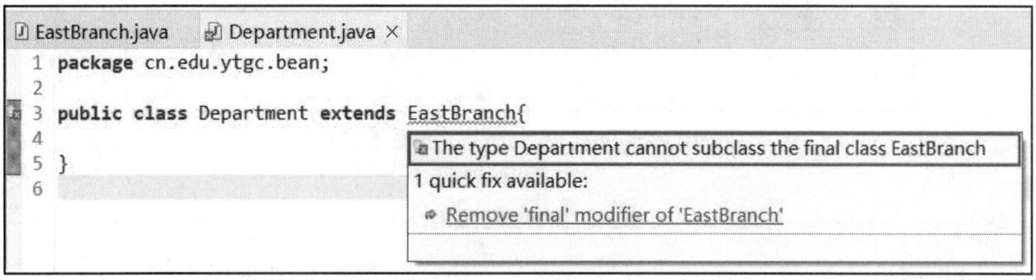

图 8.8　使用 final 修饰的类不能被继承

（2）用 final 修饰的方法不能被子类重写，如以下代码所示。

```
public abstract class BranchOffice {
    public final void showInfo(String name) {
        System.out.print("公司名为："+name);
    }
}
```

在 BranchOffice 类中，定义了 showInfo(String name)方法，该方法被 final 关键字修饰，则该方法不能被子类重写。如图 8.9 所示，当子类 EastBranch 重写该方法时，提示错误，错误信息 "Cannot override the final method from BranchOffice"，即不能重写 BranchOffice 类中被 final 修饰的方法。

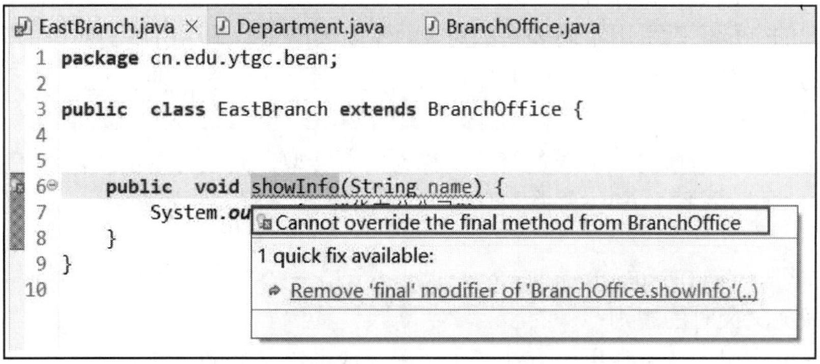

图 8.9　不能重写父类被 final 修饰的方法

（3）用 final 修饰的变量（包括成员变量和局部变量）将变成常量，不可修改。如图 8.9 所示，BranchOffice 中定义了私有成员属性 NAME，并赋值为 "统信国基"，在 showInfo(String name)方法中为 NAME 再次赋值时，提示错误，错误信息 "The final field BranchOffice.NAME cannot be assigned"，即被 final 关键字修饰的 NAME 属性不能再次被赋值，如图 8.10 所示。

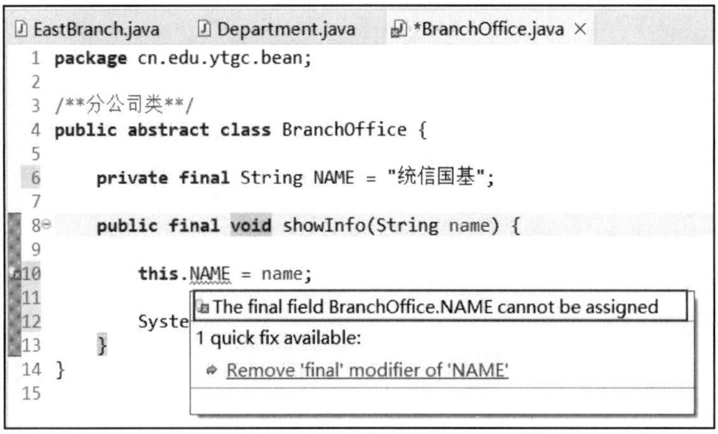

图 8.10　被 final 修饰的成员变量不可修改

经验分享

（1）abstract 不能和 private 同时修饰一个方法，因为被 abstract 修饰的抽象方法必须要被子类重写，而子类无法继承 private 修饰的方法，自然就无法重写。

（2）abstract 不能和 static 同时修饰一个方法，因为被 abstract 修饰的抽象方法只有声明没有实现，而 static 方法可以通过类名直接访问，但无法访问一个没有实现的方法。

（3）abstract 不能和 final 同时修饰一个方法或类，因为被 abstract 修饰的抽象方法是让子类来重写的，而 final 修饰的方法不能被重写，相互矛盾。同理，抽象类只有让子类继承才能实例化，而 final 修饰的类不允许被子类继承。

任务 3　实现多态的表现形式

"多态"的字面含义是指能够呈现出多种不同的形式或形态。在程序设计中，多态是指一个特定类型的变量可以引用不同类型的对象，并且能自动地调用引用的对象的方法，也就是根据作用到的不同对象类型响应不同的操作。方法重写是实现多态的基础。

1. 向上转型

将一个父类的引用指向一个子类对象，称为向上转型，向上转型的语法如下：

<父类型> <引用变量名> = **new** <子类型>();

比如：

BranchOffice bo = **new** EastEastBranch();

子类转换成父类时的规则：

● 通过父类引用变量调用的方法是子类覆盖或继承父类的方法。

● 通过父类引用变量无法调用子类特有的方法。

示例 7：创建 BranchOffice 类及其子类 EastEastBranch，通过向上转型实现多态。

实现步骤：

（1）创建 BranchOffice 类，在该类中创建 showInfo()方法，输出"我是父类的 showInfo 方法"，创建 attendance()方法，输出"我是父类的 attendance 方法"。

```java
public class BranchOffice {
    public void showInfo() {
        System.out.println("我是父类的 showInfo 方法");
    }
    public void attendance() {
        System.out.println("我是父类的 attendance 方法");
    }
}
```

（2）创建子类 EastBranch，继承 BranchOffice 类，重写父类的 attendance()方法，输出"我是子类重写父类的 attendance 方法"。创建 plan()方法，输出"我是子类特有的 plan 方法"。

```java
public class EastBranch extends BranchOffice{
    public void attendance() {
        System.out.println("我是子类重写父类的 attendance 方法");
    }
    public void plan() {
        System.out.println("我是子类特有的 plan 方法");
    }
}
```

（3）创建测试类 TestPolymorphic 类，在其 main()方法中，使用 BranchOffice bo = new EastBranch()向上转型实现多态。如图 8.11 所示，当使用父类 BranchOffice 的引用变量 bo 调用其方法时，弹出的方法列表中只有 showInfo()方法和 attendance()方法，调用这两个方法。

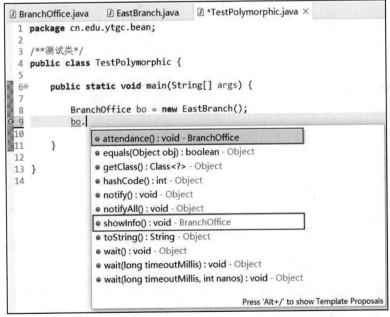

图 8.11　子类向上转型实现多态时父类引用变量可调用的方法列表

```java
/**测试类*/
public class TestPolymorphic {
    public static void main(String[] args) {
        BranchOffice bo = new EastBranch();
```

```
            bo.showInfo();          //调用的是父类的 showInfo 方法
            bo.attendance();        //调用的是子类重写父类的 attendance 方法
        }
    }
```

运行示例 7，执行结果为：

我是父类的 showInfo 方法

我是子类重写父类的 attendance 方法

示例解析：由可调用的方法可以看出，使用 "BranchOffice bo = new EastBranch();" 语句实现向上转型后，父类 BranchOffice 的引用变量 bo 不能调用子类 EastBranch 特有的方法，只能调用继承父类的方法或被子类重写的方法。

2. 向下转型

当向上转型发生后，将无法调用子类特有的方法。但是如果需要调用子类特有的方法，可以通过把父类再转换为子类来实现。将父类类型转换为子类类型，称为向下转型，此时必须进行强制类型转换，语法如下：

<子类型> <引用变量名> = (<子类型>)<父类型的引用变量>;

比如：

EastBranch eb = (EastBranch) bo;

例如，要在示例 7 中调用子类特有的方法，需要通过 "EastBranch eb = (EastBranch) bo;" 语句，将父类强制转换为子类。

```
/**测试类*/
public class TestPolymorphic {
    public static void main(String[] args) {
        BranchOffice bo = new EastBranch();     //向上转型
        EastBranch eb = (EastBranch) bo;        //向下转型，需要强制类型转换
        eb.showInfo();                          //调用父类的 showInfo 方法
        eb.attendance();                        //调用子类重写父类的 attendance 方法
        eb.plan();                              //调用子类特有的 plan 方法
    }
}
```

运行代码，执行结果为：

我是父类的 showInfo 方法

我是子类重写父类的 attendance 方法

我是子类特有的 plan 方法

3. instanceof 运算符

在向下转型的过程中，如果没有转换为真实子类类型，会出现类型转换异常，为此，在 Java 中提供了 instanceof 运算符来进行类型的判断。

例如：在示例 7 中，在调用方法前先使用 instanceof 运算符判断类型是否匹配。

```
BranchOffice bo = new EastBranch();             //向上转型
EastBranch eb = (EastBranch)  bo;               //向下转型，需要强制类型转换
if(bo instanceof EastBranch){
    eb.showInfo();                              //调用父类的 showInfo 方法
    eb.attendance();                            //调用子类重写父类的 attendance 方法
    eb.plan();                                  //调用子类特有的 plan 方法
}
```

instanceof 通常和强制类型转换结合使用，在使用时，对象的类型必须和 instanceof 后面的参数所指定的类在继承上有上下级关系，否则会出现编译错误。

任务 4 多态的应用

1. 使用父类作为方法形参实现多态

使用父类作为方法的形参，是 Java 中实现和使用多态的主要方式之一。

示例 8：为某公司开发一个考勤管理系统，可以查看各分公司的基本情况，人力资源部可以对各分公司的考勤情况进行检查，效果如图 8.12 所示。

```
-----------------------考勤管理系统-----------------------
请输入功能序号，1为查看各分公司信息，2为查看各分公司考勤情况，3退出系统
1
分公司编号：001，分公司名称：华东分公司
分公司编号：002，分公司名称：华中分公司，分公司人数：10

请输入功能序号，1为查看各分公司信息，2为查看各分公司考勤情况，3退出系统
2
分公司名称：华东分公司，考勤时间9:00，考勤地点：北京市朝阳区
分公司名称：华中分公司，考勤时间8:30，考勤人数：10

请输入功能序号，1为查看各分公司信息，2为查看各分公司考勤情况，3退出系统
3
谢谢使用！
```

图 8.12 考勤管理系统效果图

实现步骤：

（1）创建抽象类 BranchOffice，在类中创建两个 String 类型的私有成员变量 ID 和 name，分别代表编号和名称，并为它们配置 getter/setter 方法。为 BranchOffice 类创建无参构造方法 BranchOffice()和有参构造方法 BranchOffice(String id,String name)。在 BranchOffice 类中声明无返回值、无参的抽象方法 attendance()，该方法负责考勤功能。为 BranchOffice 类定义无返回值的成员方法 showInfo()，在该方法中输出分公司编号和分公司名称。

```java
/**分公司类，EastBranch 和 CentralBranch 的父类*/
public abstract class BranchOffice {
    private String ID;      //编号
    private String name;    //名称
    /**抽象方法 attendance()，由子类实现，负责考勤功能*/
    public abstract void attendance();
    /**无参构造方法*/
    public BranchOffice() {

    }
    /**有参构造方法*/
    public BranchOffice(String id,String name) {
        this.ID = id;
        this.name = name;
    }
    //省略私有属性 ID 和 name 的 getter/setter 方法
```

```
        /**输出分公司信息*/
        public void showInfo() {
            System.out.println("分公司编号："+this.ID +"，分公司名称："+this.name);
        }
    }
```

（2）创建 EastBranch 类，该类继承 BranchOffice 类。定义 String 类型的私有成员变量 address，并为其配置 getter/setter 方法。为 EastBranch 类定义有参构造方法 EastBranch(String id,String name,String address)，在构造方法中使用 super 关键字调用父类有参构造方法。重写父类的抽象方法 attendance()，在该方法中输出公司名称、考勤时间和考勤地点。

```
    /**华东分公司类，分公司类的子类*/
    public class EastBranch extends BranchOffice{
        private String address;     //地址
        /**有参构造方法*/
        public EastBranch(String id,String name,String address) {
            super(id,name);
            this.setAddress(address);
        }
        /**实现考勤方法*/
        public void attendance() {
            System.out.println("分公司名称："+this.getName()+"，考勤时间 9:00"+"，考勤地点："+this.address);
        }
        //省略私有属性 id 和 name 的 getter/setter 方法
    }
```

（3）创建 CentralBranch 类，该类继承 BranchOffice 类。定义 int 类型的私有成员变量 amount，并为其配置 getter/setter 方法。为 CentralBranch 类定义有参构造方法 CentralBranch(String id,String name,int amount)，在构造方法中使用 super 关键字调用父类有参构造方法。重写父类的抽象方法 attendance()，在该方法中输出公司名称、考勤时间和分公司人数。

```
    /**华中分公司类，分公司类的子类*/
    public class CentralBranch extends BranchOffice{
        private int amount;     //人数
        /**有参构造方法*/
        public CentralBranch(String id,String name,int amount) {
            super(id,name);
            this.setAmount(amount);
        }
        //省略私有属性的 getter/setter 方法
        /**实现父类的 attendance 方法*/
        public void attendance() {
            System.out.println("分公司名称："+this.getName()+"，考勤时间 8:30"+"，考勤人数："+this.amount);
        }
        /**重写父类的 showInfo 方法*/
        public void showInfo() {
            System.out.println("分公司编号："+this.getID() +"，分公司名称："+this.getName()+"，分公司人数："+this.amount);
        }
    }
```

（4）创建 HRDepartment 类，定义 String 类型的私有成员变量 name，并为其配置 getter/setter 方法。为 HRDepartment 类定义有参构造方法 HRDepartment(String name)。定义无返回值的成员方法 check(BranchOffice bo)，参数为 BranchOffice 对象，在该方法中调用 BranchOffice 对象的 attendance()方法。

```java
/**人力资源部类*/
public class HRDepartment {
    private String name;       //部门名称
    /**有参构造方法*/
    public HRDepartment(String name) {
        this.setName(name);
    }
    //省略私有属性的 getter/setter 方法
    /**人力资源部检查考勤的方法*/
    public void check(BranchOffice bo) {
        bo.attendance();
    }
}
```

（5）创建 Test 类，在 Test 类中创建 Scanner 对象用于接收用户输入，创建 EastBranch 类对象 eb，创建 CentralBranch 类的对象 cb，输出系统名称。因为系统只有在用户输入数字 3 时才退出，所以使用 while 循环，循环条件为 true，也就是如果输入正确且用户输入的不是 3 时一直运行。在 while 循环体中输出功能提示，并接收用户输入的数字。如果用户输入的是 1，则用 EastBranch 类的对象 eb 和 CentralBranch 类的对象 cb 分别调用它们的 showInfo()方法，其中 eb 调用的 showInfo()方法是继承自父类的方法，而 cb 调用的 showInfo()方法是其重写的方法，最后使用 continue 语句结束本次循环。如果用户输入的是 2，则创建 HRDepartment 类的对象 hr，并调用其 check(BranchOffice bo)方法，因为是对两个分公司考勤做检查，check()方法的参数分别为 EastBranch 类的对象 eb 和 CentralBranch 类的对象 cb，最后使用 continue 语句结束本次循环。如果用户输入的是 3，输出"谢谢使用！"，并使用 break 语句退出循环。如果用户输入的不是数字 1、2、3，则输出"输入错误！"，并使用 break 语句退出循环。

```java
import java.util.Scanner;
import cn.edu.ytgc.bean.CentralBranch;
import cn.edu.ytgc.bean.EastBranch;
import cn.edu.ytgc.bean.HRDepartment;
public class Test {
    public static void main(String[] args) {
        Scanner input = new Scanner(System.in);
        //创建分公司对象
        EastBranch eb = new EastBranch("001", "华东分公司", "北京市朝阳区");
        CentralBranch cb = new CentralBranch("002", "华中分公司", 10);
        System.out.println("        ------------考勤管理系统----------");
        while(true) {
            System.out.println("\n 请输入功能序号, 1 为查看各分公司信息, 2 为查看各分公司考勤情况,3 退出系统");
            int tag = input.nextInt();
            if(tag == 1){
```

```
                            //各分公司输出自己的信息
                            eb.showInfo();
                            cb.showInfo();
                            continue;
                    }else if( tag == 2){
                            //创建人力资源部对象
                            HRDepartment hr = new HRDepartment("人力资源部");
                            //人力资源检查各分公司考勤
                            hr.check(eb);
                            hr.check(cb);
                            continue;
                    }else if(tag == 3) {
                            System.out.print("谢谢使用！");
                            break;
                    }else {
                            System.out.print("输入错误！");
                            break;
                    }
            }
        }
}
```

示例解析：在示例 8 中，HRDepartment 类的成员方法 check(BranchOffice bo)用于检查考勤，该方法的参数为 BranchOffice 类，而在 Test 类中，通过 HRDepartment 类的对象 hr 调用 check()方法时，参数为子类 EastBranch 类的对象 eb 和子类 CentralBranch 类的对象 cb，这实际上就是多态向上转型的表现形式，将 eb 对象和 cb 对象向上转型为 BranchOffice 对象。

2. 使用父类作为方法返回值实现多态

使用父类作为方法的返回值，也是 Java 中实现和使用多态的主要方式。下面通过示例 9 进行演示。该示例演示了不同分公司信息发生变化时，考勤还是可控的。

示例 9：在示例 8 的基础上增加修改分公司信息并输出考勤情况的功能，效果如图 8.13 所示。

```
----------------------考勤管理系统----------------------
请输入功能序号，1为查看各分公司信息，2为查看各分公司考勤， 3为更新分公司信息， 4退出系统
1
分公司编号：001 ,分公司名称：华东分公司
分公司编号：002 ,分公司名称：华中分公司, 分公司人数：10

请输入功能序号，1为查看各分公司信息，2为查看各分公司考勤， 3为更新分公司信息， 4退出系统
2
分公司名称：华东分公司 ,考勤时间9:00，考勤地点：北京市朝阳区
分公司名称：华中分公司 ,考勤时间8:30，考勤人数：10

请输入功能序号，1为查看各分公司信息，2为查看各分公司考勤， 3为更新分公司信息， 4退出系统
3
请输入要更新的分公司名称
华东分公司
分公司名称：华东分公司 ,考勤时间9:00，考勤地点：北京市海淀区

请输入功能序号，1为查看各分公司信息，2为查看各分公司考勤， 3为更新分公司信息， 4退出系统
4
谢谢使用！
```

图 8.13　考勤管理系统效果图 2

（1）在 HRDepartment 类中增加 changeInfo(String type)方法，该方法用于改变分公司信息，参数为要改变的分公司的名称，返回值是分公司的父类 BranchOffice。在方法体中，根据参数判断要改变的是哪个分公司，然后创建该分公司的对象并赋值给父类 BranchOffice 的对象，最后返回该对象。

```
/**改变分公司信息*/
public BranchOffice changeInfo(String type) {
    BranchOffice bo;
    if(type.equals("华东分公司")) {
        bo = new EastBranch("1001", "华东分公司", "北京市海淀区");

    }else if( type.equals("华中分公司")) {
        bo = new CentralBranch("1002", "华中分公司", 20);
    }else {
        System.out.println("分公司不存在");
        return null;

    }
    return bo;

}
```

（2）在 Test 测试类中，增加功能"更新分公司信息"，当用户输入 3 时，根据用户输入，调用 hr 对象的 changeInfo()方法，并将返回值赋值给 BranchOffice 类的对象 bo，再调用 bo 的 attendance()方法。

```
import java.util.Scanner;
import cn.edu.ytgc.bean.BranchOffice;
import cn.edu.ytgc.bean.CentralBranch;
import cn.edu.ytgc.bean.EastBranch;
import cn.edu.ytgc.bean.HRDepartment;
public class Test {
    public static void main(String[] args) {
        Scanner input = new Scanner(System.in);
        //创建分公司对象
        EastBranch eb = new EastBranch("001", "华东分公司", "北京市朝阳区");
        CentralBranch cb = new CentralBranch("002", "华中分公司", 10);
        //创建人力资源部对象
        HRDepartment hr = new HRDepartment("人力资源部");
        System.out.println("        ----------------------考勤管理系统--------------------");
        while(true) {
            System.out.println("\n 请输入功能序号，1 为查看各分公司信息，2 为查看各分公司考勤，
3 为更新分公司信息，4 退出系统");
            int tag = input.nextInt();
            if(tag == 1){
                //各分公司输出自己的信息
                eb.showInfo();
                cb.showInfo();
                continue;
            }else if( tag == 2){
```

```
                            //人力资源检查各分公司考勤
                            hr.check(eb);
                            hr.check(cb);
                            continue;
                        }else if(tag ==3) {
                            BranchOffice bo;
                            System.out.println("请输入要更新的分公司名称");
                            String name = input.next();
                            bo = hr.changeInfo(name);        //更新分公司信息方法
                            bo.attendance();                 //调用该分公司考勤的方法
                        }else if(tag == 4) {
                            System.out.print("谢谢使用！");
                            break;
                        }else {
                            System.out.print("输入错误！");
                            break;
                        }
                    }
                }
            }
```

示例解析：在示例 9 的 HRDepartment 类中，changeInfo(String type)根据不同类型进行相应的处理，并将处理后的子类对象赋值给父类对象，方法的返回值是父类，而不是具体的子类，也是向上转型实现多态的形式。

本 章 小 结

（1）继承表达的是"is a"的关系，或者说是特殊和一般的关系，在面向对象编程语言中，当一个类继承另一个类时，将拥有它继承类的所有公有成员和受保护成员，被继承的类称为父类或基类，新的类称为子类或派生类，继承最基本的作用就是使得代码可重用，降低冗余，提升开发效率。

（2）Java 中只支持单继承，即每个类只能有一个直接父类，使用 extends 关键字实现继承。

（3）父类的方法是面向所有子类的，如果从父类继承的方法不能满足某个子类的需求，可以在子类中对父类的同名方法进行重写（覆盖），以符合需求。

（4）super 代表对当前对象的直接父类对象的默认引用。在子类中可以通过 super 关键字来访问父类的成员。

（5）Java 中被 abstract 关键字修饰的类称为抽象类，抽象类不能实例化，即不能用 new 来实例化抽象类，抽象类只能用来被继承。

（6）被 abstract 关键字修饰的方法为抽象方法，子类必须要重写该方法。抽象方法没有方法体，只有声明，抽象方法定义的是一种"规范"，就是告诉子类必须要给抽象方法提供具体的实现，含有抽象方法的类必须是抽象类。

（7）被 final 修饰的类不能再次被继承，被 final 修饰的方法不能再次被重写，被 final 修饰的变量不能再次被赋值。

（8）abstract 不能和 private 同时修饰一个方法，abstract 不能和 static 同时修饰一个方法，abstract 不能和 final 同时修饰一个方法或类。

（9）多态是指一个特定类型的变量可以引用不同类型的对象，并且能自动调用引用的对象的方法，也就是根据作用到的不同对象类型，响应不同的操作，方法重写是实现多态的基础。

（10）将一个父类的引用指向一个子类对象，称为向上转型；将父类类型转换为子类类型，称为向下转型。

（11）Java 中提供了 instanceof 运算符来进行类型的判断，instanceof 通常和强制类型转换结合使用，在使用时，对象的类型必须和 instanceof 后面的参数所指定的类在继承上有上下级关系，否则会出现编译错误。

（12）Java 中实现和使用多态常用的方法有使用父类作为方法的形参实现多态和使用父类作为方法返回值实现多态。

本 章 习 题

实践项目

1．某公司要开发一个自助打印系统，该系统要求根据用户需求可以使用激光打印机、喷墨打印机和针式打印机完成打印。执行效果如图 8.14 所示。

```
------------------------------------欢迎使用自助打印系统----------------------------
请输入数字选择自助打印系统功能：
1为查看打印机使用说明，2为使用激光打印机，3为使用喷墨打印机，4为使用针式打印机，5为退出系统
1
打印机使用说明
--打印普通文件，请使用激光打印机
--打印照片及高保真图片，请使用喷墨打印机
--打印票据等，请使用针式打印机
1为查看打印机使用说明，2为使用激光打印机，3为使用喷墨打印机，4为使用针式打印机，5为退出系统
2
欢迎使用激光打印机！
1为查看打印机使用说明，2为使用激光打印机，3为使用喷墨打印机，4为使用针式打印机，5为退出系统
3
欢迎使用喷墨打印机！
1为查看打印机使用说明，2为使用激光打印机，3为使用喷墨打印机，4为使用针式打印机，5为退出系统
4
欢迎使用针式打印机！
1为查看打印机使用说明，2为使用激光打印机，3为使用喷墨打印机，4为使用针式打印机，5为退出系统
5
谢谢使用！
```

图 8.14　实践项目 1 效果

实现步骤：

（1）创建打印机类 Printer，定义抽象方法 print()。

（2）创建三个子类，即针式打印机类 DotMatrixPrinter、喷墨打印机类 InkpetPrinter 和激光打印机 LaserPrinter，并在各自类中重写方法 print()。

（3）编写测试类，使用 while 循环，根据用户输入，实现自助打印系统功能。

2．开发一个宠物管理系统，可以查看宠物的基本信息、领养宠物，在领养宠物后输出宠物喜欢吃的食物。执行效果如图 8.15 所示。

```
-----------------宠物管理系统-----------------
请输入系统功能，1为查看宠物信息，2为领养宠物，3为退出系统:1
我的名字是：旺财
小狗旺财的品种是：金毛

我的名字是：多多
小猫多多的颜色是：白色

我的名字是：球球
小兔球球的喜好是：安静
-----------------------------------------------------------------
请输入系统功能，1为查看宠物信息，2为领养宠物，3为退出系统:2
请输入您要领养的宠物，1为小狗，2为小猫，3为小兔子: 3
领养成功！
谢谢主人，球球喜欢吃胡萝卜！
-----------------------------------------------------------------
请输入系统功能，1为查看宠物信息，2为领养宠物，3为退出系统:3
谢谢使用，退出系统
```

图 8.15　宠物管理系统

实现步骤：

（1）创建父类 Pet，该类为抽象类，定义私有成员属性 name（昵称），并配置 getter/setter 方法。声明无参抽象方法，负责输出宠物喜欢的食物。定义无参构造方法 Pet() 和有参构造方法 Pet(String name)。在 Pet 类中定义无返回值的成员方法 showInfo() 用于输出宠物的昵称。

（2）分别创建 Cat 类、Dog 类和 Rabbit 类三个子类，都继承自 Pet 类。在 Cat 类中定义成员属性 color（颜色），在 Dog 类中定义成员属性 strain（品种），在 Rabbit 类中定义成员属性 hobby（喜好），并分别为成员属性配置 getter/setter 方法。

（3）为 Cat 类定义有参构造方法 Cat(String name,String color)，为 Dog 类定义有参构造方法 Dog(String name,String strain)，为 Rabbit 类定义有参构造方法 Rabbit(String name, String hobby)，在各自的构造方法中调用父类的构造方法。

（4）在 Cat 类、Dog 类、Rabbit 类中重写父类的 showInfo() 方法，在 showInfo() 中，首先调用父类的 showInfo() 方法输出昵称，然后再输出各自的特性，如颜色、品种和喜好。

（5）在 Cat 类、Dog 类、Rabbit 类中分别实现父类的抽象方法 eat()，在方法中输出各自喜欢吃的食物。如："谢谢主人，XX 喜欢吃胡萝卜！"（其中 XX 为宠物小兔的昵称）。

（6）创建主人类 Master，定义私有成员属性 name（昵称），并配置 getter/setter 方法。创建有参抽象方法 Master(String name)。在 Master 类中添加主人领养宠物的方法 getPet(int typeId)，方法的返回值是 Pet，该方法通过父类作为方法返回值实现多态，方法体中根据 typeId 选择要实例化的子类，并赋值给 Pet 对象。在 Master 类中添加主人喂养宠物的方法 feet(Pet pet)，该方法通过父类作为方法形参实现多态，在方法体中对它使用 pet.eat() 调用各对象的 eat() 方法。

（7）创建 Test 类，在 Test 类中输出系统名称，使用 while(true){} 循环实现系统运行，根据用户输入的功能数字进入不同程序分支。需要注意使用 continue 关键字和 break 关键字控制程序执行流程。

古风·其一

黄河走东溟，白日落西海。

逝川与流光，飘忽不相待。

——[唐]　李白

第 9 章　接　口

本章导读

在生活中，接口是一套被规范的标准，满足这个规范就可以将各设备组装到一起，从而实现设备的功能。例如常见的 USB 接口实际上是制定的一种约定或标准，规定了接口的大小、形状、各引脚信号的范围和含义、通信速度、通信流程等，凡是遵守并实现了 USB 接口的设备都可以连接起来，如 U 盘、USB 键盘、USB 音响、USB 移动硬盘、USB 风扇等。再比如国家制定了插排的标准，无论是哪个厂家，凡是符合这个标准的插排和电器设备都可以连接使用。

Java 中接口的作用和生活中的接口类似，它提供一种约定，使得实现接口的类（或结构）在形式上保持一致。本章将重点学习接口的定义和使用，接口的特点等知识。

思维导图

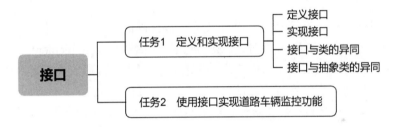

本章预习

预习本章内容，在作业本上完成以下简答题。

（1）如何定义接口？

（2）接口的特点有哪些？

（3）类和接口的关系是什么？

（4）抽象类与接口的区别是什么？

任务 1　定义和实现接口

1. 定义接口

在软件中，接口是一种规范和标准，可以约束类的行为，是一些方法特征的集合，但是没有方法的实现。Java 中使用 interface 关键字定义接口语法如下：

```
[修饰符] interface 接口名 extends 父接口 1,父接口 2,…{
    //常量定义
    //方法定义
}
```

在语法中：

- 接口的命名规则与类相同。如果使用 public 修饰符修饰，则该接口在整个项目中可见；如果省略修饰符，则该接口只在当前包可见。
- 在接口中可以定义常量，但不能定义变量。接口中的属性都会自动用 public static final 修饰，即接口中的属性都是全局静态常量，且必须在定义时指定初始值。如：public static final SCHOOL_NAME = "北京大学";。
- 接口中所有方法都是抽象方法。接口中的方法都会自动用 public abstract 修饰，即接口中只有全局抽象方法。
- 和抽象类一样，接口也不能实例化，接口中不能有构造方法。
- 接口之间可以通过 extends 实现继承关系，一个接口可以继承多个接口，但接口不能继承类。

2. 实现接口

接口要使用必须通过类来实现，类通过 implements 关键字实现接口，实现接口的语法如下：

```
class 类名 extends 父类名 implements 接口1,接口2,…{
    //类成员
}
```

在语法中：

- 一个类只能有一个直接父类，但可以通过 implements 实现多个接口。当类在继承父类的同时又实现了多个接口时，extends 关键字必须位于 implements 关键字之前。
- 实现接口的类必须实现接口中定义的所有抽象方法，否则必须定义为抽象类。
- 接口的实现类允许包含普通方法。

示例 1：使用接口开发 OA 管理系统。为某高校开发一个 OA 管理系统，员工包含教师和行政管理人员，要求可以输出员工信息，根据教师学历和行政人员工作经验确定是否可以入职，入职的教职工具有开始教学的方法，行政人员具有开始工作的方法，执行效果图如 9.1 所示。

```
学校：北京大学，姓名：赵冬燕，年龄：25，学历：博士，岗位：讲师
赵冬燕老师，您将承担：计算机科学与技术专业--Java程序设计课程的教学
-------------------------------------------------
学校：北京大学，姓名：廖华秀，年龄：31，学历：本科，岗位：财务
廖华秀同志，您的岗位是：财务
```

图 9.1　示例 1 效果图

实现步骤：

（1）创建员工类 Staff，包含私有的属性 name（姓名）、age（年龄）、education（学历）、post（岗位）。为各属性设置 getter/setter 方法。为 Staff 类定义有参构造方法 Staff(String name)。为 Staff 类定义无返回值抽象方法 print()。

```
/** 员工类，是教师、行政人员的父类*/
public abstract class Staff {
    private String name ;          //姓名
    private int age;               //年龄
    private String education;      //学历
```

```
    private String post;                //岗位
    /**
     * 有参构造方法
     */
    public Staff(String name) {
        this.setName(name);
    }
    /**
     * 抽象方法，输出员工信息
     */
    public abstract void print();
    //省略私有属性 id 和 name 的 getter/setter 方法
}
```

（2）定义入职接口 Entry，在该接口中定义常量 SCHOOL_NAME，并赋值为"北京大学"。为 Entry 接口定义返回值为 boolean 类型的 dealEntry()方法，用于处理员工入职。

```
/**入职接口 */
public interface Entry {
    public static final String SCHOOL_NAME = "北京大学";

    /**办理入职*/
    public boolean dealEntry();
}
```

（3）定义 Teach 接口，用于描述老师教学的标准，接口中定义无返回值的 beginTeach（）方法。

```
/** 教学接口  */
public interface Teach {
    /** 开始教学  */
    public void beginTeach ();
}
```

（4）编写 Work 接口，用于描述行政人员工作的标准，接口中定义无返回值的 beginWork()方法。

```
/** 办公接口 */
public interface Work{
    /** 开始办公*/
    public void beginWork();
}
```

（5）创建教师类 Teacher，继承自员工类 Staff，并实现 Entry 和 Teach 接口。在 Teacher 类中定义私有属性 speciality（专业）和 course（课程）。并为其配置 getter/setter 方法，为 Teacher 类创建有参构造方法 Teacher(String name)。实现父类的 print()抽象方法，在该方法中输出如图 9.1 所示的教师信息。实现 Entry 接口中的 dealEntry()方法，在该方法中判断教师的学历是否是"博士"，如果是返回 true，否则返回 false。实现 Teach 接口中的 beginTeach()方法，在该方法中输出教师的专业和课程信息。

```
/**教师类，员工类的子类*/
public class Teacher extends Staff implements Entry, Teach {
```

```java
    private String speciality;      //专业
    private String course;          //课程
    /** 有参构造方法 */
    public Teacher(String name) {
        super(name);
    }
    //省略私有属性的 getter/setter 方法
    /**实现父类的 print()方法*/
    public void print() {
        System.out.println("学校:" + SCHOOL_NAME
                        +", 姓名: " + this.getName()
                        +", 年龄: " + this.getAge()
                        +", 学历: " + this.getEducation()
                        +", 岗位: " + this.getPost());
    }

    /**实现 Teach 接口的 beginTeach()方法*/
    @Override
    public void beginTeach() {
        System.out.println(this.getName()+"老师,您将承担: "+this.speciality+"专业--"+this.course+"课
程的教学");
    }

    /**实现 Entry 接口的 dealEntry()方法*/
    @Override
    public boolean dealEntry() {
        if(this.getEducation().equals("博士")) {
            return true;
        }else {
            return false;
        }
    }
}
```

（6）创建行政人员类 Administration，继承自员工类 Staff，并实现 Entry 和 Work 接口。在 Administration 类中定义私有属性 experience（经验），并为其配置 getter/setter 方法，为 Administration 类创建有参构造方法 Administration(String name)。实现父类的 print()抽象方法，在该方法中输出如图 9.1 所示的行政人员信息。实现 Entry 接口中的 dealEntry()方法，在该方法中判断行政人员的工作经验是否大于 3 年，如果是返回 true，否则返回 false。实现 Work 接口中的 beginWork()方法，在该方法中输出姓名和岗位信息。

```java
/**行政人员类，Staff 类的子类 */
public class Administration extends Staff implements Entry, Work {
    private int experience;    //工作经验
    /**有参构造方法*/
    public Administration(String name) {
        super(name);
```

```
        }
        //省略私有属性 id 和 name 的 getter/setter 方法
        /**实现父类的抽象方法*/
        public void print() {
            System.out.println("学校："+ SCHOOL_NAME
                            + "，姓名："+this.getName()
                            + "，年龄："+this.getAge()
                            + "，学历："+this.getEducation()
                            + "，岗位："+this.getPost());
        }
        /**实现 Work 接口的 beginWork()方法*/
        @Override
        public void beginWork() {
            System.out.println(this.getName()+"同志,您的岗位是："+this.getPost());
        }
        /**实现 Entry 接口的 dealEntry()方法*/
        @Override
        public boolean dealEntry() {
            if(this.experience >3) {
                return true;
            }else {
                return false;
            }
        }
    }
```

示例解析：在示例 1 中，员工类 Staff 的子类 Teacher 实现了 Entry 接口和 Teach 接口，实现了入职和教学功能。同理，子类 Administration 类实现了 Entry 接口和 Work 接口，实现了入职和工作描述功能。示例 1 体现了面向接口编程的思想，接口和抽象类是实现多态的两种重要方式，接口不仅弥补了 Java 只支持单继承的缺点，还有利于代码的扩展和维护。

3. 接口与类的异同

接口与类的相似性：

● 一个接口可以有多个方法。

● 接口文件保存在.java 文件中，接口的字节码文件保存在.class 文件中。

接口与类的区别：

● 接口不能用于实例化对象。

● 接口没有构造方法。

● 接口中所有的方法必须是抽象方法或使用 default 关键字修饰的非抽象方法。

● 接口不能包含成员变量，成员变量默认会被 public static final 修饰为常量。

● 类是单继承，而接口支持多继承。

● 类实现了接口，必须实现接口中声明的所有方法。

4. 接口与抽象类的异同

● 抽象类中的成员变量可以是各种类型的，但是接口中的变量会被隐式地指定为 public static final 常量。

- 抽象类可以包含抽象方法和普通方法，但接口中的所有方法都会被隐式地指定为 public abstract。
- 抽象类中的非抽象方法可以有方法体，但接口中的所有方法是不能在接口中实现的，只能由实现接口的类来实现接口中的方法。
- 抽象类是可以有静态代码块和静态方法的，而接口中不能含有静态代码块和静态方法（用 static 修饰的方法）。
- 一个类只能继承一个抽象类，而一个类却可以实现多个接口。

任务 2　使用接口实现道路车辆监控功能

示例 2：要求实现道路车辆监控功能，效果如图 9.2 所示。

车牌号为：京A 1234的小汽车在高速公路上行驶。
道路限速：120，当前时速130公里/小时，车辆超速！

车牌号为：京B 5678的大卡车在二级公路上行驶。
道路限速：60，当前时速55公里/小时，车辆未超速！

图 9.2　示例 2 效果图

需求分析：要监控的汽车可能是小汽车，也可能是大货车，行驶的公路可能是高速公路，也可能是城市道路，监控系统提供商如何确定车辆及行驶速度与标准不符呢？有效解决该问题的途径是制定车辆和道路的标准，然后监控系统对车型和道路进行监测，无论什么类型的车辆、行驶的是什么道路，只要符合统一的约定，就符合行驶标准。

实现步骤：

（1）定义车辆接口 Vehicle，约定车辆的类型。

```java
/**车辆接口*/
public interface Vehicle {
    /**
     * 得到车辆类型
     * @return 车辆类型
     */
    public String getType();
}
```

（2）定义道路接口 Road，约定道路等级。

```java
/**道路接口*/
public interface Road {
    /**
     * 得到道路等级
     * @return 道路等级
     */
    public String getClassified();
}
```

（3）定义监控类 Monitor，以车辆接口、道路接口为成员属性，并配置 setter 方法。定义

printInfo()方法用于输出车辆行驶信息，定义 checkSpeed(int speed,int speed_limit)方法判断车辆
是否超速，参数为当前速度 speed 和道路限速 speed_limit，返回值是 String 类型。

```java
/**监控类*/
public class Monitor {
        private Vehicle vehicle;        //车辆类型
        private Road road;              //道路等级

        //省略私有属性的 getter/setter 方法
        /**
         * 输出车辆及道路信息
         */
        public void printInfo(){
                System.out.println(vehicle.getType()+"在"+road.getClassified()+"上行驶。");

        }
        //判断车辆是否超速
        public String checkSpeed(int speed,int speed_limit) {
                if(speed > speed_limit) {
                        return    ("道路限速："+speed_limit+"，当前时速"+speed+"公里/小时,车辆超速！");

                }else {
                        return ("道路限速："+speed_limit+"，当前时速"+speed+"公里/小时,车辆未超速！");
                }
        }
}
```

（4）定义汽车类 Autocar，作为汽车类和大货车类的父类，定义属性 license（车牌），speed
（当前速度），并配置 getter/setter 方法。

```java
/**车辆类，小汽车和大货车的父类*/
public class Autocar {
        private String license;        //车牌
        private int speed;             //当前车速
        //省略私有属性的 getter/setter 方法

}
```

（5）继承 Autocar 类，定义小汽车类 Car，实现 Vehicle 接口的 getType()方法。

```java
/**小汽车类*/
public class Car extends Autocar implements Vehicle{
        @Override
        public String getType() {
                return "车牌号为："+ this.getLicense()+"的小汽车";
        }
}
```

（6）继承 Autocar 类，定义大货车类 Truck，实现 Vehicle 接口的 getType()方法。

```java
/**大货车类*/
public class Truck extends Autocar implements Vehicle {
        @Override
        public String getType() {
```

```
            return "车牌号为：" + this.getLicense()+"的大卡车";
        }
    }
```

（7）定义道路类 Way，作为高速公路类和公路类的父类，定义成员属性 speed_limit（限速），并为其配置 getter/setter 方法。

```
/**父类，子类为高速公路 Expressway 和公路 Highway*/
public class Way {
    private int speed_limit;    //限速
    //省略私有属性的 getter/setter 方法
}
```

（8）继承 Way 类，创建高速公路类 Expressway, 并实现 Road 接口的 getClassified()方法。

```
/**高速公路类，道路 Way 的子类*/
public class Expressway extends Way implements Road{
    @Override
    public String getClassified() {
        return "高速公路";
    }
}
```

（9）继承 Way 类，创建公路类 Highway，并实现 Road 接口的 getClassified()方法。

```
/**公路类，道路 Way 的子类*/
public class Highway extends Way implements Road {
    @Override
    public String getClassified() {
        return "二级公路";
    }
}
```

（10）创建测试类 Test，创建 Car 对象、Truck 对象、Expressway 对象、Highway 对象，并分别给属性赋值。创建监控类 Monitor 的对象，传递参数并调整 printInfo()方法输出车辆行驶信息，并判断车辆速度是否大于公路限速，如果大于则提示超速，否则提示没有超速。

```
/**测试类*/
public class Test {
    public static void main(String[] args) {
        Car car = new Car();                     //创建小汽车对象
        car.setLicense("京 A 1234");
        car.setSpeed(130);
        Truck truck = new Truck();               //创建大货车对象
        truck.setLicense("京 B 5678");
        truck.setSpeed(55);
        Expressway exway = new Expressway();     //创建高速公路对象
        exway.setSpeed_limit(120);
        Highway hway = new Highway();            //创建普通公路对象
        hway.setSpeed_limit(60);
        Monitor monitor = new Monitor();
        monitor.setVehicle(car);
        monitor.setRoad(exway);
```

```
        monitor.printInfo();                              //输出小汽车行驶信息
        //判断小汽车是否超速
        String car_result = monitor.checkSpeed(car.getSpeed(), exway.getSpeed_limit());
        System.out.println(car_result);
        System.out.println("--------------------------------------");
        monitor.setVehicle(truck);
        monitor.setRoad(hway);
        monitor.printInfo();                              //输出卡车行驶信息
        //判断大卡车是否超速
        String truck_result = monitor.checkSpeed(truck.getSpeed(), hway.getSpeed_limit());
        System.out.println(truck_result);
    }
}
```

示例解析：在示例 9.2 中，监控类要实现监控功能需要明确两个核心参数，一个是车辆类型，一个是道路类型，不同车辆在不同的道路上行驶有不同的限制，所以将车辆和道路定义为接口，并将其作为监控类的属性，凡是符合车辆接口约定和道路接口约定的对象监控类 Monitor 都可以接收，即便系统后续再增加对摩托车、城市道路的监控，监控类 Monitor 依然可以接收而不需做任何改变，可见程序的扩展性很强。

从示例 9.1 和 9.2 可以得出，接口体现了约定和实现相分离的原则，通过面向接口编程，可以降低代码间的耦合性，提高代码的可扩展性和可维护性。

本 章 小 结

（1）接口是一种规范和标准，可以约束类的行为，是一些方法特征的集合，但是没有方法的实现。Java 中使用 interface 关键字定义接口。

（2）接口的命名规则与类相同，如果使用 public 修饰符修饰，则该接口在整个项目中可见；如果省略修饰符，则该接口只在当前包中可见。

（3）在接口中可以定义常量，但不能定义变量。接口中的属性都会自动用 public static final 修饰，即接口中的属性都是全局静态常量，且必须在定义时指定初始值。

（4）接口中所有方法都是抽象方法。接口中的方法都会自动用 public abstract 修饰，即接口中只有全局抽象方法。

（5）和抽象类一样，接口也不能实例化，接口中不能有构造方法。

（6）接口之间可以通过 extends 实现继承关系，一个接口可以继承多个接口，但接口不能继承类。Java 中只支持单继承，即每个类只能有一个直接父类，使用 extends 关键字实现继承。

（7）接口要使用必须通过类来实现，类通过 implements 关键字实现接口。

（8）一个类只能有一个直接父类，但可以通过 implements 实现多个接口。当类在继承父类的同时又实现了多个接口时，extends 关键字必须位于 implements 关键字之前。

（9）实现接口的类必须实现接口中定义的所有抽象方法，否则必须定义为抽象类。

（10）接口体现了约定和实现相分离的原则，通过面向接口编程，可以降低代码间的耦合性，提高代码的可扩展性和可维护性。

本 章 习 题

实践项目

1. 使用接口开发赛事管理功能，执行效果如图 9.3 所示。

```
请输入比赛名称：
全国大学生篮球赛
请输入球队名称：
烟台黄金男子篮球队
请输入团队人数：
10
请输入比赛结果：
获得胜利！
烟台黄金男子篮球队10人参加全国大学生篮球赛
获得胜利！
```

图 9.3　实践项目 1 效果

实现步骤：

（1）创建运动员接口 Jock，声明 joinSports(String competition)方法，功能：参加比赛。

（2）创建赛事接口 Match，声明 printResult(String result)方法，功能：输出比赛结果。

（3）创建参赛队类 Team，实现 Match 和 Jock 接口，定义 name（队名）和 number（人数）属性，并配置 getter/setter 方法，实现接口的方法。

（4）编写测试类，创建 Team 对象，提示用户输入赛事相关信息和比赛结果，输出参赛信息和比赛结果。

2. 开发图书管理系统，效果如图 9.4 所示。

```
书名：平凡的世界，作者路遥，类型现实主义小说，价格65.0
购买100本！
借出20本！
还回10本！
************************************
书名：岳飞传，作者：邓广铭，价格68.0，年代南宋
购买20本！
借出15本！
还回10本！
```

图 9.4　实践项目 2 效果

实现步骤：

（1）创建接口 Buyable、Borrowable、Backable，分别包含 buy()、borrow()、back()方法。其中 Borrowable 接口继承自 Buyable 接口。

（2）创建父类 Book，定义私有成员属性 name（书名）、author（作者）、price（价格）并配置 getter/setter 方法。声明有参抽象方法 Book(String name)，并声明抽象方法 printInfo()，用于输出图书信息。

（3）分别创建 Novel 类和 Biography 类，都继承自 Book 类，并实现了 Borrowable 接口和 Backable 接口。在 Cat 类中定义成员属性 type（小说类型），在 Biography 类中定义成员属性 time（年代），并分别为成员属性配置 getter/setter 方法。

（4）为 Novel 类定义有参构造方法 Novel(String name, String type)，为 Biography 类定义有参构造方法 Biography(String name, String time)，在各自的构造方法中调用父类的构造方法。

（5）在 Novel 类和 Biography 类中重写父类的 printInfo()方法，输出图书信息，并实现接口中的 buy()、borrow()、back()方法。

（6）创建 Test 类，在 Test 类中分别创建 Novel 对象和 Biography 对象，对对象属性赋值，并调用 printInfo()方法输出图书信息，调用 buy()方法输出购买图书信息，调用 borrow()方法输出借阅信息，调用 back()方法输出还书信息。

青年处于人生积累阶段，需要像海绵汲水一样汲取知识。广大青年抓学习，既要惜时如金、孜孜不倦，下一番心无旁骛、静谧自怡的功夫，又要突出主干、择其精要，努力做到又博又专、愈博愈专。特别是要克服浮躁之气，静下来多读经典，多知其所以然。

——2017 年 5 月 3 日，习近平总书记在中国政法大学考察时的讲话

第10章　异常与程序调试

本章导读

在生活中，异常（exception）随时都可能发生，例如要举行的运动会突然因下雨被迫中止，正在工作突然停电等，并不是所有的事情都会按我们规划的路径去执行。在程序中也会出现这样那样的异常，例如正在上传数据时网络突然中断，正在播放视频突然来了电话，要读取的文件不存在等，在开发程序时，工程师要预知一些可能存在的风险，并采用相应的异常处理机制来处理这些异常。通过异常处理机制可以使程序中的业务代码与异常处理代码分离，从而使代码更加优雅、更加健壮，使程序员更专心于业务代码的编写。

本章重点讲解 Java 中的异常、使用 try-catch-finally 处理异常、使用 throw、throws 抛出异常、使用断点调试程序。

思维导图

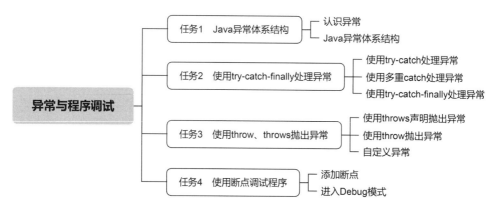

本章预习

预习本章内容，在作业本上完成以下简答题。

（1）什么是异常？

（2）如何使用 try-catch-finally 捕获处理异常？

（3）使用关键字 throw 和 throws 抛出异常的区别是什么？

（4）程序调试时如何添加断点？

任务1　Java 异常体系结构

1. 认识异常

在软件开发中，异常就是在程序的运行过程中所发生的不正常事件，以至于程序不能按照预先设计的逻辑继续执行下去，异常会中断正在运行的程序。

示例 1：编写一个小程序，用于求两个数相除的商。

实现代码：

```
package chapter10_example1;
import java.util.Scanner;
public class ExceptionTest {
    public static void main(String[] args) {
        Scanner input = new Scanner(System.in);
        System.out.print("请输入被除数：");
        int success = incput.nextInt();
        System.out.print("请输入除数：");
        int total = input.nextInt();
        System.out.print(success+"/" + total+"="+success/total);
    }
}
```

运行程序，执行结果如图 10.1 所示。

```
请输入被除数：50
请输入除数：10
50/10=5
```

图 10.1　计算两个正整数的商

从程序执行效果来看达到了预期，但这个程序是不健壮的，如果用户在输入的时候输入的不是数字，就会出现 InputMismatchException（输入不匹配异常），如图 10.2 所示。

```
请输入被除数：a
Exception in thread "main" java.util.InputMismatchException
        at java.base/java.util.Scanner.throwFor(Scanner.java:947)
        at java.base/java.util.Scanner.next(Scanner.java:1602)
        at java.base/java.util.Scanner.nextInt(Scanner.java:2267)
        at java.base/java.util.Scanner.nextInt(Scanner.java:2221)
        at chapter10_example1.ExceptionTest.main(ExceptionTest.java:10)
```

图 10.2　输入不匹配异常

从示例 1 可以看出，程序在运行过程中可能会遇到各种情况，作为开发者要尽可能考虑严谨，针对一些潜在的风险使用异常机制来处理，一旦发生意外能给出相应的提示，并确保程序不会崩溃。

2．Java 异常体系结构

异常在 Java 中被封装成了各种异常类，Java 的异常体系结构如图 10.3 所示。

在 Java 中，所有异常类都是 Throwable 类的子类，它派生出两个子类：Error 类和 Exception 类。

（1）Error 类：Error 及其子类表示运行应用程序时出现了程序无法处理的严重的错误。Error 错误一般表示代码运行时 JVM（Java 虚拟机）出现问题，例如：Virual MachineError（虚拟机运行错误）、NoClassDefFoundError（类定义错误）、OutOfMemoryError（内存不足错误）等，应用程序不应该去处理此类错误，当此类错误发生时，应尽力使程序安全退出，JVM 也将终止线程。

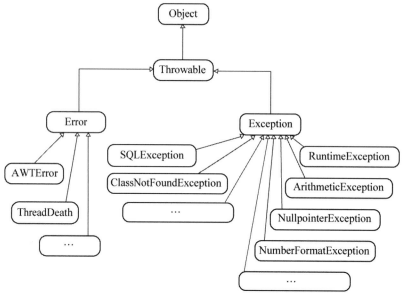

图 10.3　Java 的异常体系结构

（2）Exception 类：Exception 是其他因编译错误和偶然的外在因素导致的一般性问题，例如算术运算出错、试图读取不存在的文件、网络连接中断等，可以使用针对性的代码进行处理。

Exception 分为运行时异常和编译时异常两大类。

- 运行时异常：一般是指编程时的逻辑错误，iava.lang.RuntimeException 类及它的子类都是运行时异常。对于这类异常编译器检查不出来，也不要求程序必须对它们做出处理，因为这类异常很普遍，全部处理会影响程序的可读性和可维护性。

- 编译时异常：通常指除了运行时异常外的其他由 Exception 继承来的异常类。程序必须捕获或者声明抛出这种异常，否则会出现编译错误，无法通过编译。

表 10.1 列出了一些 Java 中常见的异常类。读者只需初步了解这些异常类即可。在实际编程中，当出现异常时可以观察系统报告的异常信息，根据异常类来判断程序到底出现了什么问题。

表 10.1　Java 常见的异常类

异常	说明
Exception	异常层次结构的根类
NullPointerException	空指针异常
ArithmeticException	数学运算异常，如以零作为除数
ArrayIndexOutOfBoundsException	数组下标越界异常
ClassNotFoundException	类型转换异常
InputMismatchException	输入不匹配异常
IllegalArgumentException	非法参数异常
ClassCastException	对象强制类型转换异常
NumberFormatException	数字格式转换异常，如把字符串转换成数字

异常处理机制就像生活中对可能会出现的意外情况制定预案一样，在程序执行时，如果发生了异常，程序会按照预定的处理方法对异常进行处理，异常处理完毕之后，程序继续运行。异常处理方式包括两种：一是使用 try-catch-final 在当前位置捕获并处理异常；二是使用 throw 或 throws 声明抛出异常，交给上一级调用方法处理。

任务 2　使用 try–catch–finally 处理异常

1. 使用 try-catch 处理异常

Java 中提供了 try-catch 结构进行异常捕获和处理，把可能出现异常的代码放入 try 语句块中，并使用 catch 语句块捕获异常。语法结构为：

```
try{
    //可能出现异常的代码块
}catch(要捕获的异常){
    //异常出现后要执行的代码块
}
```

示例 2：使用 try-catch 结构对示例 1 的异常进行处理。

实现代码：

```
package chapter10_example2;
import java.util.InputMismatchException;
import java.util.Scanner;
public class TryCatchTest {
    public static void main(String[] args) {
        try {
            Scanner input = new Scanner(System.in);
            System.out.print("请输入被除数：");
            int success = input.nextInt();
            System.out.print("请输入除数：");
            int total = input.nextInt();
            System.out.print(success+"/" + total+"="+success/total);
        }catch(InputMismatchException e) {
            System.out.println("您输入的不是正整数！");
            e.printStackTrace();
        }
    }
}
```

示例解析：在示例 2 中，将可能出现异常的代码放在了 try 语句块中，在 catch 语句块中捕获了 InputMismatchException 异常。程序首先执行的是 try 语句块中的语句，有以下 3 种情况。

（1）如果用户正常输入两个正整数，try 块中所有语句正常执行完毕，没有发生异常，则 catch 块中的所有语句都将会被忽略。运行结果如图 10.4 所示。

```
请输入被除数：100
请输入除数：5
100/5=20
```

图 10.4　程序正常运行，没有异常的情况

（2）如果 try 语句块在执行过程中遇到异常，并且这个异常与 catch 中声明的异常类型相匹配，那么在 try 块中其余剩下的代码都将被忽略，而相应的 catch 块将会被执行。匹配是指 catch 所处理的异常类型与所生成的异常类型完全一致或是它的父类。当在控制台提示输入除数时输入了"a"，示例 2 中 try 语句块中的代码"int success = input.nextInt();"语句将抛出 InputMismatchException 异常。由于 InputMismatchException 已经被 catch 代码块捕获，程序将忽略 try 块中剩下的代码而去执行 catch 语句块。运行结果如图 10.5 所示。

```
请输入被除数：a
您输入的不是正整数！
java.util.InputMismatchException
        at java.base/java.util.Scanner.throwFor(Scanner.java:947)
        at java.base/java.util.Scanner.next(Scanner.java:1602)
        at java.base/java.util.Scanner.nextInt(Scanner.java:2267)
        at java.base/java.util.Scanner.nextInt(Scanner.java:2221)
        at chapter10_example2.TryCatchTest.main(TryCatchTest.java:12)
```

图 10.5　使用 try-catch 处理输入不匹配异常

如示例 3 所示，在 catch 块中可以加入用户自定义处理信息，也可以使用调用异常对象的方法输出异常信息，常用的方法主要有以下两种。

printStackTrace()方法用于输出异常的堆栈信息。该方法会从异常发生的位置开始，沿着方法调用栈向上回溯，将每个方法调用的信息打印出来，包括方法所在的类名、方法名、文件名及行号等，从而帮助开发者快速定位异常发生的位置和原因，如图 10.5 所示。该例中 java.util.Scanner 类中的 throwFor()方法是异常抛出处，而 Test3 类中的 main()方法在最外层的方法调用处。

String getMessage()：返回异常信息描述字符串。该字符串描述异常产生的原因，是 printStackTrace()输出信息的一部分。

（3）如果 try 语句块在执行过程中遇到异常，而抛出的异常在 catch 块里面没有被声明，那么程序立刻退出，如图 10.6 所示，当除数为 0 时，会抛出 ArithmeticException 异常，而该异常并没有被 catch 代码块捕获，所以程序会终止退出。

```
请输入被除数：100
请输入除数：0
Exception in thread "main" java.lang.ArithmeticException: / by zero
        at chapter10_example2.TryCatchTest.main(TryCatchTest.java:17)
```

图 10.6　算术异常

2. 使用多重 catch 处理异常

开发中，一段代码可能会引发多种类型的异常，这时，可以在一个 try 语句块后面跟多个 catch 语句块，分别处理不同的异常。但排列顺序必须是从子类到父类，最后一个一般是 Exception 类。运行时，系统从上到下分别对每个 catch 语句块处理的异常类进行检测，并执行第一个与异常类匹配的 catch 语句。执行其中的一条 catch 语句之后，其后的 catch 语句将被忽略。例如：示例 2 中只捕获了 InputMismatchException 异常，但程序中还可能出现 ArithmeticException 异常，可以通过增加多个 catch 代码块的方式来处理多个异常。

示例 3：使用 try-catch 代码块捕获多个异常。

实现代码：

```
package chapter10_example3;
import java.util.InputMismatchException;
import java.util.Scanner;
public class TryCatchTest {
    public static void main(String[] args) {
        try {
            Scanner input = new Scanner(System.in);
            System.out.print("请输入被除数：");
            int success = input.nextInt();
            System.out.print("请输入除数：");
            int total = input.nextInt();
            System.out.print(success+"/" + total+"="+success/total);
        }catch(InputMismatchException e) {
            System.out.println("您输入的不是正整数！");
            e.printStackTrace();
        }catch(ArithmeticException e) {
            System.out.print("除数不能为 0！"+e.getMessage());
        }
    }
}
```

运行程序，执行结果如图 10.7 所示。

```
请输入被除数：100
请输入除数：5
100/5=20
```

```
请输入被除数：a
您输入的不是正整数!
java.util.InputMismatchException
        at java.base/java.util.Scanner.throwFor(Scanner.java:947)
        at java.base/java.util.Scanner.next(Scanner.java:1602)
        at java.base/java.util.Scanner.nextInt(Scanner.java:2267)
        at java.base/java.util.Scanner.nextInt(Scanner.java:2221)
        at chapter10_example3.TryCatchTest.main(TryCatchTest.java:13)
```

```
请输入被除数：100
请输入除数：0
被除数不能为0! / by zero
```

（a）正常运行　　　　　　　（b）输入不匹配异常　　　　　　（c）算术异常

图 10.7　try-catch 捕获多个异常

示例解析：在示例 3 中，使用两个 catch 语句块分别捕获了 InputMismatchException 异常和 ArithmeticException 异常，当 try 语句块中的代码出现相应异常时，程序会跳转到相应的 catch 语句块中执行异常处理语句。

如果要处理的异常比较多，过多的 catch 语句块会导致程序的可读性变差，可以通过捕获其父类 Exception 的方式来捕获所有异常。

示例 4：使用 try-catch 捕获 Exception 异常。

实现代码：

```
package chapter10_example4;
import java.util.Scanner;
public class TryCatchTest {
    public static void main(String[] args) {
        try {
```

```
                    Scanner input = new Scanner(System.in);
                    System.out.print("请输入被除数：");
                    int success = input.nextInt();
                    System.out.print("请输入除数：");
                    int total = input.nextInt();
                    System.out.print(success+"/" + total+"="+success/total);
                }catch(Exception e) {
                    e.printStackTrace();
                }
            }
        }
```

运行示例 4 代码，执行结果如图 10.8 所示。

```
请输入被除数：100
请输入除数：5
100/5=20
```

（a）正常运行

```
请输入被除数：a
java.util.InputMismatchException
        at java.base/java.util.Scanner.throwFor(Scanner.java:947)
        at java.base/java.util.Scanner.next(Scanner.java:1602)
        at java.base/java.util.Scanner.nextInt(Scanner.java:2267)
        at java.base/java.util.Scanner.nextInt(Scanner.java:2221)
        at chapter10_example4.TryCatchTest.main(TryCatchTest.java:9)
```

（b）出现输入不匹配异常

```
请输入被 除数：100
请输入除数：0
java.lang.ArithmeticException: / by zero
        at chapter10_example4.TryCatchTest.main(TryCatchTest.java:12)
```

（c）出现算术异常

图 10.8　通过 Exception 类捕获异常

示例解析：在示例 4 中，只使用了一个 catch 代码块，通过捕获 Exception 异常，实现了多个异常的捕获和处理，当 try 代码块中的程序出现异常时，都会进入 catch 代码块中去执行。

3. 使用 try-catch-finally 处理异常

在实际开发中，存在有些代码无论是否发生异常都需要执行的情形，比如关闭 I/O 流，关闭数据库连接等。这就需要在 try-catch 语句块后加上 finally 语句块，把需要执行的代码放入 finally 语句块中，无论是否发生异常，finally 语句块中的代码总能被执行，如示例 5 所示。

示例 5：使用 try-catch-finally 捕获异常。

实现代码：

```
package chapter10_example5;
import java.util.Scanner;
public class TryCatchFinallyTest {
    public static void main(String[] args) {
```

```
        try {
            Scanner input = new Scanner(System.in);
            System.out.print("请输入被除数：");
            int success = input.nextInt();
            System.out.print("请输入除数：");
            int total = input.nextInt();
            System.out.println(success+"/" + total+"="+success/total);
        }catch(Exception e) {
            e.printStackTrace();
        }finally {
            System.out.println("感谢使用，程序退出！");
        }
    }
}
```

运行示例 5 代码，执行结果如图 10.9 所示。

```
请输入被除数：100
请输入除数：5
100/5=20
感谢使用，程序退出！
```

（a）正常运行

```
请输入被 除数：a
java.util.InputMismatchException
感谢使用，程序退出！
        at java.base/java.util.Scanner.throwFor(Scanner.java:947)
        at java.base/java.util.Scanner.next(Scanner.java:1602)
        at java.base/java.util.Scanner.nextInt(Scanner.java:2267)
        at java.base/java.util.Scanner.nextInt(Scanner.java:2221)
        at chapter10_example5.TryCatchFinallyTest.main(TryCatchFinallyTest.java:11)
```

（b）出现输入不匹配异常

```
请输入被除数：100
请输入除数：0
java.lang.ArithmeticException: / by zero
        at chapter10_example5.TryCatchFinallyTest.main(TryCatchFinallyTest.java:14)
感谢使用，程序退出！
```

（c）出现算术异常

图 10.9　使用 try-catch-finally 处理异常

示例解析：在示例 5 中，程序的执行流程有以下两种。

（1）如果 try 语句块中所有语句正常执行完毕，那么 finally 语句块就会被执行。如图 10.9 中，当在控制台中输入两个正整数时，示例 5 中的 try 语句块中的代码将正常执行，输出了运行结果，而不会执行 catch 语句块中的代码，但是 finally 语句块中的代码被执行，输出了"感谢使用，程序退出！"。

（2）如果 try 语句块在执行过程中碰到异常，无论这种异常能否被 catch 语句块捕获到，都将执行 finally 语句块中的代码。如图 10.9 中，当在控制台输入字母"a"或输入的除数为 0 时，示例 5 中的 try 语句块中都抛出了异常，进入 catch 语句块，输出异常信息，finally 语句块中的代码也将被执行，输出了"感谢使用，程序退出！"。

任务 3　使用 throw、throws 抛出异常

1. 使用 throws 声明抛出异常

如果在一个方法体中可能会抛出异常，但又不想在该方法内处理，可以通过关键字 throws 声明该方法可能抛出的各种异常以通知方法的调用者。throws 可以同时声明多个异常，异常之间由逗号隔开。

示例 6：使用 throws 抛出异常。

实现代码：

```java
package chapter10_example6;
import java.util.InputMismatchException;
import java.util.Scanner;
public class ThrowsTest{
    public static void main(String[] args) {
        try {
            divide();   //调用方法
        }catch(Exception e) {
            e.printStackTrace();
        }finally {
            System.out.println("感谢使用，程序退出！");
        }
    }

    /**两个正整数相除求商*/
    public static void divide () throws Exception{
        Scanner input = new Scanner(System.in);
        System.out.print("请输入被除数：");
        int success = input.nextInt();
        System.out.print("请输入除数：");
        int total = input.nextInt();
        System.out.println(success+"/" + total+"="+success/total);
    }
}
```

运行程序，执行结果如图 10.9 所示，与示例 5 一致。

示例解析：在示例 6 中，把计算并输出商的功能封装在了 divide()方法中，并在方法的参数列表后通过 throws 关键字声明了 Exception 异常，当在 main()方法中调用 divide()方法时，main()方法就知道 divide()方法中抛出了异常，可以采用两种方式进行处理，一是通过 try-catch 捕获并处理异常，二是通过 throws 继续声明异常。如果调用者不知道如何处理该异常，可以继续通过 throws 声明异常，让上一级调用者处理异常。main()方法声明的异常将由 Java 虚拟机来处理。

在示例 6 的 divide()方法中，也可以使用具体的异常名声明抛出多个异常，在调用 divide()方法时就需要使用多个 catch 语句块分别捕获相应的异常去处理。在实际开发中，一般使用异常的父类 Exception 即可。

2. 使用 throw 抛出异常

在编程过程中，有些问题是系统无法自动发现并解决的，如年龄不在正常范围内、性别输入不是"男"或"女"等，此时就需要开发者自行抛出异常，把问题提交给调用者去解决。在 Java 语言中，可以使用 throw 关键字来自行抛出异常。

示例 7：使用 throw 关键字自行抛出异常。

```java
/**Student 类*/
package chapter10_example7;
public class Student {
    private String name;          //姓名
    private int age;              //年龄
    private String gender;        //性别
    /**设置姓名*/
    public void setName(String name) {
        this.name = name;
    }

    /**设置性别*/
    public void setGender(String gender) throws Exception{
        if("男".equals(gender)||"女".equals(gender))
            this.gender=gender;
        else{
            throw new Exception("性别必须是"男"或者"女"！");
        }
    }
    /**设置年龄*/
    public void setAge(int age) throws Exception {
        if(age >0 && age < 150) {
            this.age = age;
        }else {
            throw new Exception("年龄必须在 0～150 之内！");
        }
    }
    /**输出基本信息*/
    public void printInfo(){
```

```
                System.out.println(this.name+","+this.gender+","+this.age+"岁");
        }
    }
/**ThrowTest 类*/
package chapter10_example7;
public class ThrowTest {
    public static void main(String[] args) {
        Student student = new Student();
        student.setName("冬燕");          //设置姓名
        try {
            student.setAge(180);          //设置年龄
            student.setGender("女");       //设置性别
            student.printInfo();          //输出基本信息
        } catch (Exception e) {
            e.printStackTrace();
        }
    }
}
```

运行程序，执行结果如图 10.10 所示。

```
java.lang.Exception: 年龄必须在0～150之内!
        at chapter10_example7.Student.setAge(Student.java:28)
        at chapter10_example7.ThrowTest.main(ThrowTest.java:10)
```

图 10.10　使用 throw 抛出异常

示例解析：示例 7 中，在 Student 类的 setAge()方法和 setGender()方法中对参数进行了判断，在方法中无法解决参数问题，因此在方法内部通过 throw 抛出异常，把问题交给调用者去解决。在 ThrowTest 类中，当调用 setAge()方法和 setGender()方法时，编译器要求必须使用 try-catch 捕获异常。

从示例 6 和示例 7 可以看出，使用 throws 关键字声明抛出异常和使用 throw 关键字抛出异常具有以下区别。

（1）作用不同：throws 用于声明该方法内抛出了异常，而 throw 用于开发者自行产生并抛出异常。

（2）使用的位置不同：throws 必须跟在方法参数列表的后面，不能单独使用，而 throw 位于方法体内部，可以作为单独语句使用。

（3）内容不同：throws 后面跟异常类，且可以跟多个异常类，而 throw 抛出的是一个异常对象，且只能是一个。

3. 自定义异常

当 JDK 中的异常类型不能满足程序的需要时，开发者可以自定义异常类。使用自定义异常一般有如下几个步骤。

（1）定义异常类，并继承 Exception 或者 RuntimeException。

（2）编写异常类的构造方法，并继承父类的实现。

（3）实例化自定义异常对象，并在程序中使用 throw 抛出。

示例 8：自定义异常类。

实现步骤：

（1）自定义异常类 GenderException 类，继承自 Exception 类，并创建构造方法。

```java
/**自定义异常类*/
public class GenderException extends Exception{
    public GenderException(String message) {
        super(message);
    }
}
```

（2）创建 Student 类，并创建 name 属性和 gender 属性，setGender(String gender)方法使用 throws 关键字抛出异常 Exception，由方法调用者处理方法中出现的异常。在 setGender(String gender)方法中，判断参数 gender 是否为"男"或"女"，如果不是则使用 throw 关键字，抛出 GenderException 异常的对象。

```java
public class Student {
    private String name;                //姓名
    private String gender;              //性别
    public Student(String name) {
        this.name = name;
    }
    /**设置年龄*/
    public void setGender(String gender) throws Exception{
        if("男".equals(gender)||"女".equals(gender))
            this.gender=gender;
        else{
            throw new GenderException("性别必须是"男"或者"女"！");
        }
    }
    public void printInfo() {
        System.out.println("姓名："+this.name+",性别："+this.gender);
    }
}
```

（3）创建测试类 CustomExceptionClassTest，在其 main()方法中，创建 Student 对象，调用 setGender(String gender)方法为性别赋值，参数为"girl"，通过 try-catch 捕获方法的异常。

```java
/**自定义异常类*/
public class CustomExceptionClassTest {
    public static void main(String[] args) {
        Student student = new Student("冬燕");
        try {
            student.setGender("girl");          //设置性别
            student.printInfo();                //输出基本信息
        } catch (Exception e) {
            e.printStackTrace();
        }
    }
}
```

运行项目，执行结果如图 10.11 所示。

```
chapter10_example8.GenderException: 性别必须是"男"或者"女"！
        at chapter10_example8.Student.setGender(Student.java:17)
        at chapter10_example8.CustomExceptionClassTest.main(CustomExceptionClassTest.java:10)
```

图 10.11 自定义异常

任务 4 使用断点调试程序

在开发过程中，程序运行过程中出现的异常、错误或结果与预期不同的情况被称为 bug。当程序出现 bug 时，如何快速定位并解决问题是程序员的必备技能，而发现问题、解决问题的过程被称为程序调试（Debug）。

在程序调试时，对于简单的程序可以使用 print 语句输出对应的结果，例如：通过 print 语句输出某处变量的值，看是否是正确的，这样可以比较快速地分析出程序出现的问题在哪里。但是程序比较复杂时，函数和变量比较多，输出相应的变量值也难以找到程序错误的地方，这个时候使用断点调试就能够跟踪程序的运行过程，结合运行过程中相应的变量变化能够比较快地判断出程序大概出现问题的地方，所以学会断点调试是非常重要的。

几乎所有的集成开发环境（IDE）都具备程序调试功能，Eclipse 也提供了 Debug 断点调试工具，使用该工具可以方便地查看程序运行的过程，观察程序运行过程中各对象和变量的值。

1. 添加断点

添加断点的方法有以下两种：

（1）在需设置断点的位置，在代码行号左侧双击。如图 10.12 所示，在第 7 行、第 10 行行号处双击添加断点，再次双击可取消断点。

（2）右击需要设置断点的位置，在弹出的快捷菜单中选择"Toggle BreakPoint"选项。如图 10.12 所示，在第 11 行行号处右击，在弹出的下拉菜单中单击"Toggle BreakPoint"选项添加断点。

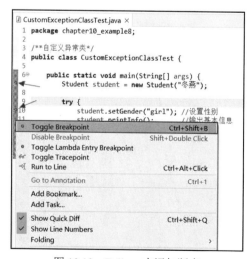

图 10.12 Eclipse 中添加断点

2. 进入 Debug 模式

当在程序中添加了断点后，要以 Debug 方式运行程序，否则断点无效。如图 10.13 所示，在菜单栏单击 run，在下拉列表中选择 Debug，也可以单击菜单栏上的绿色小蜘蛛图标进入 Debug 调试，快捷键为 F11。

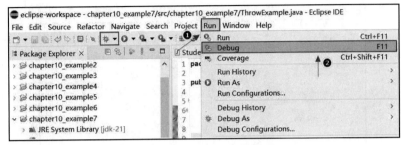

图 10.13　Eclipse Debug 工具

以 Debug 模式运行程序时，程序在执行到断点位置时会停下来。如图 10.14 所示为 Debug 视图。

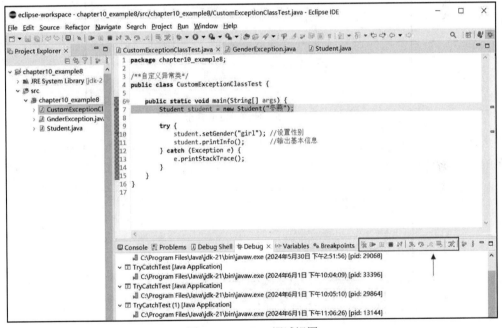

图 10.14　Debug 调试视图

图 10.14 右下侧所示为断点跟踪按钮，在 Debug 视图中可以从断点处开始对程序进行跟踪，跟踪时使用的方式主要有以下四种。

- Step Into：快捷键 F5，在执行代码时，进入方法内部进行跟踪查看。
- Step Over：快捷键 F6，直接执行下一行代码。
- Step Return：快捷键 F7，执行完当前方法后跳出当前方法。
- Resume：快捷键 F8，将代码执行到下一个断点处，如果没有断点，则将代码执行到程序结束。

　　根据需要，使用上述四种跟踪方式就可以实现对程序的跟踪调试。在调试模式下，只需要把鼠标指针放在相应变量上，就可以显示该变量执行完上句代码后的值。如果想对某个对象、变量、方法等进行实时监视，可以使用 Watch 选项。如图 10.15 所示，单击 Run 菜单，在弹出的快捷菜单中选择 Watch 选项。

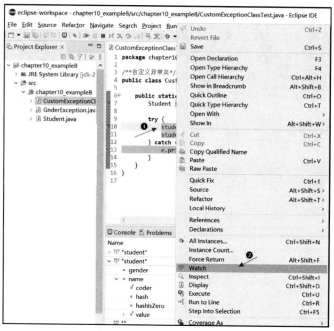

图 10.15　使用 Watch 功能

　　选择 Watch 选项后，将打开 Expressions 标签页，在该窗口可以看到程序运行过程中对象、变量的值，如图 10.16 所示。

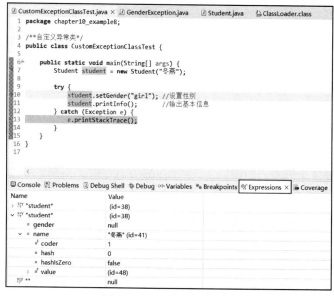

图 10.16　Expressions 窗口

本 章 小 结

（1）在 Java 中，所有异常类都是 Throwable 类的子类，它派生出两个子类：Error 类和 Exception 类。

（2）Error 类及其子类表示运行应用程序时出现了程序无法处理的严重的错误。Error 错误一般表示代码运行时 JVM（Java 虚拟机）出现问题，应用程序不应该去处理此类错误，当此类错误发生时，应尽力使程序安全退出，JVM 也将终止线程。

（3）Exception 是其他因编译错误和偶然的外在因素导致的一般性问题，可以使用针对性的代码进行处理，Exception 分为运行时异常和编译时异常两大类。

（4）Java 中提供了 try-catch 结构进行异常捕获和处理，把可能出现异常的代码放入 try 语句块中，并使用 catch 语句块捕获异常。

（5）try-catch 语句块后加入 finally 语句块，把无论是否发生异常都需要执行的代码放入 finally 语句块中，finally 语句块中的代码总能被执行。

（6）Java 语言中通过关键字 throws 声明某个方法可能抛出的各种异常以通知方法的调用者。throws 可以同时声明多个异常，异常之间由逗号隔开。

（7）在方法中可以使用 throw 关键字来自行抛出异常，throw 抛出的是一个异常对象，且只能是一个。

（8）在 Eclipse 中双击行号可以为该行添加断点，当在程序中添加断点后，需以 Debug 方式运行程序，对程序进行调试。

本 章 习 题

实践项目

为某电商网站开发购物车功能。主要功能有：登录功能、查看商品信息、增加商品信息、修改商品信息和删除商品信息。系统初始数据如下。

（1）初始商品信息如表 10.2 所示。

表 10.2　初始商品信息

商品名称	价格/元	数量/个	小计/元
面包	5.0	2	10.0
钢笔	20.0	1	20.0
可乐	3.5	2	7.0
牙膏	8.0	2	16.0

（2）用户登录信息如表 10.3 所示。

表 10.3　初始用户信息

用户名	密码
admin	chinaboy

功能需求：

（1）用户登录时，如果登录失败则继续要求用户登录，直到用户正确登录为止，用户登录成功后显示系统功能提示，效果如图 10.17 所示。

```
--------------------------欢迎使用好乐美购物平台--------------------------

请输入用户名：admin
请输入密码：123456
登录失败，用户名或密码错误，请重新输入！

请输入用户名：admin
请输入密码：chinaboy
登录成功！

请选择功能，输入功能序号：
1 查看购物车
2 添加商品
3 删除商品
4 修改商品
5 退出系统
```

图 10.17　用户登录功能

（2）用户输入功能序号 1，显示购物车中所有商品的列表，在显示商品列表后，输出购物车商品的总价，效果如图 10.18 所示。

```
请选择功能，输入功能序号：
1 查看购物车
2 添加商品
3 删除商品
4 修改商品
5 退出系统

1
序号      商品名称 单价      数量      小计
1         面包     5.0      2        10.0
2         钢笔     20.0     1        20.0
3         可乐     3.5      2        7.0
4         牙膏     8.0      2        16.0
商品总价为：53.0
```

图 10.18　查看购物车功能

（3）用户输入功能序号 2，添加商品，提示用户输入商品名称、数量和价格，并使用商品数量乘以价格得到小计，将新商品添加到列表中并输出商品列表，如图 10.19 所示。

（4）用户输入功能序号 3，删除商品，提示用户输入要删除商品的序号，删除商品后输出商品列表，如图 10.20 所示。

```
请选择功能，输入功能序号：
1 查看购物车
2 添加商品
3 删除商品
4 修改商品
5 退出系统

2
请输入商品名称：纸巾
请输入商品数量：5
请输入商品单价：3.5
商品添加成功！
序号    商品名称 单价      数量      小计
1       面包     5.0      2        10.0
2       钢笔     20.0     1        20.0
3       可乐     3.5      2        7.0
4       牙膏     8.0      2        16.0
5       纸巾     3.5      5        17.5
商品总价为：70.5
```

图 10.19　添加商品功能

```
请选择功能，输入功能序号：
1 查看购物车
2 添加商品
3 删除商品
4 修改商品
5 退出系统

3
请输入要删除商品的序号：1
商品删除成功！
序号    商品名称 单价      数量      小计
1       钢笔     20.0     1        20.0
2       可乐     3.5      2        7.0
3       牙膏     8.0      2        16.0
4       纸巾     3.5      5        17.5
商品总价为：60.5
```

图 10.20　删除商品功能

（5）用户输入功能序号 5，退出系统并提示用户"退出成功！"，效果如图 10.21 所示。

```
请选择功能，输入功能序号：
1 查看购物车
2 添加商品
3 删除商品
4 修改商品
5 退出系统

5
退出成功！
```

图 10.21　退出功能

提示：

（1）项目架构如图 10.22 所示。

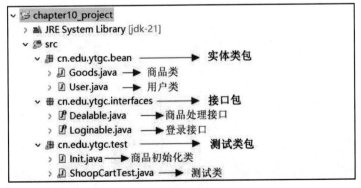

图 10.22

（2）项目中首先定义商品处理接口 Dealable 和登录接口 Loginable，在商品处理接口 Dealable 中定义以下方法。

/**添加商品*/
public Goods[] addGoods(Goods[] goodsArray,Goods goods);

/**删除商品*/
public Goods[] delGoods(Goods[] goodsArray, **int** index);

/**修改商品*/
public Goods[] alertGoods(Goods[] goodsArray,**int** index);

/**输出商品列表*/
public void showList(Goods[] goodsArray);

/**获取商品总价*/
public double getTotle(Goods[] goodsArray);

在登录接口 Loginable 中定义以下方法。

/**用户登录功能*/
public boolean login(String name,String psw);

（3）User 类实现 Loginable 接口，在类中定义两个静态常量 usename="admin", password= "chinaboy"，并实现接口声明的 login 方法。

（4）Goods 类实现 Dealable 接口，并实现 Dealable 接口中的方法。

（5）创建 Init 初始化类，在类中定义静态方法 initGoodsArray()，返回值为 Goods 对象数组。在 initGoodsArray()方法中定义对象数组，将表 10.2 中的商品信息赋值给 Goods 对象，并保存在数组中。

（6）创建 ShoopCartTest 类，在类中首先创建 Init 对象，并调用它的 initGoodsArray()方法初始化商品信息。然后使用 while 循环接受用户操作，while 循环的条件为 true，用户不调用退出系统功能，系统持续运行。在 while 中根据用户输入的功能数字，使用 switch-case 语句块进行处理，在每个 case 中调用 Goods 对象的相应方法进行处理。

志士惜年，贤人惜日，圣人惜时。

——[清] 魏源

第 11 章　常用工具类

本章导读

Java 语言的强大之处在于它提供了多种多样的类库，Java API（Java Application Programming Interface）即 Java 应用程序编程接口，它是 Java 运行库的集合，预先定义了一些接口和类，程序员可以直接使用这些已经被打包的接口和类来开发具体的应用，节约大量的时间和精力。

本章将重点讲解 java.lang 包中的常用类，如：字符串 String 类、StringBuffer 类、StringBuilder 类、包装类、Math 类、枚举类型、Date 类、Calendar 类、SimpleDateFormat 类等。

思维导图

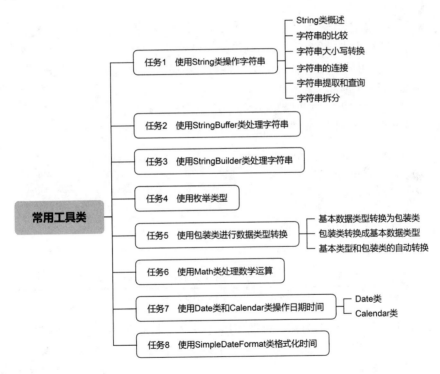

本章预习

预习本章内容，在作业本上完成以下简答题。

（1）列举 String 类的 4 个常用方法，并说明其作用。

（2）如何进行字符串的比较？

（3）对比说明 String、StringBuffer 类和 StringBuilder 类的用法。

（4）对比 Date 类、Calendar 类和 SimpleDateFormat 类处理日期时间时的差异。

任务 1   使用 String 类操作字符串

字符串被广泛用在 Java 程序设计中，例如，用户名、密码、电子邮箱、地址等信息都需要使用字符串来存储，可以说字符串无处不在。Java 没有内置的字符串类型，而是在标准 Java 类库中提供了一个 String 类来创建和操作字符串。

1. String 类概述

在 Java 中，字符串被作为 String 类型的对象来处理。String 类位于 java.lang 包中，默认情况下，该包被自动导入所有的程序。创建 String 对象的方法如下：

```
String str = "Java 程序设计";    //定义并初始化一个字符串
```

或

```
String str = new String("Java 程序设计");    //创建一个字符串对象
```

字符串要放在双引号 " " 中。

也可以创建一个空字符串，后续再为字符串赋值。

```
String str = null;
```

或

```
String str = new String();
```

示例 1：输入字符串"学则智，不学则愚；学则治，不学则乱。自古圣贤盛德大业，未有不由学而成者也。-《明儒学案·甘泉学案·侍郎许敬菴先生孚远》"，并输出。

```
public class StringExample {
    public static void main(String[] args) {
        Scanner input = new Scanner(System.in);
        System.out.println("请输入：");
        String str = input.next(); //定义字符串，并以输入的字符串为其赋值
        System.out.print(str);
    }
}
```

运行程序，执行结果如图 11.1 所示。

```
请输入：
学则智，不学则愚；学则治，不学则乱。自古圣贤盛德大业，未有不由学而成者也。-《明儒学案·甘泉学案·侍郎许敬菴先生孚远》
学则智，不学则愚；学则治，不学则乱。自古圣贤盛德大业，未有不由学而成者也。-《明儒学案·甘泉学案·侍郎许敬菴先生孚远》
```

图 11.1   输入输出字符串

String 类提供了许多有用的方法，可以使用这些方法来完成对字符串的操作，如获得字符串的长度，对两个字符串进行比较，连接两个字符串及提取一个字符串中的某一部分等。

2. 获取字符串长度

String 类的 length()方法用来获取字符串的长度，即字符串中的字符数。语法为：

```
字符串.length();
```

示例 2：执行程序，获得字符串长度。

```
public class StringLengthExample {
    public static void main(String[] args) {
        String str = "Hello World!";    //长度为 12，空格也是一个字符
        int len = str.length();
```

```
            System.out.println(len);
            System.out.println("我爱你中国！".length());    //每一个中文是一个字符
    }
}
```

运行示例 2，执行结果如下：

```
12
6
```

示例 3：为某系统开发用户注册功能，要求输入用户名和密码，其中，用户名不能少于 6 位，密码不能少于 8 位，如果输入错误，给出提示并要求继续输入，用户名和密码都符合长度要求则提示注册成功，输出用户名和密码，并退出系统。

```java
import java.util.Scanner;
public class RegisterExample {
    public static void main(String[] args) {
        Scanner input = new Scanner(System.in);
        boolean tag = true;
        do{
            System.out.println("请输入用户名，不少于 6 位:");
            String name = input.nextLine();
            System.out.println("请输入密码，不少于 8 位:");
            String password = input.nextLine();
            if(name.length() < 6) {
                System.out.println("用户名少于 6 位");
                continue;
            }else if(password.length() < 8) {
                System.out.println("密码少于 8 位");
                continue;
            }else {       //用户名与密码符合要求
                System.out.println("注册成功，用户名为："+name+",密码为："+password);
                tag = false;
            }
        }while(tag != false);
    }
}
```

运行示例 3，执行结果如图 11.2 所示。

```
请输入用户名，不少于6位：
love
请输入密码，不少于8位：
12345678
用户名少于6位
请输入用户名，不少于6位：
I love China
请输入密码，不少于8位：
12345
密码少于8位
请输入用户名，不少于6位：
I love China
请输入密码，不少于8位：
12345678
注册成功，用户名为：I love China，密码为：12345678
```

图 11.2 用户注册判断用户名及密码长度

示例解析：在示例 3 中，使用 do-while 循环，当用户输入不符合要求时，可以循环再让用户输入，循环判断条件 tag 的初始值是 true，如果用户名和密码都符合要求，则 tag 赋值为 false，判断条件 tag != false 为假，结束循环。在循环体中，判断了用户名和密码的长度，如果长度不符合要求则给予提示，并执行 continue 语句，继续要求用户输入。如果用户名和密码长度符合要求则将 tag 赋值为 false，并输出注册成功、用户名和密码。

经验分享

Scanner 对象的 next()方法会自动地消除有效字符之前的空格，只返回输入的字符，不会得到带空格的字符串。也就是说如果输入了一串字符，到了有空格的时候就会停止录入，只录入空格前面的东西，Tab 键和 Enter 键的输入都被视为分隔符（结束符），示例 3 中如果使用 next()方法，用户输入 "I love China"，name 的值是 "I"，所以使用了 nextLine()方法。

Scanner 对象的 nextLine()方法返回的是 Enter 键之前的所有字符，只有遇到 Enter 才会结束录入。

3. 字符串的比较

比较两个基本数据类型的数据是否相等使用 "=="运算符，但是两个字符串是否相同需要使用 String 类的 equals()方法，字符串比较的语法为：

字符串 1.equals(字符串 2);

在语法中：比较两个字符串的值是否相同，如果相同，返回 true，否则返回 false。

示例 4：实现用户登录功能，用户名为 I love China，密码为 12345678。

```java
import java.util.Scanner;
public class EqualsExample {
    public static void main(String[] args) {
        Scanner input = new Scanner(System.in);
        boolean tag = true;
        do{
            System.out.println("请输入用户名：");
            String name = input.nextLine();
            System.out.println("请输入密码：");
            String password = input.nextLine();

            if(name.equals("I love China") && password.equals("12345678")) {
                System.out.println("登录成功！");
                tag = false;
            }else {
                System.out.println("用户名或密码错误！登录失败");
                continue;
            }
        }while(tag != false);
    }
}
```

运行示例 4 代码，执行结果如图 11.3 所示。

```
请输入用户名:
I love
请输入密码:
12345678
用户名或密码错误!登录失败
请输入用户名:
I love china
请输入密码:
123456
用户名或密码错误!登录失败
请输入用户名:
I love china
请输入密码:
12345678
登录成功!
```

图 11.3　用户登录验证用户名密码是否正确

示例解析：在示例 4 中，当接收到用户输入的用户名和密码时，使用 equals()方法判断用户名是否等于"I love China"，并且密码是否等于"12345678"，如果全部相等则输出登录成功，并将循环判断条件 tag 设置为 false，结束循环。如果用户名或密码不正确则给出提示，并使用 continue 语句结束本次循环，开启下次循环，继续让用户输入。

equals()方法在比较时是区分大小写的，如果在比较时忽略大小写，可以使用 equalsIgnoreCase()方法，语法为：

```
字符串 1.equalsIgnoreCase(字符串 2);
```

示例 5：实现用户登录功能，用户名为 I love China，密码为 12345678，验证码为 AbcdeF，要求用户输入用户名、密码和验证码，其中验证码验证时忽略大小写。

```java
import java.util.Scanner;
public class EqualsIgnoreCase {
    public static void main(String[] args) {
        Scanner input = new Scanner(System.in);
        String code = "AbcdeF";
        System.out.println("请输入用户名: ");
        String name = input.nextLine();
        if(name.equals("I love China")) {                //判断用户名是否正确
            System.out.println("请输入密码: ");
            String password = input.nextLine();
            if(password.equals("12345678")) {            //判断密码是否正确
                System.out.println("请输入验证码: ");
                String inCode = input.nextLine();
                if(code.equalsIgnoreCase(inCode)) {      //不区分大小写判断验证码是否正确
                    System.out.println("登录成功! ");     //全部正确，登录成功
                }else {
                    System.out.println("验证码输入错误! ");
                }
            }else {
                System.out.println("密码输入错误! ");
            }
        }else {
```

```
                    System.out.println("用户名输入错误！ ");
            }
        }
}
```

运行示例 5，执行结果如图 11.4 所示。

```
请输入用户名：
I love China
请输入密码：
12345678
请输入验证码：
abcdef
登录成功！
```

图 11.4　忽略大小写验证

示例解析：在示例 5 中，通过嵌套三个 if…else 语句，分别对用户名、密码和验证码进行了判断，其中，用户名和密码使用了 equals()方法。而对验证码的判断忽略大小写，使用 equalsIgnoreCase()方法。

4. 字符串大小写转换

String 类提供了 toLowerCase()方法转换字符串中的英文字符为小写，提供了 toUpperCase()方法转换字符串中的英文字符为大写。

示例 6：编写程序，将用户输入的英文分别以大写和小写输出。

```java
import java.util.Scanner;
public class LowerAndUpper {
    public static void main(String[] args) {
        Scanner input = new Scanner(System.in);
        System.out.println("请输入英文：");
        String words = input.nextLine();
        System.out.println("小写为："+words.toLowerCase());    //输出小写
        System.out.println("大写为："+words.toUpperCase());    //输出大写
    }
}
```

运行示例 6 代码，执行结果如图 11.5 所示。

```
请输入英文：
I love you,China!
小写为：i love you,china!
大写为：I LOVE YOU,CHINA!
```

图 11.5　转换大小写

5. 字符串的连接

在 Java 中，String 类提供了 concat()方法，将一个字符串连接到另一个字符串的后面，语法为：

字符串 1.concat(字符串 2);

如："Hello,".concat("China")，连接后的字符串为 "Hello，China"。

也可以使用"+"运算符进行连接字符串。

示例 7：编写程序，使用 concat()方法和"+"运算符连接字符串。

```
public class ConcatExample {
    public static void main(String[] args) {
        String str1 = "我爱你";
        String str2 = "中国";
        String str = str1.concat(str2);    //concat()连接字符串
        System.out.println(str);
        System.out.println("我们有"+56+"个民族");    //+连接字符串
    }
}
```

运行示例 7，执行结果如下：

```
我爱你中国
我们有 56 个民族
```

6. 字符串提取和查询

字符串是一个字符序列，每一个字符都有自己的位置，各字符的位置从 0 开始到字符串长度-1 结束。如图 11.6 所示，字符串"我爱你中国！"中，"我""爱""你""中""国""！"的索引下标依次为 0、1、2、3、4、5。

图 11.6　字符串中字符索引

如表 11.1 所示，String 类提供了多个字符串提取和查询的方法，可以对字符串进行便捷操作。

表 11.1　常用提取和搜索字符串的方法

方法	说明
public int indexOf(int ch)	在字符串内搜索某个指定的字符或字符串，返回出现第一个匹配字符的位置
public int indexOf(String value)	
public int lastIndexOf(int ch)	在字符串内搜索某个指定的字符或字符串，返回最后一个出现的字符（或字符串）的位置
public int lastIndexOf(String value)	
public String substring(int index)	提取从位置索引开始的字符串部分
public String substring(int beginindex, int endindex)	提取 beginindex 和 endindex 之间的字符串部分
public String trim()	返回一个前后不含任何空格的调用字符串的副本

（1）indexOf()方法。该方法是在字符串内搜索某个指定的字符或字符串，它返回出现第一个匹配字符的位置。如果没有找到匹配，则返回-1。调用时，括号中写明要搜索的字符（或字符串）的名字。例如，搜索字符串"我爱你中国！"中字符"爱"的位置。

```
String s = "我爱你，我的祖国！ ";
int index = s.lastIndexOf('爱');
```

执行后，index 的值为 1。

（2）lastIndexOf()方法。该方法是在字符串内搜索某字符（或字符串）最后出现的位置。例如，搜索字符串"我爱你，我的祖国！"中最后出现字符"我"的位置。

String s = "我爱你，我的祖国！";
int index = s.lastIndexOf('我');

执行后，index 的值为 4。

（3）substring(int index)方法。该方法用于提取从位置索引开始的字符串部分，调用时括号中写的是要提取的字符串的开始位置，方法的返回值是从开始位置到字符串结束之间的字符串部分。例如，要提取字符串"我爱你中国！"中的"中国！"。

String s = "我爱你中国！";
String result = s.substring(3);

执行后，result 的值为"中国！"。

（4）substring(int beginindex, int endindex)方法。该方法用于提取位置 beginindex 和位置 endindex 位置之间的字符串部分（不包括 endindex 位置的字符）。为方便记忆，对于终止位置 endindex，可以把字符串的首字符索引从 1 开始，如图 11.7 所示。

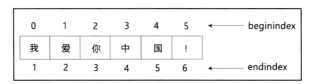

图 11.7　substring()方法索引值

例如，要提取"我爱你中国！"中的"中国"，代码如下。

String s = "我爱你中国！";
String result = s.substring(3,5);

执行后，result 的值为"中国"。

（5）trim()方法。该方法可以过滤掉字符串前后的多余空格。

String s = "　我爱你中国！　";
String result = s.trim();

执行后，result 的值为"我爱你中国！"。

示例 8：我国二代身份证为 18 位，当用户输入身份证号码时，验证身份证号码位数是否正确，并获取用户的出生年月日。

提示：我国二代身份证号码中 1~6 位是地址码，表示居民所在的行政区划代码；7~14 位是居民出生的年、月、日；15~17 位是顺序码：表示在同一地址码所标识的区域范围内对同年、同月、同日出生的人编定的顺序号，顺序码的奇数分配给男性，偶数分配给女性；18 位是校验码。

```
import java.util.Scanner;
public class DealId {
    public static void main(String[] args) {
        Scanner input = new Scanner(System.in);
        System.out.print("请输入您的身份证号码：");
        //获取用户输入的身份证号，并去掉前后空格
```

```
        String id = input.nextLine().trim();
        if(id.length() == 18) {        //身份证号为 18 位
            //第 7～14 位是出生年月日
            String birthday = id.substring(6, 14);
            System.out.println("你的生日是："+birthday);
            String year = birthday.substring(0,4);          //获取年
            String month = birthday.substring(4,6);         //获取月
            String day = birthday.substring(6,8);           //获取日
            System.out.println("你的生日是："+year+"年"+month+"月"+day+"日");

        }else {
            System.out.print("输入的身份证号码位数不正确！ ");
        }
    }
}
```

运行示例 8，执行结果如图 11.8 所示。

输入位数不正确

请输入您的身份证号码：12345620061001888
输入的身份证号码位数不正确!

输入位数正确

请输入您的身份证号码：1234562008100 18888
你的生日是：20081001
你的生日是：2008年10月01日

图 11.8　获取身份证号码中的年月日

示例解析：在示例 8 中，首先使用 trim()方法去掉身份证号码前后的空格，然后使用 length()方法获取长度，并判断是否为 18 位，如果不是 18 位则提示用户输入错误，如果是 18 位，通过 substring()方法获得身份证号码中的出生年月日，最后以两种形式输出用户的生日。

7. 字符串拆分

String 类提供了 split()方法拆分字符串，语法为：

字符串名.split(separator,limit);

在语法中：separator 为可选项，标志拆分字符串时使用一个或多个字符。如果不选择该项，则返回包含该字符串所有单个字符的元素数组。limit 为可选项，该值用来限制返回数组中的元素个数。

示例 9：请对毛泽东诗词《七律•长征》"红军不怕远征难，万水千山只等闲。五岭逶迤腾细浪，乌蒙磅礴走泥丸。金沙水拍云崖暖，大渡桥横铁索寒。更喜岷山千里雪，三军过后尽开颜。"重新进行排版，输出效果如图 11.9 所示。

《七律•长征》
红军不怕远征难，万水千山只等闲。
五岭逶迤腾细浪，乌蒙磅礴走泥丸。
金沙水拍云崖暖，大渡桥横铁索寒。
更喜岷山千里雪，三军过后尽开颜。

图 11.9　使用 split()方法分隔字符串

```
public class SplitExample {
    public static void main(String[] args) {
```

```
        String poetry = "红军不怕远征难，万水千山只等闲。五岭逶迤腾细浪，乌蒙磅礴走泥丸。金
沙水拍云崖暖，大渡桥横铁索寒。更喜岷山千里雪，三军过后尽开颜。";
        String words[] = poetry.split("。"); //按句号对诗词进行分隔
        System.out.println("          《七律·长征》");
        for(int i=0;i<words.length;i++) {
            System.out.println(words[i]+"。");
        }
    }
}
```

任务 2   使用 StringBuffer 类处理字符串

StringBuffer 类位于 java.util 包中，是 String 类的增强类，特别是对字符串进行连接操作时，使用 StringBuffer 类可以大大提高程序的执行效率。StringBuffer 类提供了很多方法。

声明 StringBuffer 对象并初始化的方法如下：

StringBuffer sbuffer = **new** StringBuffer("我爱你中国！");

StringBuffer 类常用的方法包括 toString()方法和 append()方法。

（1）toString()方法。用于将 StringBuffer 类型的字符串转换为 String 类型的对象并返回，语法为：

字符串 1.toString();

例如：

StringBuffer sbuffer = new StringBuffer("我爱你中国！");
String str= sbuffer.toString();   //将 StringBuffer 类的对象转换为 String 类

（2）append()方法。用于追加字符串，语法为：

字符串.append(参数);

例如：

StringBuffer sb = **new** StringBuffer("我爱你中国！");
StringBuffer str= sb.append("我爱你中国！");   //连接字符串

运行程序后，str 的值为：我爱你中国！我爱你中国！

StringBuffer 的 append()方法和 String 类的 concat()方法一样，都是把一个字符串追加到另一个字符串后面，所不同的是 String 类中只能将 String 类型的字符串追加到一个字符串后，而 StringBuffer 类可以将任何类型的值追加到字符串之后。

示例 10：编写程序，使用 StringBuffer 操作字符串。

```
public class StringBufferTest {
    public static void main(String[] args) {
        StringBuffer sb=new StringBuffer("我爱你");
        StringBuffer sb1=sb.append("中国！");              //在字符串后面追加字符串
        System.out.println(sb1);
        StringBuffer sb2=sb1.append(520);                  //在字符串后面追加整形数字
        System.out.println(sb2);
    }
}
```

运行程序，执行结果如下。

我爱你中国！
我爱你中国！520

（3）insert()方法。用于向字符串中插入字符串。语法：

字符串.insert(位置,参数);

在语法中：将参数插入到字符串的指定位置后并返回。参数可以是包括 String 的任何类型。

示例 11：在阅读大型数据时，为了方便理解，通常采用三位分节法，即从右边开始每三个数字用逗号分隔。请编写一个方法，实现将一个数字字符串转换成三位分节法分隔的数字字符串。

实现代码：

```
public class InsertTest {
    public static void main(String[] args) {
        Scanner input=new Scanner(System.in);
        //接收数字字符串，存放于 StringBuffer 类型的对象中
        System.out.print("请输入一串数字： ");
        String number =input.next();
        StringBuffer numStr=new StringBuffer(number);
        //使用 for 循环，从后向前每隔三位数字添加一个逗号
        for(int i=numStr.length()-3;i>0;i=i-3){
            numStr.insert(i,',');
        }
        System.out.print("三位分节后的结果："+numStr);
    }
}
```

运行程序，执行结果如下：

请输入一串数字：1234567890
三位分节后的结果：1,234,567,890

示例解析：在示例 11 中，先将用户输入的字符串转换为 StringBuffer 对象，然后利用 StringBuffer 类的 length()方法获取数字串的长度，再使用 for 循环从后向前每隔三位插入逗号。

任务 3　使用 StringBuilder 类处理字符串

java.lang.StringBuilder 是一个可变的字符序列。此类提供一个与 StringBuffer 兼容的 API，被设计用作 StringBuffer 类的替换，其处理过程比 StringBuffer 要快。在 StringBuilder 上的主要操作是 append()和 insert()方法，使用 StringBuilder 类处理字符串的方法与 StringBuffer 类基本一样，不再举例。

String、StringBuffer 和 StringBuilder 这 3 个类在处理字符串时有各自的特点和适用场合，具体如下。

（1）String 字符串常量。String 是不可变的对象，在每次对 String 类型进行改变的时候其实都等同于生成了一个新的 String 对象，然后指向新的 String 对象，所以经常改变内容的字符串尽量不要用 String 类，因为每次生成对象都会对系统性能产生影响。

（2）StringBuffer 字符串变量。StringBuffer 是可变的字符串，在每次对 StringBuffer 对象进行改变时，会对 StringBuffer 对象本身进行操作，而不是生成新的对象。所以，在字符串对

象经常改变的情况下推荐使用 StringBuffer 类。

（3）StringBuilder 字符串变量。StringBuilder 类和 StringBuffer 类等价，也是可变字符串，区别在于 StringBuffer 类是线程安全的，StringBuilder 类是单线程的，不提供同步，理论上效率更高，在效率优先的场景中，建议使用 StringBuilder 类。

任务 4　使用枚举类型

从 Java SE 5.0 开始，Java 语言引入了枚举（Enum）类型。枚举是指由一组固定的常量组成的类型。枚举是 java.lang.Enum 类的子类，使用关键字 enum 定义，语法如下。

```
[Modifier] enum enumName{
        enumContantName1[,enumConstantName2...[;]]
        //[field,method]
}
```

在语法中：

- Modifier 是访问修饰符，如 public 等。
- enum 是关键字。
- enumContantName1[,enumConstantName2...[;]]表示枚举常量列表，一般是大写字母，多个枚举常量之间以逗号隔开。
- //[field,method]表示其他的成员，包括构造方法，置于枚举常量的后面。
- 在枚举中，如果除了定义枚举常量以外还定义了其他成员，则枚举常量列表必须以分号结尾。

枚举类型可以像类（Class）类型一样，定义为一个单独的文件，也可以定义在其他类内部。

枚举表示的类型的取值必须是有限的，也就是说每个值都是可以枚举出来的，比如一周共有七天，性别是男和女，几种颜色等。

（1）使用 enum 关键字定义枚举。

```
public enum Week{
        MON, TUE,WED,THU,FRI,SAT,SUN    //定义包含星期一至星期日的枚举 Week
    }
```

（2）使用枚举名获取枚举中某个元素。

```
Week sun=Week.SUN;                      //获取枚举 Week 中的 SUN 元素，返回值是枚举类型
```

（3）使用 values()方法，以数组形式返回枚举 Week 中所有元素。

```
Week[ ] days = Week.values();           //返回枚举元素数组
```

（4）获取枚举 Week 的长度（元素个数）。

```
int length    = Week.values().length;    //获取枚举长度
```

（5）使用 ordinal()方法获取枚举元素索引。

```
int index = Week.SAT.ordinal();          //获取某个元素的索引
```

或

```
int index = Week.values()[i].ordinal();  //循环中获取各元素的索引
```

（6）遍历枚举元素。

```
for(int i=0;i < Week.values().length; i++){
        int index = Week.values()[i].ordinal();    //获取索引
```

```
        Week value = Week.values()[i];                //获取元素值
        System.out.println("索引："+index+"，值："+value);
}
```

或使用增强 for 循环遍历

```
for (Week day : Week.values()){
    int index = day.ordinal();
    System.out.println("索引："+index+"，值："+day);
}
```

示例 12：定义一个枚举，包括 7 个枚举常量代表一星期中的 7 天，编程实现查看一周中每天的日程安排，程序执行效果如图 11.10 所示。

```
索引：0，值：MON
索引：1，值：TUE
索引：2，值：WED
索引：3，值：THU
索引：4，值：FRI
索引：5，值：SAT
索引：6，值：SUN
星期四、星期五，努力写代码！
星期一，上课，写代码！
```

图 11.10　示例 12 执行效果

实现步骤：

（1）创建 EnumTest 类，在 EnumTest 类中定义枚举 Week，在枚举中定义 7 个元素 MON、TUE、WED、THU、FRI、SAT、SUN，分别代表星期一至星期日。

（2）在 EnumTest 类的 main()方法中，使用增强 for 循环遍历枚举元素，并输出每个元素的索引和值。

（3）在 EnumTest 类中创建 plan(Week,day)方法，在 play()方法中，使用 switch 语句根据参数 day 判断进入哪个 case 语句块，并输出当天的计划。

（4）在 main()方法中，创建 EnumTest 类的对象，并调用 plan()方法，输出星期四、星期五和星期一的计划。

实现代码：

```java
public class EnumTest {
    //定义枚举 Week
    public enum Week{
        MON, TUE,WED,THU,FRI,SAT,SUN
    }
    public static void main(String[] args){
        //通过增强 for 循环遍历枚举 Week，输出每个元素的索引和值
        for (Week day : Week.values()){
            int index = day.ordinal();                //获取当前元素的索引
            System.out.println("索引："+index+"，值:"+day);
        }

        EnumTest enumTest = new EnumTest();            //创建 EnumTest 类的对象
```

```
        enumTest.plan(Week.THU);              //调用 plan 方法，输出星期四的计划
        Week mon=Week.MON;                    //获取枚举的 MON 元素
        enumTest.plan(mon);                   //输出星期一的计划
    }

    //根据枚举元素输出当天的计划
    public void plan(Week day){
        switch(day){
        case MON:
            System.out.println("星期一，上课，写代码！");
            break;
        case TUE:
            System.out.println("星期二，参加社团活动！");
            break;
        case WED:
            System.out.println("星期三，准备技能大赛！");
            break;
        case THU:
        case FRI:
            System.out.println("星期四、星期五，努力写代码！");
            break;
        case SAT:
            System.out.println("星期六，看文学作品，休息！");
            break;
        case SUN:
            System.out.println("星期日，打篮球！");
        break;
        default:
            System.out.println("请输入正确的星期！");
        }
    }
}
```

任务 5　使用包装类进行数据类型转换

Java 中的基本数据类型不是面向对象的，在实际开发中存在很多不便，Java 为每个基本数据类型设计了一个对应的类，称为包装类。包装类均位于 java.lang 包中，包装类和基本数据类型的对应关系如表 11.2 所示。

表 11.2　包装类和基本数据类型的对应表

基本数据类型	包装类
byte	Byte
boolean	Boolean
short	Short

续表

基本数据类型	包装类
char	Character
int	Integer
long	Long
float	Float
double	Double

1. 基本数据类型转换为包装类

在 Java 中，基于基本数据类型数据创建包装类对象通常可以采用两种方式。

（1）使用包装类的构造方法。包装类的构造方法有两种形式：

● public Type(type value)。

● public Type(String value)。

其中，Type 表示包装类，参数 type 为基本数据类型。

针对每一个包装类，都可以使用关键字 new 将一个基本数据类型值包装为一个对象。例如，要创建一个 Integer 类型的包装类对象，可以这样写：

```
Integer age = new Integer(30);
```

或

```
Integer age = new Integer("30");
```

（2）使用包装类的 valueOf()方法。包装类一般都包含 valueOf()方法，它也可以接收基本数据类型数据和字符串作为参数并返回包装类的对象。以 Integer 包装类为例，valueOf()方法定义如表 11.3 所示。

表 11.3　Integer 包装类的 valueOf()方法

方法	说明
Integer valueOf(int i)	返回一个表示指定的 int 值的 Integer 对象
Integer valueOf(String s)	返回保存指定的 String 的值的 Integer 对象
Integer valueOf(String s, int radix)	返回一个 Integer 对象，该对象中保存了用第二个参数提供的基数进行解析时从指定的 String 中提取的值

例如，创建一个 Integer 类型的包装类对象，可以用如下代码：

```
Integer age1 = Integer.valueOf(18);        //age 的值为 18
Integer age2 = Integer.valueOf("30");      //age 的值为 30
Integer age3 = Integer.valueOf("a", 16);   //将 a 按 16 进制进行解析，结果为 10
```

2. 包装类转换成基本数据类型

包装类转换成基本数据类型通常采用如下方法：

```
public type typeValue();
```

其中，type 指的是基本数据类型，如 intValue()、charValue()等，相应的返回值则为 byte、char。

具体用法如以下代码所示：

Integer integerId = Integer.valueOf(18);	//将 int 类型转换为 Integer 对象
int intId = integerId.intValue();	//将 Integer 对象转换为 int 类型
Boolean bl = Boolean.valueOf(**true**);	//将 boolean 类型转换为 Boolean 对象
boolean bool = bl.booleanValue();	//将 Boolean 对象转换为 boolean 类型

3．基本类型和包装类的自动转换

在 Java SE 5.0 版本之后程序员不再需要编码实现基本数据类型和包装类之间的转换，编译器会自动完成。例如：

| Integer num = 5; | //基本数据类型转换成包装类 |
| **int** age = num; | //包装类转换成基本数据类型 |

虽然 Java 平台提供了基本数据类型和包装类的自动转换功能，在开发中要根据应用场景进行选择，在进行数学运算时，使用基本数据类型效率更高。

经验分享

包装类对象只有在基本数据类型需要用对象表示时才使用，包装类并不是用来取代基本数据类型的。

任务 6　使用 Math 类处理数学运算

java.lang.Math 类提供了一些基本数学运算和几何运算的方法。此类中的所有方法都是静态的。Math 类是 final 类，不能被继承，也没有子类，Math 类常用方法如表 11.4 所示。

表 11.4　Math 类常用方法

方法	说明	示例
abs(double a)	返回 double 值的绝对值	Math.abs(-10.8);返回 10.8。
max(double a, double b)	返回两个 double 值中较大的一个	Math.max(6.8,9.7);返回 9.7
min(double a, double b)	返回两个 double 值中较小的一个	Math.max(6.8,9.7);返回 6.8
pow(double a, double b)	返回 a 的 b 次方	Math.pow(6.5,2);返回 42.25
round(double a)	返回一个数的四舍五入整数	Math.round(6.8);返回 7
ceil(double a)	返回一个数的上限整数	Math.ceil(6.8)；返回 7.0
floor(double a)	返回一个数的下限整数	Math.floor(6.8)；返回 6.0
random()	返回一个 double 值，该值大于等于 0.0 且小于 1.0。	

示例 13：为某晚会开发一个幸运观众抽奖程序，要求产生一个随机数，该随机数如果与观众手中号牌（3 位数）的十位数相同，则该观众为幸运观众，如图 11.11 所示。

未中奖情况	中奖情况
请输入您的号码：258 感谢参与！	请输入您的号码：318 恭喜您，您是幸运观众！

图 11.11　抽奖小程序

实现步骤：

（1）生成一个 1～10 之间的随机数。

（2）接收用户输入，获取用户输入 3 位数中的十位数。

（3）判断随机数与用户输入数字的十位数是否相同，相同则为幸运观众。

实现代码：

```java
import java.util.Scanner;
public class MathTest {
    public static void main(String[] args) {
        int num = (int) (Math.random()*10);        //产生 0～10 的随机数
        //System.out.println(num);                 //输出产生的随机数
        Scanner input = new Scanner(System.in);
        System.out.print("请输入您的号码： ");
        try {
            int inNum = input.nextInt();
            int shiwei = inNum % 100 / 10;          //求三位数的十位
            //System.out.println(shiwei);           //输出十位上的数字
            if(num == shiwei) {
                System.out.println("恭喜您，您是幸运观众！ ");
            }else {
                System.out.println("感谢参与！ ");
            }
        }catch( Exception e) {
            System.out.println(e.getStackTrace());
        }
    }
}
```

任务 7　使用 Date 类和 Calendar 类操作日期时间

java.util 包中提供的和日期时间相关的类有 Date 类、Calendar 类和 SimpleDateFormat 类等。

1．Date 类

Date 类对象用来表示日期和时间，有两个构造方法：

（1）使用系统当前时间创建日期对象。

```java
Date date = new Date();
```

（2）接受一个参数，参数为 1970 年 1 月 1 日 00:00:00 到指定时间的毫秒数。

```java
Date date = new Date(1720419279071L);
```

Date 对象创建以后，可以调用表 11.5 所示的方法。

表 11.5　Date 对象提供的方法

方法	描述
boolean after(Date date)	调用此方法的 Date 对象在指定日期之后返回 true，否则返回 false
boolean before(Date date)	调用此方法的 Date 对象在指定日期之前返回 true，否则返回 false

方法	描述
int compareTo(Date date)	比较调用此方法的 Date 对象和指定日期，两者相等时返回 0，调用对象在指定日期之前则返回负数，调用对象在指定日期之后则返回正数
int compareTo(Object obj)	若 obj 是 Date 类型则操作等同于 compareTo(Date)，否则抛出 ClassCastException
boolean equals(Object date)	调用此方法的 Date 对象和指定日期相等时返回 true，否则返回 false
long getTime()	返回自 1970 年 1 月 1 日 00:00:00 GMT 以来此 Date 对象表示的毫秒数
void setTime(long time)	用自 1970 年 1 月 1 日 00:00:00 GMT 以后 time 毫秒数设置时间和日期
String toString()	把此 Date 对象转换为以下形式的 String：dow mon dd hh:mm:ss zzz yyyy 其中 dow 是一周中的某一天（Sun，Mon，Tue，Wed，Thu，Fri，Sat）

示例 14：使用 Date 对象处理时间。

```java
import java.util.Date;
public class DateTest {
    public static void main(String[] args) {
        Date date= new Date();   //初始化 Date 对象
        //使用 toString() 函数显示日期时间
        System.out.println(date.toString());
        //获取自 1970 年 1 月 1 日 00:00:00 GMT 以来此 Date 对象表示的毫秒数
        long timeInMillis = date.getTime();
        System.out.println(timeInMillis);
        //使用毫秒参数初始化 Date 对象
        Date date2= new Date(1620511552534L);
        //使用 toString()函数显示日期时间
        System.out.println(date2.toString());
        //判断 date 对象的日期时间是否在 date2 之后
        System.out.println(date.after(date2));
        //判断 date 对象的日期时间是否在 date2 之前
        System.out.println(date.before(date2));
        //用 date 对象的日期时间与 date2 比较
        int result = date.compareTo(date2);
        if(result == 0) {
            System.out.println("两个时间相等");
        }else if(result > 0){
            System.out.println("date 日期时间在 date2 之后");
        }else {
            System.out.println("date 日期时间在 date2 之前");
        }
    }
}
```

运行示例 13，执行结果如图 11.12 所示。

```
Tue Jul 09 18:44:09 CST 2024
1720521849331
Sun May 09 06:05:52 CST 2021
true
false
date日期时间在date2之后
```

图 11.12　Date 类处理日期时间

2. Calendar 类

java.util.Calendar 是日历类，在 Date 后出现，替换掉了许多 Date 类的方法，功能要比 Date 类强大很多。Calendar 类是一个抽象类，将所有可能用到的时间信息封装为静态成员变量，方便获取。可以通过静态方法 getInstance()获得 Calander 的对象。

Calendar cal = Calendar.getInstance();

如表 11.6 所示，Calendar 类提供一些方法和静态字段来操作日历，允许把一个以毫秒为单位的时间转换成年、月、日、时、分、秒。

表 11.6　Calendar 类定义的常量

常量	描述
YEAR	年份
MONTH	月份
DATE	日期
DAY_OF_MONTH	日期，和上面的字段意义完全相同
HOUR	12 小时制的小时
HOUR_OF_DAY	24 小时制的小时
MINUTE	分钟
SECOND	秒
DAY_OF_WEEK	星期

Calendar 类定义的常量通常作为方法的参数使用，Calendar 类提供的常用方法如表 11.7 所示。

表 11.7　Calendar 类提供的常用方法

方法	说明
get(Calendar.YEAR)	获得年份
get(Calendar.MONTH)	获得月份，0 代表 1 月、1 代表 2 月、2 代表 3 月，以此类推
get(Calendar.DATE)	获得日期
get(Calendar.HOUR_OF_DAY)	获得小时
get(Calendar.MINUTE)	获得分钟
get(Calendar.SECOND)	获得秒
get(Calendar.DAY_OF_WEEK)	获得星期，1 代表星期日、2 代表星期一、3 代表星期二，以此类推

方法	说明
set(int year,int month,int date)	把 Calendar 对象的年月日分别设置为 year、month、date 传递的值
set(int field,int value)	根据 field 字段类型设置值，如 Calendar.set(Calendar.YEAR,2025)是设置年为 2025
add(int field,int value);	根据 field 字段类型修改值，value 值为正是加，值为负是减，如 Calendar.add(Calendar.YEAR,-10)是修改年为 10 年前

示例 15：使用 Calendar 对象处理日期时间，执行结果如图 11.13 所示。

```
年：2024
月：7
日：12
时：12
分：25
秒：25
星期五

把Calendar对象的年月日分别设置为2025、1、1 ==>Sat Feb 01 12:25:25 CST 2025

把Calendar对象的月设置为7 ==>Fri Aug 01 12:25:25 CST 2025

把Calendar对象的日期加上5天 ==>Wed Aug 06 12:25:25 CST 2025

把Calendar对象的日期减去3天 ==>Sun Aug 03 12:25:25 CST 2025
```

图 11.13　Calendar 类处理日期时间

实现代码：

```java
import java.util.Calendar;
public class CalendarTest {
    public static void main(String[] args) {
        Calendar cal = Calendar.getInstance();              //创建 Calendar 对象
        int year = cal.get(Calendar.YEAR);                  //获得年份
        System.out.println("年： " + year);
        int month = cal.get(Calendar.MONTH) + 1;            //获得月份
        System.out.println("月： " + month);
        int date = cal.get(Calendar.DATE);                  //获得日期
        System.out.println("日： " + date);
        int hour = cal.get(Calendar.HOUR_OF_DAY);           //获得小时
        System.out.println("时： " + hour);
        int minute = cal.get(Calendar.MINUTE);              //获得分钟
        System.out.println("分： " + minute);
        int second = cal.get(Calendar.SECOND);              //获得秒
        System.out.println("秒： " + second);
        //获得星期几（1 代表星期日、2 代表星期一、3 代表星期二，以此类推）
        int day = cal.get(Calendar.DAY_OF_WEEK);
```

```
switch(day) {
    case 1:
        System.out.println("星期日" );
        break;
    case 2:
        System.out.println("星期一" );
        break;
    case 3:
        System.out.println("星期二" );
        break;
    case 4:
        System.out.println("星期三" );
        break;
    case 5:
        System.out.println("星期四" );
        break;
    case 6:
        System.out.println("星期五");
        break;
    case 7:
        System.out.println("星期六");
        break;
}
System.out.print("\n 把 Calendar 对象的年月日分别设置为 2025、1、1 ==>");
cal.set(2025, 1, 1);
System.out.println(cal.getTime().toString());
System.out.print("\n 把 Calendar 对象的月设置为 7 ==>");
cal.set(Calendar.MONTH, 7);
System.out.println(cal.getTime().toString());
System.out.print("\n 把 Calendar 对象的日期加上 5 天 ==>");
cal.add(Calendar.DATE, 5);
System.out.println(cal.getTime().toString());
System.out.print("\n 把 Calendar 对象的日期减去 3 天 ==>");
cal.add(Calendar.DATE,-3);
System.out.println(cal.getTime().toString());
    }
}
```

Calendar 类是一个抽象类，本身不能实例化，是通过它提供的静态方法 getInstance()返回其唯一子类 GregorianCalendar 的对象实例。

任务 8　使用 SimpleDateFormat 类格式化时间

在 java.text 包下提供了一个格式化日期时间的抽象类 DateFormat，它提供了多种格式化和解析时间的方法。格式化是指将日期转换成文本，解析是指文本转换成日期格式。实际开发中使用比较多的是它的子类 SimpleDateFormat，SimpleDateFormat 类允许选择任何用户自定义的日期时间格式来运行。例如，执行以下代码，可按用户自定义格式输出当前日期时间。

```java
public static void main(String[] args) {
    Date dNow = new Date();
    SimpleDateFormat ft = new SimpleDateFormat ("yyyy-MM-dd hh:mm:ss");
    System.out.println("当前时间为： " + ft.format(dNow));
}
```

运行程序，输出结果为：

当前时间为：2024-07-12 01:20:49

在上例中，参数 yyyy 代表完整的公元年，MM 是月份，dd 是日期，hh 是时，mm 是分，ss 是秒。

示例 16：使用 SimpleDateFormat 按不同格式输出当前日期时间，效果如图 11.14 所示。

当前时间为：2024-07-12 01:41:52

当前时间为：07/12/2024 01:41:52

当前时间为：24年7月12日 13时41分52秒

图 11.14　使用 SimpleDateFormat 类处理日期时间

实现代码：

```java
import java.text.SimpleDateFormat;
import java.util.Date;
public class SimpleDateFormatTest {
    public static void main(String[] args) {
        Date dNow = new Date();
        SimpleDateFormat ft = new SimpleDateFormat ("yyyy-MM-dd hh:mm:ss");
        System.out.println("当前时间为： " + ft.format(dNow));
        SimpleDateFormat ft2 = new SimpleDateFormat ("MM/dd/yyyy hh:mm:ss");
        System.out.println("\n 当前时间为： " + ft2.format(dNow));
        String format = "yy 年 M 月 dd 日 HH 时 mm 分 ss 秒";
        SimpleDateFormat ft3 = new SimpleDateFormat (format);
        System.out.println("\n 当前时间为： " + ft3.format(dNow));
    }
}
```

示例解析：示例 16 中，按三种形式输出了当前时间，读者可以结合代码和图 11.6 的输出效果进行对比分析，可以看出 SimpleDateFormat 类使用起来非常方便、高效。需要注意的是：YYYY 或 yyyy 输出的是完整的四位公元年，而 YY 或 yy 输出公元年的后两位；MM 是按两位数输出月份，不足两位的在十位自动补 0，而 M 不自动补 0；hh 是按 12 小时制输出小时，而 HH 是按 24 小时制输出小时。

本 章 小 结

（1）在 Java 中，字符串被作为 String 类型的对象来处理。String 类位于 java.lang 包中。

（2）String 类的 length()方法用来确定字符串的长度，即字符串中的字符数。

（3）比较两个基本数据类型的数据是否相等使用"=="运算符，但是两个字符串是否相同需要使用 String 类的 equals()方法。

（4）String 类提供了 toLowerCase()方法将字符串中的英文字符转换为小写，提供了 toUpperCase()方法将字符串中的英文字符转换为大写。

（5）String 类提供了 concat()方法，将一个字符串连接到另一个字符串的后面，也可以使用"+"运算符连接字符串。

（6）String 类的 indexOf()方法用于在字符串内搜索某个指定的字符或字符串，它返回出现第一个匹配字符的位置。String 类的 lastIndexOf()方法也用于在字符串内搜索某个指定的字符或字符串，但是它是搜索最后一个出现的字符（或字符串）的位置。

（7）String 类的 substring(int index)方法用于提取从位置索引开始的字符串部分，调用时括号中写的是要提取的字符串的开始位置,方法的返回值是从开始位置到字符串结束之间的字符串部分。

（8）String 类的 trim()方法用于去掉字符串前后的空格，split()方法用于拆分字符串。

（9）StringBuffer 类位于 java.util 包中，是 String 类的增强类。StringBuilder 是一个可变的字符序列，其处理过程比 StringBuffer 要快，StringBuilder 的主要操作是 append()和 insert()方法。

（10）枚举是 java.lang.Enum 类的子类，枚举（Enum）类型是由一组固定的常量组成的类型，使用关键字 enum 定义枚举。

（11）java.lang.Math 类提供了一些基本数学运算和几何运算的方法。

（12）java.util 包中提供的和日期时间相关的类有：Date 类、Calendar 类和 SimpleDateFormat 类等。Date 类可以获得当前时间；Calendar 是日历类，功能要比 Date 类强大很多，可以通过静态方法 getInstance()获得 Calander 的对象；SimpleDateFormat 类可按用户自定义格式输出当前日期时间。

本 章 习 题

一、简答题

1．String 类、StringBuffer 类和 StringBuilder 类有什么区别？

2．如何正确定义和使用枚举类型？

3．Date 类、Calendar 类和 SimpleDateFormat 类的差异有哪些？

二、实践项目

为某旅游电商平台开发一个景区票务系统。执行效果如图 11.15 所示。

```
-------------------景区票务系统------------------

序号:1   景区:故宫
序号:2   景区:香山
序号:3   景区:颐和园
序号:4   景区:圆明园
序号:5   景区:八达岭长城

============开始购票============
请输入景区：故宫
请支付票价：60
请输入姓名：冬燕
请输入身份证号：312120199508091234
确认购票输入y，取消购票输入n:y
购票成功，你于 2024-07-15 03:04:34，购买故宫景区门票1张

============开始检票============
请输入姓名：冬燕
请输入身份证号：312120199508091234
验票通过，入园时间为：2024-07-15 03:05:29
```

图 11.15　景区票务系统

提示：

（1）创建枚举保存景区信息。

```
/**景区枚举*/
public enum ScenicEnum {
        故宫,香山,颐和园,圆明园,八达岭长城;
        /**用于输出枚举各元素*/
        public static void showScenic() {
            //通过增强 for 循环遍历枚举 ScenicEnum，输出每个元素
            for (ScenicEnum scenic : ScenicEnum.values()){
                int index = scenic.ordinal();  //获取当前元素的索引
                System.out.println("序号:"+(index+1)+"    景区:"+scenic);
            }
        }
}
```

（2）在 main()方法中通过 ScenicEnum.*showScenic*()语句调用枚举的 showScenic()方法输出景区。

（3）创建 Tocket 类用于保存购票信息，在 Tocket 类中创建 buyTocket(String scenic,int price, String user_name,String user_id)方法用于实现购票功能，创建 checkTocket(String name,String id)方法用于实现检票功能。

德足以怀远，信足以一异，义足以得众，才足以鉴古，明足以照下，此人之俊也；
行足以为仪表，智足以决嫌疑，信可以使守约，廉可以使分财，此人之豪也；
守职而不废，处义而不回，见嫌而不苟免，见利而不苟得，此人之杰也。

——《素书》[秦]　黄石公

第 12 章　Java 集合框架

本章导读

应用程序的本质是按业务逻辑对数据进行存储、加工处理和展现，而数据存储和处理的效率直接关系到程序执行的效率。在第 6 章中学习了数组，可以存储多个同类型的数据，但是采用数组存在一些明显缺陷，例如：数组长度固定不变，不能很好地适应元素数量动态变化的情况；数组采用在内存中分配连续空间的存储方式，根据元素信息查找时效率低下，需要多次比较等。针对数组的缺陷，Java 提供了比数组更灵活更实用的集合框架，可大大提高软件开发效率，并且不同的集合可适用于不同场合。

本章将重点学习 Java 集合框架和泛型，主要包括 ArrayList、LinkedList、HashMap、使用 Iterator 接口遍历集合和泛型在集合中的应用等相关技术。

思维导图

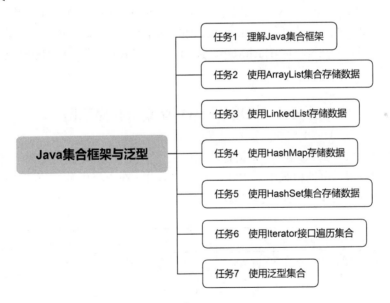

本章预习

预习本章内容，在作业本上完成以下简答题。

（1）Java 集合框架中包含哪三个常用接口？常用的实现类有哪些？

（2）ArrayList、LinkedList、HashMap、HashSet 集合的特点是什么？

（3）如何使用 Iterator 迭代器遍历集合？

（4）使用泛型集合的意义是什么？

任务 1　理解 Java 集合框架

Java 集合框架提供了一套性能优良、使用方便的接口和类，它们都位于 java.util 包中，当使用集合框架时需要导入包。Java 集合框架中包含的常用集合及彼此之间的关系如图 12.1 所示。

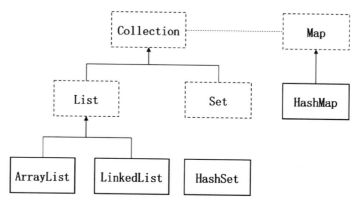

图 12.1　Java 集合框架

从图 12.1 中可以看出：Java 的集合类主要由 Map 接口和 Collection 接口派生而来，其中 Collection 接口有两个子接口——List 接口和 Set 接口，所以通常说 Java 集合框架共有 3 大接口：Map、List 和 Set，而 HashMap、ArrayList、LinkedList 和 HashSet 是接口具体的实现类。

任务 2　使用 ArrayList 集合存储数据

针对数组存储数据的缺陷，Java 集合框架提供了 ArrayList 集合类对数组进行了封装，实现了长度可变的数组，而且和数组采用相同的存储方式，在内存中分配连续的空间，如图 12.2 所示。所以，ArrayList 集合类也被称为动态数组。

索引 →	0	1	2	3	4
数据 →	Java程序设计	Python程序设计	大学语文	大学英语	数据库技术

图 12.2　ArrayList 存储方式

与数组相比，Arraylist 除了可以动态调整长度外，还可以添加任何类型的数据，因为添加的数据都将转换成 Object 类型，而在数组中只能添加同一数据类型的数据。

ArrayList 对象的创建方法为：首先使用 import 关键字导入 ArrayList 包，然后使用 new 关键字创建 ArrayList 对象。

```
ArrayList list = new ArrayList();
```

ArrayList 集合类的常用方法如表 12.1 所示。

表 12.1 ArrayList 的常用方法

返回值类型	方法	说明
boolean	add(E e)	将指定的元素添加到此列表的尾部
boolean	add(int index, E element)	将指定的元素插入此列表中的指定位置
void	addAll(Collection<? extends E> c)	按照指定 collection 的迭代器所返回的元素顺序，将该 collection 中的所有元素添加到此列表的尾部
boolean	addAll(int index, Collection<? extends E> c)	从指定的位置开始，将指定 collection 中的所有元素插入到此列表中
void	clear()	移除此列表中的所有元素
boolean	contains(Object o)	如果此列表中包含指定的元素，则返回 true
void	ensureCapacity(int minCapacity)	如有必要，增加此 ArrayList 实例的容量，以确保它至少能够容纳最小容量参数所指定的元素数
E	get(int index)	返回此列表中指定位置上的元素
int	indexOf(Object o)	返回此列表中首次出现的指定元素的索引，或如果此列表不包含元素，则返回-1
boolean	isEmpty()	如果此列表中没有元素，则返回 true
int	lastIndexOf(Object o)	返回此列表中最后一次出现的指定元素的索引，或如果此列表不包含索引，则返回-1
E	remove(int index)	移除此列表中指定位置上的元素
boolean	remove(Object o)	移除此列表中首次出现的指定元素（如果存在）
protected void	removeRange(int fromIndex, int toIndex)	移除列表中索引在 fromIndex（包括）和 toIndex（不括）之间的所有元素
E	set(int index, E element)	用指定的元素替代此列表指定位置上的元素
int	size()	返回此列表中的元素数
Object[ ]	toArray()	按适当顺序（从第一个到最后一个元素）返回包含此列表中所有元素的数组
T[ ]	toArray(T[ ] a)	按适当顺序（从第一个到最后一个元素）返回包含此列表中所有元素的数组；返回数组的运行时类型是指定数组的运行时类型
void	trimToSize()	将此 ArrayList 实例的容量调整为列表的当前大小

示例 1： 使用 ArrayList 集合类动态操作数据，效果如图 12.3 所示。

实现步骤：

（1）导入 ArrayList 类。

（2）创建 ArrayList 对象，并添加数据。

（3）判断集合中是否包含某个元素。

（4）把索引为 0 的元素替换为其他元素。

（5）移除索引为 2 的元素。

（6）打印某个元素所处的索引位置。

```
集合所有元素：[Java程序设计，Python程序设计，大学语文]
集合中是否包含"大学语文"==>true
集合中是否包含"大学英语"==>false

替换索引为0的元素后，集合所有元素：[C语言程序设计，Python程序设计，大学语文]

移除索引为2的元素后，集合所有元素：[C语言程序设计，Python程序设计]

元素"Python程序设计"的索引为：1

新集合中的所有元素：[Linux操作系统，Web前端开发技术]

将新集合添加到索引为0的元素处后，集合所有元素：[Linux操作系统，Web前端开发技术，C语言程序设计，Python程序设计]

使用for循环遍历ArrayList集合：
Linux操作系统   Web前端开发技术   C语言程序设计    Python程序设计

使用增强for循环遍历ArrayList集合：
Linux操作系统   Web前端开发技术   C语言程序设计    Python程序设计

清空后的集合:[]

判断集合是否为空:true
```

图 12.3　使用 ArrayList 存储数据

（7）创建一个新的 ArrayList 集合，将新集合元素添加到原集合的指定位置。

（8）使用 for 循环和增强 for 循环遍历 ArrayList 集合。

（9）清空 ArrayList 集合中的数据。

（10）判断 ArrayList 集合中是否包含数据。

实现代码：

```java
package chapter12_example;
import java.util.ArrayList;
public class ArrayListTest {
    public static void main(String[] args) {
        //步骤2：创建 ArrayList 对象
        ArrayList list=new ArrayList();
        //添加元素
        list.add("Java 程序设计");
        list.add("Python 程序设计");
        list.add("大学语文");
        System.out.println("集合所有元素："+list.toString());

        //步骤3：判断集合中是否包含某个元素
        boolean isContains1 = list.contains("大学语文");
        boolean isContains2 = list.contains("大学英语");
        System.out.println("集合中是否包含"大学语文"==>"+isContains1);
        System.out.println("集合中是否包含"大学英语"==>"+isContains2);
        //步骤4：把索引为 0 的元素替换为其他元素
        list.set(0,"C 语言程序设计");
        System.out.print("\n 替换索引为 0 的元素后，集合所有元素：");
        System.out.println(list.toString());
        //步骤5：移除索引为 2 的元素
        list.remove(2);
        System.out.print("\n 移除索引为 2 的元素后，集合所有元素：");
```

```
System.out.println(list.toString());
//步骤 6：打印某个元素所处的索引位置
int index = list.indexOf("Python 程序设计");
System.out.println("\n 元素"Python 程序设计"的索引为："+index);
//步骤 7：创建一个新的 ArrayList 集合，将新集合添加到索引为 0 的元素处
ArrayList new_list = new ArrayList();
new_list.add("Linux 操作系统");
new_list.add("Web 前端开发技术");
System.out.println("\n 新集合中的所有元素："+new_list.toString());
list.addAll(0, new_list);
System.out.print("\n 将新集合添加到索引为 0 的元素处后，集合所有元素：");
System.out.println(list.toString());
//步骤 8：使用 for 循环和增强 for 循环遍历 ArrayList 集合
System.out.println("\n 使用 for 循环遍历 ArrayList 集合：");
for(int i=0 ;i<list.size();i++) {
    System.out.print(list.get(i)+ "   ");
}
System.out.println("\n\n 使用增强 for 循环遍历 ArrayList 集合：");
for(Object obj: list){
    String name=(String)obj;
    System.out.print(name +"   ");
}
//步骤 9：清空 ArrayList 集合中的数据
list.clear();
System.out.println("\n\n 清空后的集合:"+list.toString());
//步骤 10：判断 ArrayList 集合中是否包含数据
boolean isEmpty = list.isEmpty();
System.out.println("\n 判断集合是否为空:"+isEmpty);
    }
}
```

任务 3   使用 LinkedList 存储数据

由于 ArrayList 采用了和数组相同的存储方式，在内存中分配连续的空间，在添加和删除非尾部元素时会导致后面所有元素的移动，所以，ArrayList 在插入、删除等操作频繁时性能低下。如果数据操作频繁，最好使用 LinkedList 存储数据。

如图 12.4 所示，LinkedList 采用链表结构存储数据，优点在于插入、删除元素时效率比较高，但是 LinkedList 的查找效率很低。

图 12.4   LinkedList 存储数据

LinkedList 对象的创建方法为：首先使用 import 关键字导入 LinkedList 包，然后使用 new 关键字创建 LinkedList 对象。

LinkedList list = new LinkedList();

LinkedList 除了包含 ArrayList 所提供的方法外，还提供了 addFirst()、addLast()、removeFirst()、removeLast()等方法，如表 12.2 所示。

表 12.2　LinkedList 提供的常用方法

方法	说明
void addFirst(Object obj)	将给定元素插入当前集合头部
void addLast(Object obj)	将给定元素插入当前集合尾部
Object getFirst()	获得当前集合的第一个元素
Object getLast()	获得当前集合的最后一个元素
Object removeFirst()	移除并返回当前集合的第一个元素
Object removeLast()	移除并返回当前集合的最后一个元素

示例 2：使用 LinkedList 集合操作数据，运行效果如图 12.5 所示。

```
调用printList()方法使用普通for循环遍历集合
故宫　长城　颐和园

调用showList()方法使用增强for循环遍历集合
故宫　长城　颐和园

在头尾部添加元素：
圆明园　故宫　长城　颐和园　天坛

获取头部和尾部元素：
头部元素：圆明园，尾部元素：天坛

移除头部和尾部元素：
故宫　长城　颐和园
```

图 12.5　使用 LinkedList 存储数据

实现步骤：

（1）导入 LinkedList 类。

（2）创建 LinkedList 对象，添加数据。

（3）使用 for 循环遍历打印集合元素。

（4）使用增强 for 循环遍历打印集合元素。

（5）在头部添加元素。

（6）在尾部添加元素。

（7）获取头部元素和尾部元素。

（8）移除头部元素和尾部元素。

实现代码：

```java
import java.util.LinkedList;
public class LinkedListTest {
    public static void main(String[] args) {
        //创建 LinkedList 对象，初始化数据
```

```java
LinkedList list=new LinkedList();
list.add("故宫");
list.add("长城");
list.add("颐和园");
System.out.println("调用 printList()方法使用普通 for 循环遍历集合");
printList(list);                    //调用 printList()方法遍历集合
System.out.println("\n\n 调用 showList()方法使用增强 for 循环遍历集合:");
showList(list);
System.out.println("\n\n 在头尾部添加元素：");
list.addFirst("圆明园");             //在头部添加元素
list.addLast("天坛");               //在尾部添加元素
showList(list);
System.out.println("\n\n 获取头部和尾部元素：");
Object first=list.getFirst();       //获取头部元素
Object last=list.getLast();         //获取尾部元素
String sFirst=(String)first;
String sLast=(String)last;
System.out.println("头部元素："+sFirst + ",尾部元素" + sLast);
System.out.println("\n 移除头部和尾部元素：");
list.removeFirst();                 //移除头部元素
list.removeLast();                  //移除尾部元素
showList(list);                     //调用 showList()方法遍历集合
}
/**使用普通 for 循环遍历集合元素*/
public static void printList(LinkedList list) {
    for(int i=0;i<list.size();i++){
        String name=(String)list.get(i);
        System.out.print(name+"   ");
    }
}
/**使用增强 for 循环遍历集合元素*/
public static void showList(LinkedList list) {
    for(Object obj: list){
        String name=(String)obj;
        System.out.print(name+"   ");
    }
}
}
```

　　除 LinkedList 特有的方法外，ArrayList 和 LinkedList 所包含的大部分方法是完全一样的，这主要是因为它们都是 List 接口的实现类，List 接口存储一组不唯一、有序的对象。所以实现了 List 接口使它们都可以容纳所有的类型（包括 null），允许重复，并且保证元素的存储顺序。

任务 4　使用 HashMap 存储数据

Map 接口存储一组成对的键（key）值（value）对象，提供 key 到 value 的映射，通过 key 来检索，存储结构如图 12.6 所示。

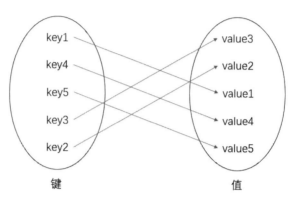

图 12.6　Map 存储结构

Map 接口中存储的数据都是 key-value 对，例如一个身份证号码对应一个人，其中身份证号码就是 key，与此号码对应的人就是 value。Map 中的 key 和 value 都不要求有序，key 不允许重复，value 允许重复。表 12.3 列举了 Map 接口的常用方法。

表 12.3　Map 接口的常用方法

方法	说明
Object put(Object key, Object value)	将相互关联的一个 key 与一个 value 放入该集合，如果此 Map 接口已经包含了 key 对应的 value，则旧值将被替换
Object remove(Object key)	从当前集合中移除与指定 key 相关的映射，并返回该 key 关联的旧 value。如果 key 没有任何关联，则返回 null
Object get(Object key)	获得与 key 相关的 value。如果该 key 不关联任何非 null 值，则返回 null
boolean containsKey(Object key)	判断集合中是否存在 key
boolean containsValue(Object value)	判断集合中是否存在 value
boolean isEmpty()	判断集合中是否有元素存在
void clear()	清除集合中所有元素
int size()	返回集合中元素的数量
Set keySet()	获取所有 key 的集合
Collection values()	获取所有 value 的集合

最常用的 Map 实现类是 HashMap，其优点是查询指定元素效率高。

示例 3：创建 HashMap 对象 map，并向 map 中添加元素，用于保存学生信息，效果如图 12.7 所示。

```
调用get( )方法，根据提供的key值获取映射的value值
学号为20250110的学生姓名为：华秀，性别：女

调用containsKey( )方法，判断集合中是否包含某个key值
学号20250110对应的学生存在！

调用remove( )方法，删除某个元素
学号20250110对应的学生已删除

使用增强for循环遍历集合
20250112，冬燕，20，女
20250111，杨涛，19，男
```

图 12.7　使用 HashMap 存储数据

实现步骤：

（1）导入 HashMap 类，并创建 HashMap 对象。

（2）调用 HashMap 对象 put()方法，向集合添加数据。

（3）调用 HashMap 对象 get()方法，根据提供的 key 值获取映射的 value 值。

（4）调用 HashMap 对象 containsKey()方法，判断集合中是否包含某个 key 值。

（5）调用 HashMap 对象 remove()方法，删除某个 key 的元素。

（6）遍历集合。

实现代码：

注：省略 Student 类的代码，读者自行编写。Student 类是学生实体类，包含私有属性学号、姓名、年龄、性别，为属性创建 getter/setter 方法，并创建构造方法。

```java
import java.util.HashMap;
public class HashMapTest {
    public static void main(String[] args) {
        //创建 Student 对象
        Student student1 = new Student("20250110","华秀",18,"女");
        Student student2 = new Student("20250111","杨涛",19,"男");
        Student student3 = new Student("20250112","冬燕",20,"女");
        //创建 HashMap 对象并添加元素
        HashMap studentMap = new HashMap();
        studentMap.put(student1.getId(), student1);
        studentMap.put(student2.getId(), student2);
        studentMap.put(student3.getId(), student3);
        System.out.println("调用 get()方法，根据提供的 key 值获取映射的 value 值");
        Student student = (Student) studentMap.get("20250110");
        if(student != null) {
            System.out.println("学号为 20250110 的学生姓名为： "+student.getName()+",性别：
"+student.getSex());
        }else {
            System.out.println("学号 20250110 对应的学生不存在！ ");
        }
        System.out.println("\n 调用 containsKey()方法，判断集合中是否包含某个 key 值");
        boolean stu = studentMap.containsKey("20250110");
        if(stu == true) {
```

```
                System.out.println("学号 20250110 对应的学生存在！");
        }else {
                System.out.println("学号 20250110 对应的学生不存在！");
        }
        System.out.println("\n 调用 remove()方法，删除某个元素");
        String id = "20250110";
        Student s = (Student)studentMap.remove(id);
        if(s != null) {
                System.out.println("学号"+id+"对应的学生已删除");
        }else {
                System.out.println("学号"+id+"不存在或没有对应的学生");
        }
        System.out.println("\n 使用增强 for 循环遍历集合");
        for(Object key: studentMap.keySet()){
                System.out.print(key); //输出 id 学号
                //根据 key（学号）获取学生对象
                Student st =   (Student)studentMap.get(key);
                //打印学生信息
                System.out.println(", "+st.getName() +", " +st.getAge() +", " +st.getSex());
        }
    }
}
```

示例解析：运行示例 3，执行效果如图 12.7 所示。在示例中首先需要创建 Student 类，创建的 HashMap 集合 key 为学号，value 为 Student 对象，示例中添加了三个学生的信息。然后调用 HashMap 的 get()方法通过 key 获取了 value，需要注意的是 HashMap 中的 value 是 Object 类型，所以返回值需要通过强制类型转换。在示例中分别调用了 HashMap 集合的 containsKey()方法判断是否包含某个 key 值，调用 HashMap 集合的 remove()方法删除某个元素。最后通过 HashMap 集合的 keySet()方法获取 Key 的集合,并使用增强 for 循环遍历 HashMap。

任务 5   使用 HashSet 集合存取数据

Set 接口是 Collection 接口的另外一个常用子接口,Set 接口描述的集合可以存储一组唯一、无序的对象，即集合对象不按特定的方式排序，并且不能保存重复的对象。

假如需要在很多数据中查找某个数据，LinkedList 因数据结构决定了它的查找效率低下，如果在不知道数据索引的情况下，使用 ArrayList 需要全部遍历，效率一样很低下。为此，Java 集合框架提供了一个查找效率高的集合类 HashSet。HashSet 类实现了 Set 接口，是使用 Set 集合时最常用的一个实现类。HashSet 集合的特点如下：

●   集合内的元素是无序排列的。
●   HashSet 类是非线程安全的。
●   允许集合元素值为 null。

表 12.4 列举了 HashSet 类的常用方法。

表 12.4　HashSet 类的常用方法

方法	说明
boolean add(Object o)	如果此 Set 中尚未包含指定元素，则添加指定元素
int size()	返回此 Set 中的元素的数量
boolean isEmpty()	判断集合是否为空，如果此 Set 不包含任何元素，则返回 true
boolean contains(Object o)	判断集合中是否包含指定元素，如果包含返回 true
boolean remove(Object o)	删除指定元素，如果指定元素存在于此 Set 中，则将其移除
void clear()	移除 Set 集合中所有元素

示例 4：使用 HashSet 类常用方法存储并操作学生信息，并遍历集合，实现效果如图 12.8 所示。

```
集合中学生数目为：3人
学生中是否包含华秀：true
杨涛已删除
集合是否为空：false
遍历所有学生：
冬燕
华秀
```

图 12.8　使用 HashSet 存储数据

实现步骤：

（1）创建 HashSet 对象，并添加数据。

（2）获取集合中学生的数量。

（3）判断集合中是否包含某个学生。

（4）从集合中移除某个学生。

（5）判断集合是否为空。

（6）遍历集合，输出所有学生姓名。

实现代码：

注：省略 Student 类的代码，读者自行编写。Student 类是学生实体类，包含私有属性学号、姓名、年龄、性别，为属性创建 getter/setter 方法，并创建构造方法。

```java
import java.util.HashSet;
import java.util.Set;
public class HashSetTest {
    public static void main(String[] args) {
        //创建多个学生对象
        Student s1 = new Student("20250110","华秀",18,"女");
        Student s2 = new Student("20250111","杨涛",19,"男");
        Student s3 = new Student("20250112","冬燕",20,"女");
        //创建存储学生对象的集合
        Set student_set=new HashSet();
```

```
//按照顺序依次添加学生对象
student_set.add(s1);
student_set.add(s2);
student_set.add(s3);
//获取学生的总数
System.out.println("集合中学生数目为："+student_set.size()+"人");
//判断集合中是否包含"华秀"
System.out.println("学生中是否包含华秀："+student_set.contains(s1));
//删除集合元素
student_set.remove(s2);
System.out.println("杨涛已删除");
//判断集合是否为空
System.out.println("集合是否为空："+ student_set.isEmpty());
//遍历集合
System.out.println("遍历所有学生：");
for(Object obj:student_set){
    Student student = (Student)obj;
    System.out.println(student.getName());
}
    }
}
```

示例解析：运行示例 4，执行结果如图 12.8 所示。在示例 4 中，首先创建 Student 类，并创建了 3 个 Student 对象。然后创建 HashSet 对象，调用 add()方法将 3 个 Student 对象添加到集合中，再调用 size()方法获取集合中元素数量，返回值为 3。调用 contains(s1)方法判断集合中是否包含对象 s1，返回值为 true。调用 remove(s2)方法删除对象 s2，正确删除后返回 true。调用 isEmpty()方法判断集合是否为空，返回值为 false。最后使用增强 for 循环遍历集合，需要注意的是，HashSet 集合中包含的是 Object 对象，所以要对集合中的元素进行强制类型转换。

任务 6　使用 Iterator 接口遍历集合

Iterator 接口是专门用来实现集合遍历的迭代器。主要有两个方法：
- hasNext()：判断是否存在下一个可访问的元素，如果仍有元素可以迭代，则返回 true。
- next()：返回要访问的下一个元素。

凡是由 Collection 接口派生而来的接口或者类，都实现了 iterate()方法，iterate()方法返回一个 Iterator 对象。

示例 5：使用迭代器 Iterator 遍历 ArrayiList 集合，执行效果如图 12.9 所示。

```
使用Iterator遍历，分别是：
杨涛
冬燕
筱晨
华秀
```

图 12.9　使用 Iterator 迭代器遍历集合

实现步骤：

（1）导入 Iterator 接口。

（2）使用集合的 iterate()方法返回 Iterator 对象。

（3）while 循环遍历。

（4）使用 Iterator 的 hasNext()方法判断是否存在下一个可访问的元素。

（5）使用 Iterator 的 next()方法返回要访问的下一个元素。

实现代码：

```java
import java.util.ArrayList;
import java.util.Iterator;
public class IteratorTest {
    public static void main(String[] args) {
        ArrayList list=new ArrayList();        //创建 ArrayList 集合
        list.add("杨涛");
        list.add("冬燕");
        list.add("华秀");
        list.add(2,"筱晨");                      //在索引为 2 的位置添加元素
        System.out.println("使用 Iterator 遍历，分别是：");
        Iterator it=list.iterator();            //获取集合迭代器 Iterator
        while(it.hasNext()){                    //通过迭代器依次输出集合中所有元素的信息
            String element = (String)it.next();
            System.out.println(element);
        }
    }
}
```

示例 5 中是以 ArrayList 为例的，其他由 Collection 接口直接或间接派生的集合类同样可以使用 Iterator 接口进行遍历，遍历方式与示例 5 遍历 ArrayList 集合的方式相同，如已经学习的 LinkedList、HashSet 等。

任务 7　使用泛型集合

Collection 接口的 add(Object obj)方法的参数是 Object 类型，无论把什么对象放入 Collection 及其子接口或实现类中，都会成为 Object 类型，当通过 get(int index)方法取出集合中元素时必须进行强制类型转换，不仅烦琐而且容易出现 ClassCastException 异常。Map 中使用 put(Object key, Object value)和 get (Object key)存取对象时、使用 Iterator 的 next()方法获取元素时也存在同样的问题。

JDK 1.5 中通过引入泛型（Generic）有效解决了这个问题，使用泛型集合在创建集合对象时指定集合中元素的类型，从集合中取出元素时无须进行类型强制转换，并且如果把非指定类型对象放入集合，会出现编译错误。Java 语言引入泛型的好处是安全简单，且所有强制转换都是自动和隐式的，提高了代码的重用率。

泛型的定义语法：

```
类 1 或者接口<类型实参> 对象  = new 类 2<类型实参>();
```

在语法中：

● "类 2"可以是"类 1"本身，也可以是"类 1"的子类，还可以是接口的实现类。

● "类 2"的类型实参必须与"类 1"中的类型实参相同。

例如：

ArrayList<String> list = **new** ArrayList<String>();

Set<Student> students = **new** HashSet<Student>();

示例 6：使用泛型集合，并对集合进行遍历，运行效果如图 12.10 所示。

图 12.10　泛型集合

实现步骤：

（1）创建泛型集合 ArrayList<String>，并添加元素到集合。

（2）创建 Iterator 迭代器，并使用 while 循环遍历 ArrayList 集合。

（3）创建 Student 类，并创建 3 个 Student 对象。

（4）创建泛型集合 HashMap<String,Student>，以学生 id 为 key，存储 3 个 Student 对象。

（5）使用增强 for 循环遍历 HashMap 集合。

（6）创建泛型集合 HashSet<Student>，存储 3 个 Student 对象。

（7）创建 Iterator 迭代器，并使用 while 循环遍历 HashSet 集合。

实现代码：

```java
import java.util.ArrayList;
import java.util.HashMap;
import java.util.HashSet;
import java.util.Iterator;
import java.util.Set;
public class GenericTest {
    public static void main(String[] args) {
        System.out.println("----------泛型 ArrayList 集合----------");
        //创建泛型 ArrayList 集合
        ArrayList<String> list = new ArrayList<String>();
        list.add("冬燕");
        list.add("华秀");
        list.add("杨涛");
        //创建迭代器 Iterator，类型为 String
        Iterator<String> it = list.iterator();
        while(it.hasNext()) {
            String name = it.next();      //无须再进行强制类型转换
            System.out.print(name+" ");
        }
```

```
System.out.println("\n-----------泛型 HashMap 集合----------");
//创建 3 个 Student 对象
Student student1 = new Student("20250110","华秀",18,"女");
Student student2 = new Student("20250111","杨涛",19,"男");
Student student3 = new Student("20250112","冬燕",20,"女");
//创建泛型 HashMap 集合
HashMap<String,Student> map = new HashMap<String,Student>();
map.put(student1.getId(), student1);
map.put(student2.getId(), student2);
map.put(student3.getId(), student3);
//使用增强 for 循环遍历 HashMap
for(String id:map.keySet()) {
    Student student = map.get(id);
    System.out.print(student.getName()+" ");
}
System.out.println("\n-----------泛型 HashSet 集合------------");
Set<Student> students = new HashSet<Student>();
students.add(student1);
students.add(student2);
students.add(student3);
//创建迭代器 Iterator，类型为 Student
Iterator<Student> iterator = students.iterator();
while(iterator.hasNext()) {
    Student student = iterator.next();      //无须再进行强制类型转换
    System.out.print(student.getName()+" ");
}
}
}
```

示例解析：运行示例 6，执行结果如图 12.10 所示。从示例中可以看出当创建泛型集合后，从集合中取出来的元素不再是 Object 类型，不需要进行强制类型转换。

本 章 小 结

（1）Java 集合框架提供了一套性能优良、使用方便的接口和类，它们都位于 java.util 包中，主要由 Map 接口和 Collection 接口派生而来，其中 Collection 接口有 List 和 Set 两个子接口，所以通常说 Java 集合框架共有 3 大类接口：Map、List 和 Set，而 HashMap、ArrayList、LinkedList 和 HashSet 是接口具体的实现类。

（2）ArrayList 集合类也被称为动态数组。与数组相比，Arraylist 除了可以动态调整长度外，还可以添加任何类型的数据，因为添加的数据都将转换成 Object 类型，而在数组中只能添加同一数据类型的数据。

（3）LinkedList 采用链表结构存储数据，优点在于插入、删除元素时效率比较高，但是 LinkedList 的查找效率很低。

（4）Map 接口中存储的数据都是 key-value 对，Map 中的 key 和 value 都不要求有序，key 不允许重复，value 允许重复。最常见的 Map 实现类是 HashMap，其优点是查询指定元素效率高。

（5）Set 接口是 Collection 接口的子接口，Set 接口描述的集合可以存储一组唯一、无序的对象，常用的实现类是 HashSet，HashSet 集合的查找效率比较高。

（6）Iterator 接口是专门用来实现集合遍历的迭代器。主要有 hasNext()和 next()两个方法，其中 hasNext()方法用于判断是否存在下一个可访问的元素，如果仍有元素可以迭代，则返回 true；next()方法用于返回要访问的下一个元素。

（7）使用泛型集合在创建集合对象时指定集合中元素的类型，从集合中取出元素时无须进行类型强制转换，并且如果把非指定类型对象放入集合，会出现编译错误。

本 章 习 题

实践项目

开发一个教务管理系统，对学生成绩进行增删改查操作，初始数据如表 12.5 所示。

表 12.5　初始数据

学号	姓名	大学语文/分	大学英语/分	Java 程序设计/分
202501	张龙	80	92	95
202502	赵虎	78	90	96
202503	王朝	88	90	89
202504	马汉	90	87	90

需求说明：

（1）输出"成绩管理系统"标题及功能列表，效果如图 12.11 所示。

```
-------------------------成绩管理系统-------------------------
1 查看所有学生成绩
2 添加学生及成绩
3 修改学生成绩
4 删除学生及成绩
5 退出系统
```

图 12.11　成绩管理系统功能列表

（2）当用户输入数字 1，输出所有学生成绩列表，效果如图 12.12 所示。

（3）当用户输入数字 2，执行添加学生信息及成绩功能，并输出添加学生信息后的学生成绩列表，如图 12.13 所示。

（4）当用户输入数字 3，执行修改学生成绩功能，要求用户输入要修改的学生的学号，要修改的科目及成绩，并输出修改成绩后的学生成绩列表，效果如图 12.14 所示。

```
------------------------成绩管理系统------------------------
1 查看所有学生成绩
2 添加学生及成绩
3 修改学生成绩
4 删除学生及成绩
5 退出系统
请输入功能前的序号，选择相应功能完成操作：1
学号      姓名      大学语文        大学英语          Java程序设计
202503   王朝      88.0           90.0             89.0
202504   马汉      90.0           87.0             90.0
202501   张龙      80.0           92.0             95.0
202502   赵虎      78.0           90.0             96.0
------------------------------------------------------------
```

图 12.12　查看所有学生成绩

```
1 查看所有学生成绩
2 添加学生及成绩
3 修改学生成绩
4 删除学生及成绩
5 退出系统
请输入功能前的序号，选择相应功能完成操作：2
请输入要添加学生的学号：202505
请输入要添加学生的姓名：展绍
请输入要添加学生的大学语文成绩：89
请输入要添加学生的大学英语成绩：80
请输入要添加学生的Java程序设计的成绩：94
202505   展绍      89.0           80.0             94.0
202503   王朝      88.0           90.0             89.0
202504   马汉      90.0           87.0             90.0
202501   张龙      80.0           92.0             95.0
202502   赵虎      78.0           90.0             96.0
```

图 12.13　添加学生及成绩

```
1 查看所有学生成绩
2 添加学生及成绩
3 修改学生成绩
4 删除学生及成绩
5 退出系统
请输入功能前的序号，选择相应功能完成操作：3
请输入要修改学生的学号：202505
请输入要修改学生的科目(大学语文、大学英语、Java程序设计)：大学语文
请输入修改后的成绩：81
202505   展绍      81.0           80.0             94.0
202503   王朝      88.0           90.0             89.0
202504   马汉      90.0           87.0             90.0
202501   张龙      80.0           92.0             95.0
202502   赵虎      78.0           90.0             96.0
```

图 12.14　修改学生成绩

（5）当用户输入数字 4，执行删除学生及成绩功能，要求用户输入学号，并输出删除该学号对应的学生信息列，效果如图 12.15 所示。

```
1 查看所有学生成绩
2 添加学生及成绩
3 修改学生成绩
4 删除学生及成绩
5 退出系统
请输入功能前的序号，选择相应功能完成操作：4
请输入要删除的学生的学号：202501
202505  展绍      81.0          80.0          94.0
202503  王朝      88.0          90.0          89.0
202504  马汉      90.0          87.0          90.0
202502  赵虎      78.0          90.0          96.0
```

图 12.15　删除学生

（6）当用户输入数字 5，执行退出系统功能，退出系统，并提示用户，效果如图 12.16 所示。

```
1 查看所有学生成绩
2 添加学生及成绩
3 修改学生成绩
4 删除学生及成绩
5 退出系统
请输入功能前的序号，选择相应功能完成操作：5
退出系统成功！
```

图 12.16　退出系统功能

开发提示：

（1）创建 Student 类，包含学号、姓名、大学语文、大学英语、Java 程序设计私有属性，并为各属性添加 getter/setter 方法，创建带参构造方法。

（2）创建 InitStudentMap 类，在该类中添加静态方法 init()，创建 HashMap，并添加数据进行初始化，返回值为 HashMap<String，Student>。

（3）创建 Tools 类，在该类中创建对 HashMap 集合遍历的方法、为 HashMap 集合添加学生信息的方法、修改学生成绩的方法、删除学生的方法。

（4）创建 Test 类，在 main()中首先创建 InitStudentMap 类的对象，并调用 init()方法初始化集合。为了实现程序持续运行，使用 while 循环，循环判断条件是 true。在 while 循环中使用 switch 语句，根据用户输入的数字来处理各个功能，各个功能结束后使用 break 关键字跳出。当用户输入数字 5，执行 System.exit(1)语句退出系统。

爱祖国、爱人民、爱事业和爱生活是我们凝聚力的源泉。责任意识、创新精神、敬业精神与团结合作精神是我们企业文化的精髓。实事求是是我们行为的准则。

——《华为基本法》

第 13 章　File 与 I/O 流

本章导读

在 Java 编程中，文件操作与 I/O（输入/输出）操作是日常开发中经常遇到的需求。无论是读取配置文件、处理日志文件，还是进行数据的持久化存储，都离不开对文件及 I/O 操作的理解和应用。

本章重点讲解 File 与 I/O 操作。首先学习 File 类，对文件或目录的属性进行操作，然后通过讲解字节流 FileInputStream 和 FileOutputStream 类、字符流 BufferedReader 和 BufferedWriter 类，实现对文本文件的输入/输出操作。再讲解字节流 DataInputStream 和 DataOutputStream 类读写二进制文件，最后讲解开发中常用的读写图片的方法。

思维导图

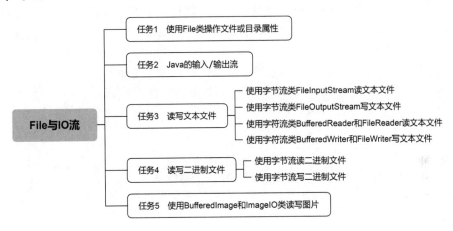

本章预习

预习本章内容，在作业本上完成以下简答题。

（1）如何判断文件或目录是否存在？

（2）什么是相对路径？什么是绝对路径？

（3）在进行文件操作或 I/O 操作时，要捕获的异常是什么？

（4）输入/输出流是相对于什么而言的？

任务 1　使用 File 类操作文件或目录属性

1. 使用 File 类操作文件或目录属性

在计算机中，使用各种各样的文件来保存数据，可以使用 java.io 包下的 File 类对文件进行基本的操作。File 对象既可表示文件，也可表示目录，可用来对文件或目录进行基本操作。

例如：创建、删除文件或目录，检查文件是否存在，获取文件名称、获取文件的大小等。File
类的构造方法如表 13.1 所示。

表 13.1　File 类的构造方法

方法	说明
File(String pathname)	指定文件路径
File(String dir, String subpath)	dir 参数指定目录路径，subpath 参数指定文件名
File(File parent, String subpath)	parent 参数指定目录文件，subpath 参数指定文件名

使用 File 类操作文件和目录属性步骤一般如下。

（1）引入 File 类。

```
import java.io.File;
```

（2）构造一个 File 对象。

```
File file = new File("log.txt");
```

例如："File file = new File("D:\\log.txt");"创建了一个指 D 盘根目录下 log.txt 文本文件的
对象。

需要注意的是，在 Windows 操作系统中，文件路径名中的分隔符可以使用正斜杠"/"，
如"D:/log.txt"。也可以使用反斜杠"\"，但必须写成"\\"，其中第一个表示转义符，例如
"D:\\log.txt"。

（3）利用 File 类的方法访问文件或目录的属性，具体方法如下。

```
file.exists();              //判断文件或目录是否存在
file.getName();             //获取文件或目录的名称
file.isFile();              //判断是否是文件
file.isDirectory();         //判断是否是目录
file.getPath();             //获取文件或目录的相对路径
file.getAbsolutePath();     //获取文件或目录的绝对路径
file.lastModified();        //获取文件或目录的最后修改日期
file.length();              //获取文件或目录的大小，单位为字节
```

2．路径

路径是用来定位某个目录或文件的字符串，根据参照不同，路径一般被分为相对路径和
绝对路径。

（1）相对路径。相对路径是相对当前工作目录而言的，可以通过 file.getPath()方法获得
当前工作目录。例如：当前工作目录为 D:\java，要访问该目录下的 log.txt 文件时，其路径可
以直接用相对路径 log.txt，而不需要使用完整路径 D:\java\log.txt。

（2）绝对路径。绝对路径是目录或文件完整的实际路径，可以通过 file.getAbsolutePath()
方法获得。例如：要获得当前工作目录下 log.txt 文件的绝对路径，可以使用 file.getAbsolutePath
("log.txt")，返回 log.txt 文件的绝对路径 D:\java\log.txt。

示例 1：使用 File 类创建文件，判断文件是否存在，并获取文件的文件名、相对路径和绝
对路径、文件或目录的最后修改日期，最后删除文件。

实现步骤：

（1）引入 File 类。

（2）构造一个文件对象。

（3）判断文件的上级目标是否存在，如果不存在，调用 File 类的 mkdirs()方法创建所有上级目录。

（4）调用 File 类的 createNewFile()方法创建文件。

（5）调用 File 类的 exists()方法判断文件是否存在。

（6）调用 File 类的 getName()方法获取文件或目录的名称。

（7）调用 File 类的 getPath()方法获取文件的路径。

（8）调用 File 类的 getAbsolutePath()方法获取文件的绝对路径。

（9）调用 File 类的 lastModified()方法获取文件最后修改日期。

（10）调用 File 类的 delete()方法删除文件。

实现代码：

```java
package chapter13_example;
import java.io.File;
import java.io.IOException;
import java.text.SimpleDateFormat;
import java.util.Date;
import java.util.Scanner;
public class FileTest {
    public static void main(String[] args) {
        try {
            File file = new File("D:\\java","log.txt");          //创建文件对象
            //判断上级目录是否存在，如果不存在创建所有不存在的上级目录
            if (!file.getParentFile().exists()) {
                file.getParentFile().mkdirs();
            }
            //判断文件是否存在，如果不存在则新建文件
            if(!file.exists()){
                boolean result = file.createNewFile();
                if(result == true) {
                    System.out.println("文件创建成功！");
                }else {
                    System.out.println("文件创建失败！");
                }
            }
            //如果文件存在，对文件或目录进行操作
            if(file.exists()) {
                String name = file.getName();               //获取文件名
                System.out.println("文件名为："+name);
                String path = file.getPath();                   //获取文件相对路径
                System.out.println("文件相对路径为："+path);
                String apath = file.getAbsolutePath();          //获取文件绝对路径
                System.out.println("文件绝对路径为："+apath);
                long time = file.lastModified();                //获取文件最后修改时间
```

```
            Date date = new Date(time);
            String format = "YYYY-MM-dd HH:mm:ss";
            SimpleDateFormat sdf = new SimpleDateFormat(format);
            String now = sdf.format(date);
            System.out.println("文件最后修改时间为: "+now);
            System.out.println("要删除文件-" +apath +"吗？请输入 y/n");
            Scanner input = new Scanner(System.in);
            String tag = input.next();
            if(tag.equals("y")) {
                if(file.delete()) {              //删除成功
                    System.out.println(name + "文件删除成功");
                }else {
                    System.out.println(name + "文件删除失败");
                }
            }else {
                System.out.println(name + "文件未删除，退出！ ");
            }
        }else {
            System.out.println("文件不存在！ ");
        }
    }catch(IOException e) {
        System.out.println(e.toString());
    }
  }
}
```

运行程序，执行结果如图 13.1 所示。

```
文件创建成功!
文件名为: log.txt
文件相对路径为: D:\java\log.txt
文件绝对路径为: D:\java\log.txt
文件最后修改时间为: 2024-07-27 21:17:35
要删除文件-D:\java\log.txt吗？请输入y/n
y
log.txt文件删除成功
```

图 13.1　File 操作

在程序运行过程中，读者可以查看 D 盘下是否创建了 java 文件夹，在该文件夹下是否创建了 log.txt 文件。

经验分享

在进行 File 与 I/O 操作时，需要先判断目录或文件是否存在，如果对不存在的目录或文件进行操作会出现 FileNotFoundException、FileSystemException 等异常，这些异常都是 IOException 异常的子类，所以通常需要捕获 IOException 异常。

任务 2　Java 的输入/输出流

File 类可以对文件或目录的属性进行操作，但 File 类不能访问文件的内容，即不能对文件进行读、写操作。读文件，是指把文件中的数据读取到内存中，而写文件是把内存中的数据写到文件中。在 Java 中通过"流"实现文件的读写。

流是指一连串流动的字符，是以先进先出的方式发送和接收数据的通道。流分为输入流和输出流，如图 13.2 所示。输入/输出流是相对于计算机内存来说的，如果数据输入到内存，则称为输入流，如果从内存中输出则称为输出流。

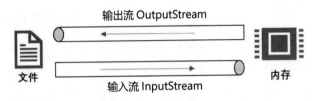

图 13.2　Java 输入输出流

Java 的输出流主要由 OutputStream 和 Write 作为基类，而输入流则主要由 InputStream 和 Reader 作为基类。

在 java.io 包中，封装了许多输入/输出流的 API。在程序中，这些输入/输出流类的对象称为流对象。可以通过这些流对象将内存中的数据以流的方式写入文件，也可通过流对象将文件中的数据以流的方式读取到内存。

根据处理的数据单元，输入/输出流又分为字符流和字节流两种形式，如图 13.3 所示。

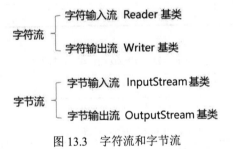

图 13.3　字符流和字节流

字符流是 16 位 Unicode 字符流，适合用来处理字符串和文本，因为它们支持国际上大多数的字符集和语言。字符流的基类是 Reader 类和 Writer 类，它们是抽象类，常用方法如表 13.2 和表 13.3 所示。

表 13.2　Reader 类的常用方法

方法	说明
int read()	从输入流中读取单个字符，返回所读取的字符数据
int read(byte[] c)	从输入流中读取 c.length 长度的字符，保存到字符数组 c 中，返回实际读取的字符数

续表

方法	说明
read(char[] c,int off,int len)	从输入流中读取最多 len 的长度字符,保存到字符数组 c 中,保存的位置从 off 位置开始,返回实际读取的字符长度
void close()	关闭流

表 13.3　Writer 类的常用方法

方法	说明
write(String str)	将 str 字符串里包含的字符输出到指定的输出流中
write(String str,int off,int len)	将 str 字符串里从 off 位置开始长度为 len 的字符输出到输出流中
void close()	关闭输出流
void flush()	刷新输出流

字节流是 8 位通用字节流,基本单位是字节。字节流的基类是 InputStream 类和 OutputStream 类。常用方法如表 13.4 和表 13.5 所示。

表 13.4　InputStream 类的常用方法

方法	说明
int read()	读取一个字节数据
int read(byte[] b)	将数据读取到字节数组中
int read(byte[] b,int off,int len)	从输入流中读取最多 len 长度的字节,保存到字节数组 b 中,保存的位置从 off 开始
void close()	关闭输入流

表 13.5　OutputStream 类的常用方法

方法	说明
void write(int c)	写入一个字节数据
void write(byte[] buf)	写入数组 buf 的所有字节
void write(byte[] b,int off,int len)	将字节数组中 off 位置开始,长度为 len 的字节数据输出到输出流中
void close()	关闭输出流

任务 3　读写文本文件

1. 使用字节流类 FileInputStream 读文本文件

FileInputStream 是文件输入流,它的作用是将文件中的数据输入到内存中,是字节输入流 InputStream 抽象类的一个子类。其具体实现步骤如下。

（1）引入相关的类。

import java.io.IOException;

import java.io.FileInputStream;

（2）构造一个文件输入流对象。

FileInputStream in = **new** FileInputStream("test.txt");

此时的文件输入流对象 in 和 text.txt 文件联系了起来。

（3）利用文件输入流类的方法读取文本文件的数据。

in.available();　　　　//可读取的字节数

in.read();

注意：使用 read()方法读取文件的数据，如果文件数据已经被全部读取完毕，再去读取数据，读取的结果是-1，即无效数据。

（4）关闭文件输入流对象。

in.close();

2.　使用字节流类 FileOutputStream 写文本文件

FileOutputStream 是文件输出流，其作用是把内存中的数据输出到文件中，它是字节输出流 OutputStream 抽象类的一个子类，具体实现步骤如下。

（1）引入相关的类。

import java.io.IOException;

import java.io.FileOutputStream;

（2）构造一个文件输出流对象。

OutputStream fos = **new** FileOutputStream("test.txt");

此时的文件输出流对象 fos 与 test.txt 文件联系了起来。

（3）利用文件输出流的方法把数据写入到文本文件中。

String str="好好学习 Java";

byte[] words=str.getBytes();

//利用 write 方法将数据写入到文件中

fos.write(words, 0, words.length);

（4）关闭文件输出流。

fos.close();

示例 2：将 D:\java\old.txt 文件中的内容复制到 D:\java\new.txt 文件。

实现步骤：

（1）在 D 盘创建 java 文件夹，文件夹下创建 old.txt 文件，文件内容为："为中华之崛起而读书！"。

（2）分别以 D:\java\old.txt 文件和 D:\java\new.txt 文件创建 File 对象。

（3）创建 FileInputStream 输入流对象和 FileOutputStream 输出流对象。

（4）使用 while 循环，通过输入流对象读取文件内容，通过输出流对象写文件。

（5）关闭输入流和输出流对象。

实现代码：

package chapter13_example;

import java.io.File;

import java.io.FileInputStream;

```java
import java.io.FileOutputStream;
import java.io.IOException;
public class FileInputStreamTest {
    public static void main(String[] args) {
        File outfile = new File("D:\\java\\old.txt");        //源文件
        File infile = new File("D:\\java\\new.txt");          //目标文件
        FileInputStream fis = null;                           //文件输入流
        FileOutputStream fos = null;                          //文件输出流
        try {
            //创建流对象
            fis = new FileInputStream(outfile);
            fos = new FileOutputStream(infile);
            int data;
            //循环读数据
            while((data = fis.read()) != -1){                 //读文件，读到-1 代表全部读完
                fos.write(data);                              //写文件
            }
            //关闭流对象
            fis.close();
            fos.close();
        }catch(IOException e) {
            e.printStackTrace();
        }finally {                                            //无论是否异常，都关闭流对象
            if(fis != null) {
                try {
                    fis.close();
                } catch (IOException e) {
                    e.printStackTrace();
                }
            }
            if(fos != null) {
                try {
                    fos.close();
                } catch (IOException e) {
                    e.printStackTrace();
                }
            }
        }
    }
}
```

运行示例 2，执行结果为在 D:\java 目录下创建了 new.txt 文件，并将 old.txt 文件中的 "为中华之崛起而读书!" 复制到了 new.txt 文件中。

经验分享

（1）在使用字节流或字符流的方法时，如果出现错误，都会抛出 IOException 异常。

（2）输入流和输出流使用完毕后需要关闭，即使出现了异常也要关闭，所以要使用 try-catch-finally 异常处理语句。

（3）在创建 FileOutputStream 实例时，如果相应的文件不存在，会自动创建一个空的文件。

（4）在默认情况下，向文件写数据时将覆盖文件中原有的内容。

使用文件输入流 FileInputStream 读取数据时，默认每次读取一个字节，当内容较多时，读取的效率极低。

3. 使用字符流类 BufferedReader 和 FileReader 读文本文件

BufferedReader 和 FileReader 两个类都是 Reader 抽象类下的子类，BufferedReader 是由 FileReader 作为参数创建的。它们可以通过字符流的方式读取文件，并使用缓冲区，极大提高了读文本文件的效率。读取文本文件的具体步骤如下。

（1）引入相关的类。

```
import java.io.FileReader;
import java.io.BufferedReader;
import java.io.IOException;
```

（2）构造一个 BufferedReader 对象。

```
FileReader fr = new FileReader("test.txt");
BufferedReader br = new BufferedReader(fr);
```

（3）利用 BufferedReader 类的方法读取文本文件的数据。

```
br.readLine();      //读取一行数据，返回字符串
br.read();          //读取
```

（4）关闭相关的流对象。

```
br.close();
fr.close();
```

4. 使用字符流类 BufferedWriter 和 FileWriter 写文本文件

BufferedWriter 和 FileWriter 都是字符输出流 Writer 抽象类下的子类，BufferedWriter 是由 FileWriter 作为参数创建的，它们可以通过字符流的方式并通过缓冲区把数据写入文本文件，提高了写文本文件的效率。把数据写入文本文件的具体操作步骤如下。

（1）引入相关的类。

```
import java.io.FileWriter;
import java.io.BufferedWriter;
import java.io.IOException;
```

（2）构造一个 BufferedWriter 对象。

```
FileWriter fw = new FileWriter("test.txt");
BufferedWriter bw = new BufferedWriter(fw);
```

（3）利用 BufferedWriter 类的方法写文本文件。

```
bw.write(data);                //写入
```

```
bw.newLine();                    //创建新行
```
（4）相关流对象的清空和关闭。
```
bw.flush();                      //刷新缓冲区
fw.close();                      //关闭流
```

示例 3：有 old.txt 文件，内容为《沁园春·雪》，编写程序，使用 BufferedReader 读取 old.txt 文件中的内容，并使用 BufferedWriter 将读取的内容复制到 new.txt 文件中。

实现步骤：

（1）使用源文件路径 D:\\java\\old.txt 创建 BufferedReader 对象，使用目标文件路径 D:\\java\\new.txt 创建 BufferedWriter 对象。

（2）以 BufferedReader 为参数创建 FileReader 对象，以 BufferedWriter 为参数创建 FileWriter 对象。

（3）使用 while 循环，调用 FileReader 对象的 readLine()方法按行读取数据，调用 FileWriter 对象的 write()方法写文件，每写完一次调用 FileWriter 对象的 newLine()方法创建新行，实现按行复制。

（4）读写完成后调用 FileReader 对象的 frush()方法刷新缓冲区，调用 FileWriter 对象的 close()方法关闭输出流。

实现代码：

```java
package chapter13_example;
import java.io.BufferedReader;
import java.io.BufferedWriter;
import java.io.FileReader;
import java.io.FileWriter;
import java.io.IOException;
public class BufferReaderTest {
    public static void main(String[] args) {
        String oldpath = "D:\\java\\old.txt";              //源文件路径
        String newpath = "D:\\java\\new.txt";              //目标文件路径
        BufferedReader br = null;                          //文件输入流
        BufferedWriter bw = null;                          //文件输出流
        try {
            FileReader fr = new FileReader(oldpath);       //源文件
            FileWriter fw = new FileWriter(newpath);       //目标文件
            //创建流对象
            br = new BufferedReader(fr);
            bw = new BufferedWriter(fw);
            String data;
            //循环读数据
            while((data = br.readLine()) != null){         //按行读文件
                bw.write(data);                            //写文件
                bw.newLine();                              //创建新行
            }
            bw.flush();                                    //刷新缓冲区
            br.close();                                    //关闭流对象
        }catch(IOException e) {
```

```
                    e.printStackTrace();
            }finally {                           //不论是否异常，都关闭流对象
                try {
                    if(br != null) {
                        br.close();
                    }
                    if(bw != null) {
                        bw.close();
                    }
                }catch (IOException e) {
                        e.printStackTrace();
                }
            }
        }
    }
```

执行示例 3，运行结果如图 13.4 所示，old.txt 文件的内容复制到新文件 new.txt 文件中。

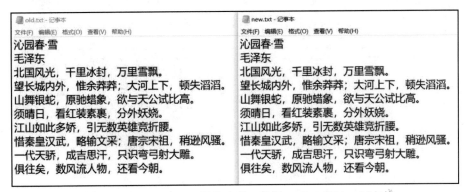

图 13.4　BufferedReader 读取文件，使用 BufferedWriter 写文件

在示例 3 中是按行读写数据的，如果要读取的内容小可以直接使用 br.read()方法读取所有内容，如果要读取的内容大也可以自定义缓冲区大小，按定义的缓冲区读数据。

示例 4：编写程序，将用户输入的内容保存到当前工作目录下，文件名为 test.txt。

```
package chapter13_example;
import java.io.BufferedWriter;
import java.io.FileWriter;
import java.io.IOException;
import java.util.Scanner;
public class BufferWriterTest {
    public static void main(String[] args) {
        String path = "test.txt";                //目标文件路径
        BufferedWriter bw = null;                 //文件输出流
        try {
            FileWriter fw = new FileWriter(path);
            bw = new BufferedWriter(fw);
            Scanner input = new Scanner(System.in);
            System.out.println("请输入内容：");
            String data = input.next();
```

```
                bw.write(data);                    //写文件
                bw.flush();                        //刷新缓冲区
                bw.close();                        //关闭输出流
        }catch(IOException e) {
                e.printStackTrace();
        }finally {
                if(bw != null) {
                        try {
                                bw.close();
                        } catch (IOException e) {
                                e.printStackTrace();
                        }
                }
        }
    }
}
```

执行示例 4，在控制台输出"为中华之崛起而读书！"，刷新项目项目（快捷键 F5），在当前工作目录下创建了 test.txt 文件，打开后内容为用户输入的内容，效果如图 13.5 所示。

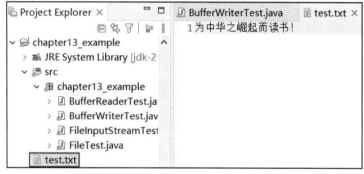

图 13.5　使用 BufferedWriter 写文件

任务 4　读写二进制文件

任务 3 学习了如何读写文本文件，但常见的文件读写中还有一种二进制文件的读写。读写二进制文件常用的类有 DataInputStream 和 DataOutputStream。

1. 使用字节流读二进制文件

利用 DataInputStream 类读二进制文件与用 FileInputStream 类读文本文件极其相似，而且还要用到 FileInputStream 类。具体操作步骤如下。

（1）引入相关的类。

```
import java.io.FileInputStream;
import java.io.DataInputStream;
```

（2）构造数据输入流对象。

```
FileInputStream fis = new FileInputStream("Student.class");
DataInputStream dis = new DataInputStream(fis);
```

（3）利用数据输入流对象的方法读取二进制文件的数据。

dis.readInt();	//读取出来的是整数
dis.readByte();	//读取出来的数据是 Byte 类型

（4）关闭数据输入流。

dis.close();	//关闭数据输入流

2. 使用字节流写二进制文件

利用 DataOutputStream 类写二进制文件与用 FileOutputStream 类写文本文件极其相似，而且还要用到 FileOutputStream 类。具体操作步骤如下。

（1）引入相关的类。

import java.io.FileOutputStream;
import java.io.DataOutputStream;

（2）构造一个数据输出流对象。

FileOutputStream outFile = **new** FileOutputStream("NewStudent.class");
DataOutputStream out = **new** DataOutputStream(outFile);

（3）利用数据输出流对象的方法写二进制文件的数据。

out.write(1);	//把数据写入二进制文件

（4）关闭数据输出流。

out.close();

示例 5：编写程序，将 D:\java 目录下的 Student.class 文件复制到 D:\class 目录下的 NewStudent.class 文件。

实现步骤：

（1）在 D:\java 目录下存放 Student.class 文件，引入相关类。

（2）判断目标文件目录是否存在，如存在先创建目录。

（3）创建流对象。

（4）调用 DataInputStream 对象的 read()方法读数据。

（5）调用 DataOutputStream 对象的 write()方法写数据。

（6）读取写入的数据。

（7）关闭流对象。

关键代码：

```
package chapter13_example;
import java.io.DataInputStream;
import java.io.DataOutputStream;
import java.io.File;
import java.io.FileInputStream;
import java.io.FileOutputStream;
import java.io.IOException;
public class DataInputStreamTest {
    public static void main(String[] args) {
        FileInputStream fis = null;
        FileOutputStream fos = null;
        DataInputStream dis = null;
        DataOutputStream dos = null;
        String oldpath = "D:\\java\\Student.class";          //原文件路径
```

```
            String newpath = "D:\\class\\NewStudent.class";      //目标文件路径
            try {
                File file = new File(newpath);
                if (!file.getParentFile().exists()) {             //目标文件目录是否存在
                    file.getParentFile().mkdirs();                //不存在则先创建目录
                }
                fis = new FileInputStream(oldpath);
                fos = new FileOutputStream(newpath);
                dis = new DataInputStream(fis);
                dos = new DataOutputStream(fos);
                int data;
                while ((data=dis.read())!=-1) {        //读数据
                    dos.write(data);                   //把读取的数据写入到 NewStudent.class 文件
                }
                System.out.print("文件复制完成！");
                //关闭流
                fis.close();
                fos.close();
                dis.close();
                dos.close();
            } catch (IOException e) {
                e.printStackTrace();
            } finally {
                //省略判断并关闭输入/输出流的语句
            }
        }
}
```

运行示例 5，可在 D:\class 目录下看到复制过来的 NewStudent.class 文件。

任务 5   使用 BufferedImage 和 ImageIO 类读写图片

在实际编程中，读取和保存图片是常用功能，读写图片时，可以使用任务 3 中 FileInputStream 和 FileOutputStream 读写图片，也可以使用 BufferedImage 和 ImageIO 类读写图片，分别通过示例 6 和示例 7 进行演示。

示例 6：使用 FileInputStream 和 FileOutputStream 类读写图片，效果如图 13.6 所示。

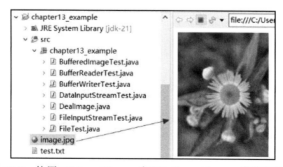

图 13.6   使用 FileInputStream 和 FileOutputStream 类读写图片

实现代码:

```java
package chapter13_example;
import java.io.File;
import java.io.FileInputStream;
import java.io.FileOutputStream;
import java.io.IOException;
public class DealImage {
    public static void main(String[] args) {
        File outfile = new File("D:\\java\\image.jpg");      //源文件
        File infile = new File("image.jpg");                 //目标文件
        FileInputStream fis = null;                          //文件输入流
        FileOutputStream fos = null;                         //文件输出流
        try {
            if(infile.exists()) {                            //判断要保存的图片是否已存在
                System.out.println(infile.getName()+"该图片已存在");
            }else {
                //创建流对象
                fis = new FileInputStream(outfile);
                fos = new FileOutputStream(infile);
                byte[] buf = new byte[1024];                 //设置缓冲区大小
                int len = 0;
                //循环读数据
                while((len = fis.read(buf)) != -1){          //读文件
                    fos.write(buf,0,len);                    //写文件
                }
                System.out.println("图片保存成功! ");
                //关闭流对象
                fis.close();
                fos.close();
            }
        }catch(IOException e) {
            System.out.println("图片保存失败! ");
            e.printStackTrace();
        }finally {                                           //无论是否异常，都关闭流对象
            try {
                if(fis != null) {
                    fis.close();
                }
                if(fos != null) {
                    fos.close();
                }
            } catch (IOException e) {
                e.printStackTrace();
            }
        }
    }
}
```

运行示例 6，执行结果如图 13.6 所示，因图片可能较大，示例中自定义了缓存，每次按缓存大小读取数据。

示例 7：使用 BufferedImage 和 ImageIO 类读写图片，如图 13.7 所示。

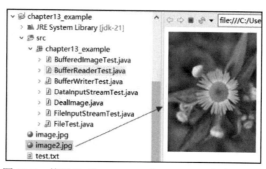

图 13.7　使用 BufferedImage 和 ImageIO 类读写图片

实现代码：

```java
package chapter13_example;
import java.awt.image.BufferedImage;
import java.io.File;
import java.io.IOException;
import javax.imageio.ImageIO;
public class BufferedImageTest {
    public static void main(String[] args) {
        String imagePath = "D:\\java\\image.jpg";        //图片路径
        String outputPath = "image2.jpg";                //输出路径为当前工作目录
        try {
            File imagefile = new File(imagePath);
            File out_file = new File(outputPath);
            BufferedImage image = ImageIO.read(imagefile);        //读取图片
            boolean result = ImageIO.write(image, "jpg", out_file);  //写入图片
            if(result == true) {
                System.out.println("图片保存成功！");
            }else {
                System.out.println("图片保存失败！");
            }
        } catch (IOException e) {
            e.printSta ckTrace();
        }
    }
}
```

运行示例 7，执行结果如图 13.7 所示。ImageIO 类还支持高级的图像处理操作，例如裁剪、旋转、缩放、反转、镜像等，感兴趣的读者可以进一步学习相关操作方法。

本 章 小 结

（1）java.io 包下的 File 类对文件进行基本的操作，File 对象既可表示文件，也可表示目录，可用来对文件或目录进行基本操作。例如：创建、删除文件或目录，检查文件是否存在，获取文件名称、获取文件的大小等。

（2）相对路径是相对当前工作目录而言的，可以通过 file.getPath()方法获得当前工作目录。绝对路径是目录或文件的完整的实际路径，可以通过 file.getAbsolutePath()方法获得。

（3）流分为输入流和输出流，输入/输出流是相对于计算机内存来说的，如果数据输入到内存，则称为输入流，如果从内存中输出则称为输出流。

（4）FileInputStream 是文件输入流，它的作用是将文件中的数据输入到内存中，它是字节输入流 InputStream 抽象类的一个子类。FileOutputStream 是文件输出流，其作用是把内存中的数据输出到文件中，它是字节输出流 OutputStream 抽象类的一个子类。

（5）BufferedReader 和 FileReader 两个类都是 Reader 抽象类下的子类，BufferedReader 是由 FileReader 作为参数创建的。它们可以通过字符流的方式并使用缓冲区读取文件，极大提高了读文本文件的效率。

（6）BufferedWriter 和 FileWriter 都是字符输出流 Writer 抽象类下的子类，BufferedWriter 是由 FileWriter 作为参数创建的，它们可以通过字符流的方式并通过缓冲区把数据写入文本文件，提高了写文本文件的效率。

（7）利用 DataInputStream 类读二进制文件，利用 DataOutputStream 类写二进制文件。

本 章 习 题

实践项目

遍历某个文件夹下所有的文件，包含其子文件夹下的文件，并给出每个文件的大小，效果如图 13.8 所示。

```
要遍历的目录为：C:\Users\zxchpx\eclipse-workspace\chapter13_example
该文件夹下有21个文件

.classpath          393B
.project            393B
org.eclipse.core.resources.prefs          57B
org.eclipse.jdt.core.prefs      781B
BufferedImageTest.class  1.39KB
BufferReaderTest.class   1.82KB
BufferWriterTest.class   1.57KB
DataInputStreamTest.class        2.55KB
DealImage.class 2.34KB
FileInputStreamTest.class        1.57KB
FileTest.class  2.94KB
image.jpg       118.97KB
image2.jpg      27.46KB
BufferedImageTest.java   1.03KB
BufferReaderTest.java    1.48KB
BufferWriterTest.java    954B
DataInputStreamTest.java         1.81KB
DealImage.java  1.51KB
FileInputStreamTest.java         1.20KB
FileTest.java   2.26KB
test.txt        30B
```

图 13.8　遍历目录

凡建立功业，以立品为始基。从来有学问而能担当大事业者，无不先从品行上立定脚跟。

——徐世昌

第14章 Java 多线程

本章导读

在生活中多线程的案例比比皆是，比如一边跑步一边听音乐，一边接电话一边查询资料等。计算机操作系统多采用多任务和分时设计，多任务是指在一个操作系统中可以同时运行多个程序，例如浏览网站的同时下载资料或播放音乐，即有多个独立运行的任务，每个任务对应一个进程，每个进程又可产生多个线程。

本章将重点讲解进程、线程、线程的生命周期、线程同步等核心技术，帮助读者掌握多线程开发的技能。

思维导图

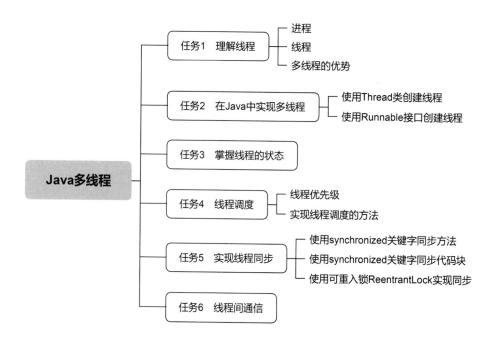

本章预习

预习本章内容，在作业本上完成以下简答题。

（1）对比进程与线程，说明两者的区别和关系。

（2）如何创建线程？

（3）简述线程的生命周期包含哪几个状态。

（4）如何实现线程同步？

任务 1　理　解　线　程

1. 进程

认识进程先从认识程序开始。程序（Program）是对数据描述与操作的代码的集合，如音视频播放软件、办公软件、通信软件等。而进程（Process）是程序的一次动态执行过程，它对应了从代码加载、执行至执行完毕的一个完整过程。操作系统同时管理一个计算机系统中的多个进程，让计算机系统中的多个进程轮流使用 CPU 资源，或者共享操作系统的其他资源。进程的特点是：

● 进程是系统运行程序的基本单位。

● 每一个进程都有自己独立的一块内存空间、一组系统资源。

● 每一个进程的内部数据和状态都是完全独立的。

当一个应用程序运行时会产生一个进程，在 Windows 系统中可以通过任务管理器查看进程，如图 14.1 所示。

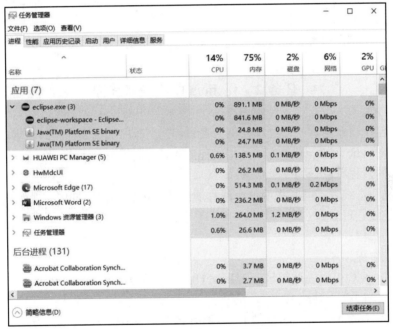

图 14.1　任务管理器中的进程

2. 线程

线程（Thread）是程序执行的最小单位，是进程的一个执行流，必须在进程内执行。在一个进程中，如果存在多个线程，被称为多线程。同一个进程内多个线程之间可以共享代码段、数据段、打开的文件等资源，但每个线程都有独立的寄存器和栈，这样可以确保线程的控制流是相对独立的。在线程中，通过各种同步机制来防止多个线程访问共享资源时产生冲突。例如：启动 WPS 软件就启动了一个进程，它可以同时进行打字、拼写检查、打印等任务，每一个子任务都是一个线程。

线程按处理级别可以分为核心级线程和用户级线程。

（1）核心级线程。核心级线程是和系统任务相关的线程，它负责处理不同进程之间的多个线程。

（2）用户级线程。在开发程序时，由于程序的需要而编写的线程即用户级线程，这些线程的创建、执行和消亡都是在编写应用程序的时候进行控制的。对于用户级线程的切换，通常发生在一个应用程序的诸多线程之间，如下载软件中的多线程下载就属于用户级线程。

线程和进程既有联系又有区别，具体如下：

- 一个进程中至少要有一个线程。
- 资源分配给进程，同一进程的所有线程共享该进程的所有资源。
- 处理机分配给线程，即真正在处理机上运行的是线程。

3. 多线程的优势

多线程有着广泛的应用，下载软件是一款典型的多线程应用程序，在下载软件中，可以同时执行多个下载任务。这样不但能够加快下载的速度，减少等待时间，而且还能够充分利用网络和系统资源。多线程的好处如下：

- 多线程程序可以带来更好的用户体验，避免因程序执行过慢而导致的计算机死机情况。
- 多线程程序可以很大限度地提高计算机系统的利用效率。

任务 2　在 Java 中实现多线程

每个程序至少自动拥有一个线程，称为主线程。当程序加载到内存时，启动主线程。Java 程序中的 public static void main()方法是主线程的入口，运行 Java 程序时，会先执行这个方法。使用一个线程的过程可以分为 4 个步骤：

（1）定义一个线程，同时指明这个线程所要执行的代码，即期望完成的功能。

（2）创建线程对象。

（3）启动线程。

（4）终止线程。

在 Java 中，线程可以通过继承 java.lang.Thread 类和实现 java.lang.Runnable 接口实现。

1. 使用 Thread 类创建线程

Java 提供了 java.lang.Thread 类支持多线程编程，该类提供了大量的方法来控制和操作线程，如表 14.1 所示。

表 14.1　Thread 类常用方法

方法	说明
void run()	执行任务操作的方法
void start()	线程开始执行
void sleep(long millis)	在指定的毫秒数内让当前正在执行的线程休眠（暂停执行）
String getName()	返回该线程的名称

方法	说明
int getPriority()	返回线程的优先级
void setPriority(int newPriority)	更改线程的优先级
Thread.State getState()	返回该线程的状态
boolean isAlive()	测试线程是否处于活动状态
void join()	等待该线程终止
void interrupt()	中断线程
void yield()	暂停当前正在执行的线程对象，并执行其他线程

可以通过继承 Thread 类并重写 Thread 类的 run()方法创建线程。Thread 类的 run()方法是线程要执行操作任务的方法，所以线程要执行的操作代码都需要写在 run()方法中，并通过调用 start()方法来启动线程。

示例 1：继承 Thread 类创建和启动线程。

步骤 1：创建 MyThread，继承自 Thread 类，重写 run()方法。

```java
package chapter14_example;
public class MyThread extends Thread {
    //重写 run()方法
    public void run(){
        for(int i=0;i<10;i++){
            System.out.println(getName()+"在执行！");
        }
    }
}
```

步骤 2：创建 Test 类，创建 MyThread 类的对象，创建两个线程，并启动线程。

```java
package chapter14_example;
public class Test {
    public static void main(String[] args) {
        //创建线程对象
        MyThread t1 = new MyThread();
        MyThread t2 = new MyThread();
        //设置线程名称
        t1.setName("线程 1");
        t2.setName("线程 2");
        //启动线程
        t1.start();
        t2.start();
    }
}
```

运行示例 1，执行结果如图 14.2 所示（注：每次执行结果存在差异）。

```
线程1在执行！
线程1在执行！
线程1在执行！
线程2在执行！
线程2在执行！
线程2在执行！
线程2在执行！
线程2在执行！
线程1在执行！
线程1在执行！
```

图 14.2　继承 Thread 类实现多线程

示例解析：在示例 1 中，MyThread 类通过继承 Thread 类创建了线程，并重写了 run()方法，在 run()方法中，通过 for 循环输出 10 次"在执行"，输出语句中的 getName()方法用于获取当前线程名称。在 Test 类中，创建了两个 MyThread 对象，也就是创建了两个线程，使用 setName()方法为线程设置名称为"线程 1"和"线程 2"，最后调用线程的 start()方法启动两个线程，从图 14.2 可以看出两个线程随机各交替执行了 5 次。

2．使用 Runnable 接口创建线程

使用继承 Thread 类的方式创建线程简单明了，但它也有一个缺点，如果定义的类已经继承了其他类则无法再继承 Thread 类。使用 Runnable 接口创建线程的方式可以解决这个问题。

Runnable 接口中声明了一个 run()方法，即 public void run()。一个类可以通过实现 Runnable 接口并实现其 run()方法完成线程的所有活动，已实现的 run()方法称为该对象的线程体。任何实现 Runnable 接口的对象都可以作为一个线程的目标对象。

示例 2：使用实现 Runnable 接口的方式创建线程。

步骤 1：定义 MyRun 类实现 java.lang.Runnable 接口，并实现 Runnable 接口的 run()方法，在 run()方法中实现输出数据。

```java
package chapter14_example2;
public class MyRun implements Runnable {
    @Override
    public void run() {
        for(int i=0;i<5;i++){
            //获取当前线程对象
            Thread t = Thread.currentThread();
            System.out.println(t.getName()+"在执行！");
        }
    }
}
```

步骤 2：创建 Test 类，并创建 MyRun 对象，创建线程并调用 start()方法启动线程。

```java
package chapter14_example2;
public class Test {
    public static void main(String[] args) {
        //创建 MyRun 对象
        MyRun mr = new MyRun();
        //创建线程
        Thread t1 = new Thread(mr);
```

```
            Thread t2 = new Thread(mr);
            //给线程设置名称
            t1.setName("线程 1");
            t2.setName("线程 2");
            //启动线程
            t1.start();
            t2.start();
        }
}
```

运行示例 2，执行结果如图 14.3 所示。

```
线程2在执行!
线程2在执行!
线程2在执行!
线程1在执行!
线程1在执行!
线程2在执行!
线程1在执行!
线程1在执行!
线程1在执行!
线程2在执行!
```

图 14.3　实现 Runable 接口实现多线程

示例解析：在示例 2 中，通过实现 Runnable 接口创建线程，并实现了接口的 run()方法，注意 run()方法中获取当前线程对象的语句为 Thread t = Thread.currentThread();。在 Test 类中创建线程的方法有所不同，是先创建 MyRun 对象，然后以此对象为参数，使用 Thread t1 = new Thread(mr);语句创建线程，为线程设置名称，最后调用 start()方法启动线程。

任务 3　掌握线程的状态

当 Thread 对象创建完成时，线程的生命周期便开始了，当 run()方法中代码正常执行完毕或者线程抛出一个未捕获的异常（Exception）或者错误（Error）时，线程的生命周期便会结束。线程的整个生命周期可以分为 5 个阶段，分别是新建状态（New）、就绪状态（Runnable）、运行状态（Running）、阻塞状态（Blocked）和死亡状态（Terminated），线程的不同状态表明了线程正在进行的活动。在程序中，通过一些操作可以使线程在不同状态之间转换，如图 14.4 所示。

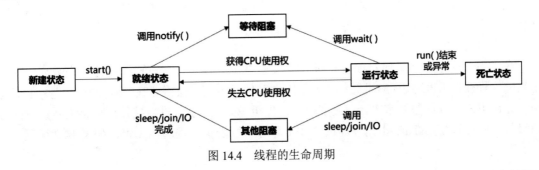

图 14.4　线程的生命周期

（1）新建状态（New）。创建线程对象之后，尚未调用其 start()方法之前，这个线程就有了生命，此时线程仅仅是一个空对象，系统没有分配资源。此时只能启动和终止线程，任何其他操作都会引发异常。

（2）就绪状态（Runnable）。当线程对象调用了 start()方法后，该线程就进入就绪状态。处于就绪状态的线程位于线程队列中，此时它只是具备了运行的条件，能否获得 CPU 的使用权并开始运行，还需要等待系统的调度。

（3）运行状态（Running）。如果处于就绪状态的线程获得了 CPU 的使用权，并开始执行 run()方法中的线程执行体，则该线程处于运行状态。一个线程启动后，它可能不会一直处于运行状态，当运行状态的线程使用完系统分配的时间后，系统就会剥夺该线程占用的 CPU 资源，让其他线程获得执行的机会。需要注意的是，只有处于就绪状态的线程才可能转换到运行状态。

（4）阻塞状态（Blocked）。一个正在运行的线程因某种原因不能继续运行时，进入阻塞状态。阻塞状态是一种"不可运行"的状态，而处于这种状态的线程在得到一个特定的事件之后会转回可运行状态。

导致一个线程被阻塞的原因可能是：

● 调用了 Thread 类的静态方法 sleep()。

● 一个线程执行到一个 I/O 操作时，如果 I/O 操作尚未完成，则线程将被阻塞。

● 如果一个线程的执行需要得到一个对象的锁，而这个对象的锁正被别的线程占用，那么此线程会被阻塞。

处于阻塞状态的线程可以转回可运行状态，例如，在调用 sleep()方法之后，这个线程的睡眠时间已经达到了指定的间隔，那么它就有可能重新回到可运行状态。或当一个线程等待的锁变得可用的时候，这个线程也会从被阻塞状态转入可运行状态。

（5）死亡状态（Terminated）。一个线程的 run()方法运行完毕、stop()方法被调用或者在运行过程中出现未捕获的异常，线程进入死亡状态。

任务 4 线 程 调 度

当同一时刻有多个线程处于可运行状态，它们需要排队等待 CPU 资源，每个线程会自动获得一个线程的优先级（Priority），优先级的高低反映线程的重要或紧急程度。可运行状态的线程按优先级排队，线程调度依据优先级基础上的"先到先服务"原则。

线程调度管理器负责线程排队和 CPU 在线程间的分配，并按线程调度算法进行调度。当线程调度管理器选中某个线程时，该线程获得 CPU 资源进入运行状态。

线程调度是抢占式调度，即如果在当前线程执行过程中一个更高优先级的线程进入可运行状态，则这个更高优先级的线程立即被调度执行。

1. 线程优先级

在应用程序中，如果要对线程进行调度，最直接的方式就是设置线程的优先级。优先级越高的线程获得 CPU 执行的机会越大，而优先级越低的线程获得 CPU 执行的机会越小。线程的优先级用 1～10 的整数来表示，数字越大优先级越高。除了可以直接使用数字表示线程的优先级外，还可以使用 Thread 类中提供的 3 个静态常量表示线程的优先级，如表 14.2 所示。

表 14.2　Thread 类的优先级常量

Thread 类的静态常量	功能描述
static int MAX_PRIORITY	表示线程的最高优先级，值为 10
static int MIN_PRIORITY	表示线程的最低优先级，值为 1
static int NORM_PRIORITY	表示线程的普通优先级，值为 5

程序在运行期间，处于就绪状态的每个线程都有自己的优先级，然而线程优先级不是固定不变的，可以通过 Thread 类的 setPriority(int newPriority)方法进行设置，setPriority()方法中的参数 newPriority 接收的是 1～10 的整数或者 Thread 类的 3 个静态常量。例如：myThread.setPriority(3);表示将线程对象 myThread 的优先级别设置为 3。

示例 3：创建不同优先级的线程，运行时重新设置优先级。

步骤 1：定义 MyRun 类实现 java.lang.Runnable 接口，并实现 Runnable 接口的 run()方法，在 run()方法中实现输出数据。

```
package chapter14_example3;
public class MyRun implements Runnable {
    @Override
    public void run() {
        for(int i=0;i<5;i++){
            //获取当前线程对象
            Thread t = Thread.currentThread();
            System.out.println(t.getName()+"在执行！ ");
        }
    }
}
```

步骤 2：创建 Test 类，并创建 MyRun 对象，创建两个线程，分别为两个线程设置高优先级 MAX_PRIORITY 和低优先级 MIN_PRIORITY，并为线程设置名称"优先级高的线程"和"优先级低的线程"，最后分别调用 start()方法启动线程。

```
package chaper14_example3;
public class Test {
    public static void main(String[] args) {
        //创建 MyThread 对象
        MyRun mr = new MyRun();
        //创建线程
        Thread maxPriority = new Thread(mr);
        Thread minPriority = new Thread(mr);
        //为线程设置优先级
        maxPriority.setPriority(Thread.MAX_PRIORITY);    //高优先级
        minPriority.setPriority(Thread.MIN_PRIORITY);    //低优先级
        //给线程设置名称
        maxPriority.setName("优先级高的线程");
        minPriority.setName("优先级低的线程");
        //启动线程
        maxPriority.start();
```

```
            minPriority.start();
        }
    }
```

运行示例 3，执行结果如图 14.5 所示。从运行结果可以看出，优先级较高的 maxPriority 线程先运行，运行完毕后优先级较低的 minPriority 线程才开始运行。所以优先级越高的线程获取 CPU 切换时间片的概率就越大。

```
优先级高的线程在执行！
优先级高的线程在执行！
优先级高的线程在执行！
优先级高的线程在执行！
优先级高的线程在执行！
优先级低的线程在执行！
优先级低的线程在执行！
优先级低的线程在执行！
优先级低的线程在执行！
优先级低的线程在执行！
```

图 14.5　线程优先级

2. 实现线程调度的方法

join 方法。

join()方法使当前线程暂停执行，等待调用该方法的线程结束后再继续执行本线程。join 方法有三个可重写的方法。

public final void join()
public final void join(**long** mills)
public final void join(**long** mills,**int** nanos)

示例 4：创建线程 MyRun，当主线程中的循环执行 5 次后，阻塞主线程，执行线程 MyRun，待线程 MyRun 运行结束后再执行主线程中的循环 5 次。

步骤 1：定义 MyRun 类实现 java.lang.Runnable 接口，并实现 Runnable 接口的 run()方法，在 run()方法中循环 5 次，输出 5 次线程执行信息。

```java
package chapter14_example4;
public class MyRun implements Runnable {
    @Override
    public void run() {
        for(int i=0;i<5;i++){

            //获取当前线程对象
            Thread t = Thread.currentThread();
            System.out.println(t.getName()+"在执行！" + i);
        }
    }
}
```

步骤 2：定义测试类 Test，在 Test 类中循环输出 10 次主线程执行信息，当第 5 次后使用 join()方法阻塞主线程，启动 MyRun 线程。

```java
package chapter14_example4;
public class Test {
```

```
public static void main(String[] args) {
    for(int i=0;i<10;i++){
        //输出主线程的运行次数
        System.out.println(Thread.currentThread().getName()+""+i);
        if(i==4){    //主线程运行 5 次后，开始 MyRun 线程，
            MyRun run = new MyRun();
            Thread thread = new Thread(run, "线程 MyRun");
            try {
                thread.start();
                //把该线程通过 join()方法插入到主线程前面
                thread.join();
            } catch (InterruptedException e) {
                e.printStackTrace();
            }
        }
    }
}
```

运行示例 4，执行结果如图 14.6 所示。

```
main0
main1
main2
main3
main4
线程MyRun在执行！ 0
线程MyRun在执行！ 1
线程MyRun在执行！ 2
线程MyRun在执行！ 3
线程MyRun在执行！ 4
main5
main6
main7
main8
main9
```

图 14.6   使用 join()方法阻塞线程

示例解析：在示例 4 中，使用 join()方法阻塞指定的线程到另一个线程完成以后再继续执行。其中 thread.join();表示让当前线程即主线程加到 thread 的末尾，主线程被阻塞，thread 执行完以后主线程才能继续执行。

3．sleep()方法

sleep()方法定义语法如下：

public static void sleep(long millis)

sleep()方法会让当前线程睡眠（停止执行）millis 毫秒，线程由运行中的状态进入不可运行状态，睡眠时间过后线程会再进入可运行状态。

示例 5：使用 sleep()方法阻塞线程。

package chapter14_example5;
public class SleepTest {

```
public static void main(String[] args) {
    System.out.println("执行主线程");            //提示恢复执行
    System.out.println("即将休眠 5 秒！");        //提示等待
    //让主线程等待 5 秒再执行
    for(int i=0;i<5;i++){
        System.out.println("休眠"+(i+1)+"秒");
        try {
            Thread.sleep(1000);                //睡眠 1 秒
        } catch (InterruptedException e) {
            e.printStackTrace();
        }
    }
    System.out.println("恢复执行主线程");        //提示恢复执行
}
```

执行示例 5，运行结果如图 14.7 所示。

```
执行主线程
即将休眠5秒！
休眠1秒
休眠2秒
休眠3秒
休眠4秒
休眠5秒
恢复执行主线程
```

图 14.7　使用 sleep()方法实现线程休眠

4．yield()方法

yield()方法定义语法如下：

public static void yield()

yield()方法可暂停当前线程执行，允许其他线程执行，该线程仍处于可运行状态，不转为阻塞状态。此时，系统选择其他相同或更高优先级线程执行，若无其他相同或更高优先级线程，则该线程继续执行。

示例 6：使用 yield()方法暂停线程。

步骤 1：继承 Thread 类创建线程 MyThread，重写 run()方法，在 run()方法中循环输出 5 次线程运行信息，并调用 Thread 类的 yield()方法暂停线程。

```
package chapter14_example6;
public class MyThread extends Thread{
    public void run(){
        for(int i=0;i<5;i++){
            System.out.println(getName()+(i+1)+"次运行");
            Thread.yield();
        }
    }
}
```

步骤 2：创建两个线程，分别为线程命名，启动线程。

```
package chapter14_example6;
public class YieldTest {
    public static void main(String[] args) {
        //创建线程
        MyThread mr1 = new MyThread();
        MyThread mr2 = new MyThread();
        //为线程命名
        mr1.setName("第 1 个线程");
        mr2.setName("第 2 个线程");
        //启动线程
        mr1.start();
        mr2.start();
    }
}
```

运行示例 6，执行结果如图 14.8 所示。

```
第1个线程1次运行
第1个线程2次运行
第2个线程1次运行
第1个线程3次运行
第2个线程2次运行
第1个线程4次运行
第2个线程3次运行
第1个线程5次运行
第2个线程4次运行
第2个线程5次运行
```

图 14.8　使用 yield()方法暂停线程

在示例 6 中，调用了 yield()方法之后，当前线程并不是转入被阻塞状态，它可以与其他等待执行的线程竞争 CPU 资源，如果此时它又抢占到 CPU 资源，就会出现连续运行几次的情况。

sleep()方法与 yield()方法在使用时容易混淆，这两个方法之间的区别如下：

- sleep()方法使当前线程进入被阻塞的状态，yield()方法将当前线程转入暂停执行的状态。
- 使用 sleep()方法后，即使没有其他等待运行的线程，当前线程也会等待指定的时间；使用 yield()方法后如果没有其他等待执行的线程，当前线程会马上恢复执行。
- 使用 sleep()方法后，其他等待执行的线程的机会是均等的；使用 yield()方法后会运行优先级相同或更高的线程。

任务 5　实现线程同步

在解决实际问题时，一些同时运行的线程需要共享数据，此时就需要考虑其他线程的状态和行为，否则就不能保证程序运行结果的正确性。例如：某酒店在多个平台开启线上订房业务，如果有多个线程同时尝试订房，并且每个线程都尝试减少剩余房间数和增加订出总数，可能会出现一房多订的情况，导致混乱。所以，如果有多个线程同时尝试修改一个共享资源（如车票数、房间数等、共享文档等），可能会出现数据不一致的问题，为了保证多个线程访问共享资源时的数据一致性和完整性，需要进行线程同步。

Java 中，可以使用 synchronized 关键字同步方法和同步代码块实现线程同步。

1. 使用 synchronized 关键字同步方法

通过在方法声明中加入 synchronized 关键字来声明同步方法。

同步方法的语法为：

访问修饰符 **synchronized** 返回类型 方法名{}

或者

synchronized 访问修饰符 返回类型 方法名{}

在语法中，synchronized 是同步关键字，访问修饰符是指 public、private 等。

示例 7：某个车站开了三个窗口售卖车票，假设某车次的车票数量为 10，开发程序，模拟窗口售票功能，要求每卖出一张车票，总数量减 1，当车票数量小于 1 的时候停止售票。

步骤 1：定义 SellTicket 类，实现 Runnable 接口并重写 run()方法。使用 synchronized 关键字同步卖票的方法。

```
package chapter14_example7;
public class SellTicket implements Runnable{
    private int tickets = 5; //定义票的数量
    @Override
    public void run() {
        while(true) {
            if(!sellOneTicket()) {
                break;
            }
            try {
                Thread.sleep(100); //休眠
            }catch(Exception e) {
                e.printStackTrace();
            }
        }
    }
    /**同步卖票的方法*/
    public synchronized  boolean sellOneTicket() {
        if(tickets > 0) { //如果还有票
            System.out.println(Thread.currentThread().getName()+":"+ tickets--);
            return true;
        }else {
            return false;
        }
    }
}
```

步骤 2：创建 Test 类，在 Test 类中实例化 SellTicket 类，并创建三个线程以模拟三个售票窗口。

```
package chapter14_example7;
public class Test {
    public static void main(String[] args) {
        //创建线程实例
        SellTicket st = new SellTicket();
        //创建线程 1，模拟售票窗口一
        Thread sw1 = new Thread(st,"窗口一");
        sw1.start();
        //创建线程 2，模拟售票窗口二
        Thread sw2 = new Thread(st,"窗口二");
        sw2.start();
        //创建线程 3，模拟售票窗口三
        Thread sw3 = new Thread(st,"窗口三");
        sw3.start();
    }
}
```

运行示例 7，执行结果如图 14.9 所示。

```
窗口一:10
窗口三:9
窗口二:8
窗口一:7
窗口二:6
窗口三:5
窗口一:4
窗口三:3
窗口二:2
窗口三:1
```

图 14.9　同步方法

示例解析：在示例 7 中，使用 synchronized 关键字修饰了卖票的 sellOneTicket()方法后，当一个线程已经在执行此方法的时候，这个线程就得到了当前对象的锁，该方法执行完毕以后才会释放这个锁，在它释放这个锁之前其他的线程是无法同时执行此对象的 sellOneTicket () 方法的。这样就完成了对这个方法的同步。

同步方法的缺陷是如果将一个运行时间比较长的方法声明成 synchronized 将会影响效率，所以被 synchronized 修饰的方法一般是代码量较少的核心代码。

2. 使用 synchronized 关键字同步代码块

synchronized 关键字也可以使用在需要同步的代码块上，synchronized 块中的代码必须获得对象 syncObject 的锁才能执行，具体机制与同步方法一致。由于该方法可以针对任意代码块，且可任意指定上锁的对象，故灵活性较高。同步代码块的语法为：

```
synchronized(syncObject){
    //需要同步访问控制的代码
}
```

示例 8：使用 synchronized 同步代码块，实现示例 7 的需求。

步骤 1：定义 SellTicketThread 类，实现 Runnable 接口并重写 run()方法。使用 synchronized

关键字同步卖票的代码块。

```java
package chapter14_example8;
public class SellTicketThread implements Runnable{
    int tickets = 10;                                  //定义票的数量
    Object obj = new Object();                         //锁对象
    @Override
    public void run() {
        for(int i=tickets;i>0;i--) {
            synchronized (obj) {                       //同步锁，上锁
                if(tickets > 0) {                      //还有票
                    try{
                        Thread.sleep(100);             //让当前线程休眠
                    }catch(Exception e) {
                        e.printStackTrace();
                    }

                    System.out.println(Thread.currentThread().getName()+":"+ i);
                }
            }
        }
    }
}
```

步骤 2：创建 Test 类，在 Test 类中实例化 SellTicketThread 类，并创建三个线程以模拟三个售票窗口。

```java
package chapter14_example8;
public class Test {
    public static void main(String[] args) {
        //创建线程实例
        SellTicketThread st = new SellTicketThread();
        //创建线程 1，模拟售票窗口一
        Thread sw1 = new Thread(st,"窗口一");
        sw1.start();
        //创建线程 2，模拟售票窗口二
        Thread sw2 = new Thread(st,"窗口二");
        sw2.start();
        //创建线程 3，模拟售票窗口三
        Thread sw3 = new Thread(st,"窗口三");
        sw3.start();
    }
}
```

示例解析：运行示例 8，执行结果与示例 7 一致。读者应该注意到在示例 7 和示例 8 中都使用了 Thread.sleep(100);的语句，意思是让当前线程休眠 100 毫秒。在示例中，如果注释掉这句代码程序运行结果通常也是一样的，之所以加这句代码，是因为在使用多线程时，如果线程运行时间特别长可能会出现一些问题，或者当前我们开启了多个线程，让它们分别执行几个任务，但是执行的任务时间非常短，导致 CPU 频繁快速切换线程时也会出现一系列的问题，当我们设置 sleep 时，等于告诉 CPU 当前的线程不再运行，可以切换到另外的线程了，这种操作

对于线程较多、运行复杂的情况是非常友好的。

3. 使用可重入锁 ReentrantLock 实现同步

在 Java 1.5 中新增了 java.util.concurrent 包来支持同步，ReentrantLock 类是可重入、互斥、实现了 Lock 接口的锁，它属于 java.util.concurrent.locks 包。相比于内置的 synchronized 关键字，ReentrantLock 提供了更灵活和强大的功能。

多线程在使用同步机制时，存在"死锁"的潜在危险。如果多个线程都处于等待状态而无法唤醒时，就构成了死锁（Deadlock），此时处于等待状态的多个线程占用系统资源，但无法运行，因此不会释放自身的资源。可重入锁（ReentrantLock）允许同一线程多次获取同一把锁，而不会造成死锁，这种特性使得锁在同一线程内可以被递归使用，从而避免了在递归调用时可能出现的死锁问题。

使用 ReentrantLock 的基本步骤如下：

（1）创建一个 ReentrantLock 对象。

（2）在需要加锁的代码块前调用 lock()方法获取锁。

（3）在需要释放锁的代码块后调用 unlock()方法释放锁。

示例 9：使用 ReentrantLock 重入锁实现示例 7 购票功能。

步骤 1：定义 SellTicketThread 类，实现 Runnable 接口并重写 run()方法，创建 ReentrantLock 锁，在 run()方法中，使用 lock()方法获取锁，然后卖一张票，再使用 unlock()方法释放锁。

```java
package chapter14_example9;
import java.util.concurrent.locks.ReentrantLock;
public class SellTicketThread implements Runnable{
    private static int tickets = 10;                         //定义票的数量
    private ReentrantLock lock = new ReentrantLock();        //创建锁
    @Override
    public void run() {
        try {
            while(tickets>=3) {                              //还有票
                Thread.sleep(100);
                lock.lock();                                 //获取锁
                System.out.println(Thread.currentThread().getName()+":"+ tickets--);
                lock.unlock();                               //释放锁
            }
        }catch(Exception e) {
            e.printStackTrace();
        }
    }
}
```

步骤 2：创建 Test 类，在 Test 类中实例化 SellTicketThread 类，并创建三个线程以模拟三个售票窗口。

```java
package chapter14_example9;
public class Test {
    public static void main(String[] args) {
        //创建线程实例
        SellTicketThread st = new SellTicketThread();
```

```
        //创建线程 1，模拟售票窗口一
        Thread sw1 = new Thread(st,"窗口一");
        sw1.start();
        //创建线程 2，模拟售票窗口二
        Thread sw2 = new Thread(st,"窗口二");
        sw2.start();
        //创建线程 3，模拟售票窗口三
        Thread sw3 = new Thread(st,"窗口三");
        sw3.start();
    }
}
```

示例解析：运行示例 9，执行结果与示例 7 一致。在示例 9 中，创建了 SellTicketThrea 类，其中包含了一个静态的 ReentrantLock 对象 lock 和一个静态的整型计数器 tickets。在 run()方法中使用 ReentrantLock 的 lock 方法获取锁，然后执行窗口卖票操作，使用 unlock 方法释放锁。需要注意的是，因为是三个线程，while 循环的条件是 tickets>=3，如果是>=1 则另外两个线程还会卖票，会出现车票数量为 0 或-1 的情况。

ReentrantLock 和 synchronized 的主要区别如下：

（1）用法。synchronized 可以修饰普通方法、静态方法和代码块，而 ReentrantLock 只能用于代码块，可见 synchronized 的使用更加灵活。

（2）获取和释放锁的方式。synchronized 会自动获取和释放锁，当进入 synchronized 修饰的代码块时会自动加锁，离开时则自动释放锁。而 ReentrantLock 需要手动调用 lock()方法进行加锁，并在使用完毕后调用 unlock()方法释放锁。这种手动控制的方式提供了更大的灵活性，但需要确保正确释放锁，否则可能导致死锁。

（3）是否可以中断等待。使用 synchronized 时，如果一个线程获得了锁，其他等待的线程将一直等待，无法被中断。使用 ReentrantLock 时，等待的线程可以在一段时间后被中断，这使得线程可以在等待锁的过程中执行其他任务，提高了系统的响应性。

（4）性能和功能。在 JDK 1.6 之前，synchronized 的性能通常比 ReentrantLock 差。但随着 JVM 对 synchronized 的优化，两者的性能差异已经不大。

任务 6　线程间通信

生产者消费者问题，也称有限缓冲问题，是一个多线程同步问题的经典案例。该问题描述了两个共享固定大小缓冲区的线程，分别为"生产者"和"消费者"，生产者的主要作用是生成一定量的数据放到缓冲区中，然后重复此过程。与此同时，消费者也在缓冲区消耗这些数据。该问题的关键就是要保证生产者不会在缓冲区已经装满时加入数据，消费者也不会在缓冲区为空时消耗数据。要解决该问题，就必须让生产者在缓冲区满时休眠，等到下次消费者消耗缓冲区中的数据的时候，生产者才能被唤醒，开始往缓冲区添加数据。同样，也可以让消费者在缓冲区空时进入休眠，等到生产者往缓冲区添加数据之后，再唤醒消费者。通常采用进程间通信的方法解决该问题。

示例 10：使用线程通信解决生产者、消费者问题。

实现步骤：

（1）定义共享资源类（缓冲区）Buffer。

（2）定义生产者线程类。

（3）定义消费者线程类。

（4）定义测试类。

实现代码：

```java
/**生产者*/
public class Producer extends Thread{
    private Buffer buffer;                          //缓冲区
    Producer(Buffer s){
        this.buffer=s;
    }
    public void run(){
        for (char ch='A'; ch<='D'; ch++){
            try{
                Thread.sleep(1000);
            } catch (InterruptedException e) {
                e.printStackTrace();
            }
            buffer.putShareChar(ch);                //将数据放入缓冲区
        }
    }
}
/**消费者*/
public class Consumer extends Thread{
    private Buffer buffer;                          //缓冲区
    Consumer(Buffer s){
        this.buffer=s;
    }
    public void run(){
        char ch;
        do {
            try    {
                Thread.sleep(1000);
            } catch (InterruptedException e) {
                e.printStackTrace();
            }
            ch=buffer.getShareChar();               //从缓冲区中取出数据
        } while(ch!='D');
    }
}
/**缓冲区类 Buffer*/
public class Buffer {
    private char c;
    private boolean isProduced=false;               //信号量
```

```java
        //同步方法 putShareChar()，用于生产数据
        public synchronized void putShareChar(char c) {
            //如果数据还未消费，则生产者等待
            if (isProduced) {
                try {
                    System.out.println("消费者还未消费，因此生产者停止生产");
                    wait();                        //生产者等待
                } catch (InterruptedException e) {
                    e.printStackTrace();
                }
            }
            this.c=c;
            isProduced=true;                       //标记已经生产
            notify();                              //通知消费者已经生产，可以消费
            System.out.println("生产者生产了数据"+c+" 通知消费者消费…");
        }
        //同步方法 getShareChar()，用于消费数据
        public synchronized char getShareChar() {
            //如果数据还未生产，则消费者等待
            if (!isProduced){
                try {
                    System.out.println("生产者还未生产，因此消费者停止消费");
                    wait();                        //消费者等待
                } catch (InterruptedException e) {
                    e.printStackTrace();
                }
            }
            isProduced=false;        //标记已经消费
            notify();                              //通知需要生产
            System.out.println("消费者消费了数据"+c+"  通知生产者生产…\n");
            return this.c;
        }
    }
}
/**测试类*/
public class Test {
    public static void main(String[] args) {
        //共享同一个共享资源
        Buffer buffer = new Buffer();
        //创建生产者线程
        Producer producer = new Producer(buffer);
        producer.start();
        //创建消费者线程
        Consumer consumer = new Consumer(buffer);
        consumer.start();
    }
}
```

运行示例 10，执行结果如图 14.10 所示。

```
生产者生产了产品A    通知消费者消费…
消费者消费了产品A    通知生产者生产…

生产者还未生产，因此消费者停止消费
生产者生产了产品B    通知消费者消费…
消费者消费了产品B    通知生产者生产…

生产者还未生产，因此消费者停止消费
生产者生产了产品C    通知消费者消费…
消费者消费了产品C    通知生产者生产…

生产者生产了产品D    通知消费者消费…
消费者消费了产品D    通知生产者生产…
```

图 14.10　使用线程通信解决生产者与消费者问题

示例解析：在示例 10 中，Producer 类负责生产，是生产者。Consumer 类负责消费，是消费者。Buffer 类是缓冲区，Test 类是测试类，程序执行流程如下：

（1）在 Test 类的 main()方法中，启动生产者线程 producer 和消费者线程 consumer。

（2）执行 Prodecer 线程的 run()方法，在该方法中 for 循环从 A 到 D，每次循环都调用 Buffer 类的 putShareChar(ch)方法，将生产的数据放入缓冲区。

（3）执行被 Buffer 类中被 synchronized 修饰的 putShareChar()方法，判断信号量 isProduced 是否为 true，如果为 true 代表缓冲区还有数据，提示"消费者还未消费，因此生产者停止生产"，并执行 wait()方法，挂起当前线程，并释放共享资源的锁，使用 notify()方法唤醒消费者线程，将 isProduced 设置为 true 表示已经生产，并输出"生产者生产了产品 X，通知消费者消费…"。

（4）线程 Consumer 开始运行，执行 run()方法，当 ch!=D 时，执行 Buffer 类中的 getShareChar()方法从缓冲区取数据。

（5）执行被 Buffer 类中被 synchronized 修饰的 getShareChar()方法，判断信号量 isProduced 是否为 false，如果为 false 代表缓冲区没有数据，提示"生产者还未生产，因此消费者停止消费"，并执行 wait()方法，挂起当前消费者线程，并释放共享资源的锁，使用 notify()方法唤醒生产者线程，将 isProduced 设置为 false 表示已经消费，并输出"消费者消费了产品 X 通知生产者生产…"。

从示例 10 可以可看出，线程间通信一般使用的是"信号灯"策略，isProduced 变量非常重要，根据 isProduced 变量的值，使用 wait()方法挂起当前线程，并使用 notify()方法唤醒另一个线程。

本 章 小 结

（1）Java 中，线程可以通过继承 java.lang.Thread 类和实现 java.lang.Runnable 接口实现。

（2）可能通过继承 Thread 类并重写 Thread 类的 run()方法创建线程。Thread 类的 run()方法是线程要执行操作任务的方法，所以线程要执行的操作代码都需要写在 run()方法中，并通过调用 start()方法来启动线程。使用继承 Thread 类的方式创建线程有一个缺点，即如果定义的类已经继承了其他类则无法再继承 Thread 类。

（3）使用 Runnable 接口创建线程的方式可以解决继承 Thread 类创建线程时可能存在的

多继承问题，一个类可以通过实现 Runnable 接口并实现其 run()方法创建线程。

（4）线程的整个生命周期可以分为 5 个阶段，分别是新建状态（New）、就绪状态（Runnable）、运行状态（Running）、阻塞状态（Blocked）和死亡状态（Terminated），线程的不同状态表明了线程当前正在进行的活动。

（5）程序在运行期间，处于就绪状态的每个线程都有自己的优先级，线程优先级不是固定不变的，可以通过 Thread 类的 setPriority(int newPriority)方法进行设置，setPriority()方法中的参数 newPriority 接收的是 1～10 的整数或者 Thread 类的 3 个静态常量。

（6）join()方法使当前线程暂停执行，等待调用该方法的线程结束后再继续执行本线程。

（7）sleep()方法会让当前线程睡眠（停止执行）millis 毫秒，线程由运行中的状态进入不可运行状态，睡眠时间过后线程会再进入可运行状态。

（8）yield()方法可暂停当前线程执行，允许其他线程执行，该线程仍处于可运行状态，不转为阻塞状态。此时，系统选择其他相同或更高优先级线程执行，若无其他相同或更高优先级线程，则该线程继续执行。

（9）通过在方法声明中加入 synchronized 关键字来声明同步方法。synchronized 关键字也可以使用在需要同步的代码块上，具体机制与同步方法一致。由于可以针对任意代码块，且可任意指定上锁的对象，故灵活性较高。

（10）在 Java 1.5 中新增了 java.util.concurent 包来支持同步，ReentrantLock 类是可重入、互斥、实现了 Lock 接口的锁，使用 ReentrantLock 的基本步骤为：创建一个 ReentrantLock 对象，在需要加锁的代码块前调用 lock()方法获取锁，在需要释放锁的代码块后调用 unlock()方法释放锁。

本 章 习 题

实践项目

某人有一个银行账户，可以在手机银行和 ATM 机等不同终端存取款，其妻子也可以操作存取款，通过线程同步和线程间通信实现该功能。执行效果如图 14.11 所示。

```
取款失败，余额为0.0,取款金额为：800.0
手机存钱400.0，账户余额为：400.0
银行存钱700.0，账户余额为：1100.0
妻子取钱600.0，账户余额为：500.0
银行存钱700.0，账户余额为：1200.0
手机存钱400.0，账户余额为：1600.0
ATM 取钱800.0，账户余额为：800.0
银行存钱700.0，账户余额为：1500.0
妻子取钱600.0，账户余额为：900.0
ATM 取钱800.0，账户余额为：100.0
手机存钱400.0，账户余额为：500.0
取款失败，余额为500.0,取款金额为：600.0
银行存钱700.0，账户余额为：1200.0
手机存钱400.0，账户余额为：1600.0
ATM 取钱800.0，账户余额为：800.0
银行存钱700.0，账户余额为：1500.0
妻子取钱600.0，账户余额为：900.0
ATM 取钱800.0，账户余额为：100.0
手机存钱400.0，账户余额为：500.0
取款失败，余额为500.0,取款金额为：600.0
```

图 14.11　银行取钱功能

提示：

（1）创建 Account 类，创建 synchronized 同步的 drawMoney()方法，用于取款，在该方法中判断余额是否小于取款金额，如果小于则使用 wait()方法停止取款，唤醒其他线程，否则完成取款。创建 synchronized 同步的 saveMoney()方法，用于存款，存款完成后使用 wait()方法停止本线程，唤醒其他线程。

（2）创建 DrawThread 类，实现 Runnable 接口，在 run()方法中，循环执行 5 次 Account 类中的 drawMoney()取款方法。

（3）创建 SaveThread 类，实现 Runnable 接口，在 run()方法中，循环执行 5 次 Account 类中的 saveMoney()取款方法。

（4）创建 TestBank 类，在该类中创建 Account 类，并创建 "ATM" 取钱 800、"手机" 存钱 400、"妻子" 取钱 500、"银行" 存钱 700 共 4 个线程，并启动线程。

夫君子之行，静以修身，俭以养德。非淡泊无以明志，非宁静无以致远。夫学须静也，才须学也，非学无以广才，非志无以成学。淫慢则不能励精，险躁则不能治性。年与时驰，意与日去，遂成枯落，多不接世，悲守穷庐，将复何及！

—— 《诫子书》[三国]　诸葛亮

第 15 章　JDBC 数据库编程

本章导读

在软件开发中，数据库操作是必不可少的。Java 为开发者提供了一个用来访问数据库的标准类库，即 JDBC（Java Database Connectivity）。JDBC 是一个独立于特定数据库管理系统、通用的 SQL 数据库存取和操作的公共接口（一组 API），使用这些 API 可以让开发者以一种标准的方法方便地访问数据库资源。

本章将重点讲解 JDBC 原理、连接数据库，使用 JDBC API 对数据库进行操作等核心技能。学习本章前读者应掌握数据库基本操作，熟练掌握 SQL 语言，能够安装 MySQL 等数据库软件。为避免重复，本章将这些技能作为前置知识直接使用，不再赘述。

思维导图

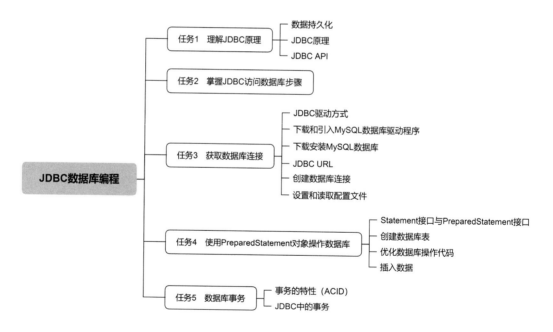

本章预习

预习本章内容，在作业本上完成以下简答题。

（1）JDBC 的全称是什么？

（2）JDBC 的作用是什么？

（3）JDBC 访问数据库的步骤是什么？

（4）事务的特性有哪几个？

任务 1　理解 JDBC 原理

1.　数据的持久化

数据持久化是指把数据保存到可掉电式存储设备中以供之后使用的方法。如图 15.1 所示，大多数情况下，数据持久化意味着将内存中的数据保存到硬盘上加以"固化"，第 13 章学习的将数据保存到文件中就是数据持久化的一种方式，而对于结构化数据的持久化通常通过各种数据库来完成。

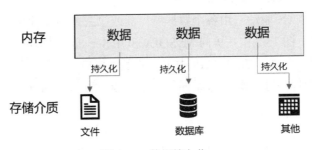

图 15.1　数据持久化

本章重点介绍通过数据库实现数据持久化。

2.　JDBC 原理

JDBC 是 Java 数据库连接（Java DataBase Connectivity）技术的简称，由一组使用 Java 语言编写的类和接口组成。

目前比较成熟的数据库有很多，如 MySQL、SQL Server、Oracle、DB2 等，而 JDBC 可以为多种关系数据库提供统一访问的接口，换句话说，JDBC 充当了 Java 应用程序与各种不同数据库之间进行对话的媒介，而数据库厂商或第三方中间件厂商根据该接口规范提供针对不同数据库的具体实现——JDBC 驱动。

JDBC 工作原理如图 15.2 所示。

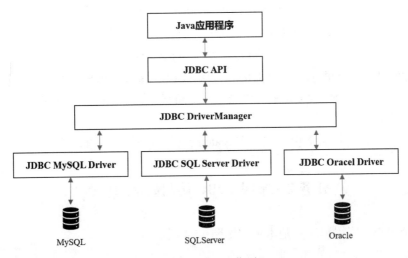

图 15.2　JDBC 工作原理

从图 15.2 中可以看到 JDBC 的几个重要组成要素。最顶层是开发者编写的 Java 应用程序，Java 应用程序可以使用集成在 JDK 中的 java.sql 和 javax.sql 包中的 JDBC API 来连接和操作数据库。JDBC 的组成要素说明如下：

（1）JDBC API。JDBC API 由 Sun 公司提供，提供了 Java 应用程序与各种不同数据库交互的标准接口，如 Connection（连接）接口、Statement 接口、ResultSet（结果集）接口、PreparedStatement 接口等。开发者使用这些 JDBC 接口进行各类数据库操作。

（2）JDBC Driver Manager。JDBC Driver Manager 由 Sun 公司提供，它负责管理各种不同的 JDBC 驱动，位于 JDK 的 java.sql 包中。

（3）JDBC 各数据库驱动。由各个数据库厂商或第三方中间件厂商提供，负责连接各种不同的数据库。例如，图 15.2 中，访问 MySQL、SQL Server 和 Oracle 时需要不同的 JDBC 驱动，这些 JDBC 驱动都实现了 JDBC API 中定义的各种接口。

在开发 Java 应用程序时，我们只需正确加载 JDBC 驱动，正确调用 JDBC API，就可以进行数据库访问了。

3．JDBC API

JDBC API 主要做 3 件事：与数据库建立连接、发送 SQL 语句、处理结果。JDBC 的工作过程、主要 API 及作用如图 15.3 所示。

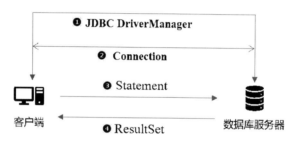

图 15.3　JDBC API 工作过程

- DriverManager 类：依据数据库的不同，管理相应的 JDBC 驱动。
- Connection 接口：负责连接数据库并担任传送数据的任务。
- Statement 接口：由 Connection 产生，负责执行 SQL 语句。
- PreparedStatement 接口：Statement 的子接口，也由 Connection 产生，同样负责执行 SQL 语句。与 Statement 接口相比，具有高安全性、高性能、高可读性和高可维护性的优点。
- ResultSet 接口：负责保存和处理 Statement 执行后所产生的查询结果。

任务 2　掌握 JDBC 访问数据库步骤

开发一个 JDBC 应用程序，基本步骤如图 15.4 所示。

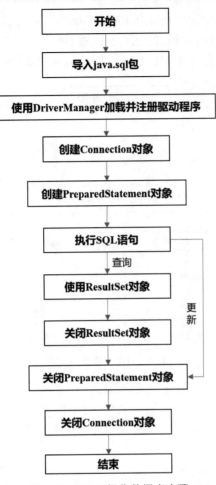

图 15.4　JDBC 操作数据库步骤

（1）注册驱动：使用 Class.forName()方法加载 JDBC 驱动类。

（2）获取数据库连接：使用 DriverManager 类获取数据库的连接。加载此驱动程序之后，将使用 DriverManager 类的 getConnection()方法建立与数据库的连接。

（3）获取数据库操作对象：创建 PreparedStatement 对象。通过 Connection 接口的 prepareStatement(String sql)方法来创建 PreparedStatement 对象。

（4）执行 SQL 语句：在设置了各个 SQL 参数的值后，就可以调用 PreparedStatement 接口的方法执行 SQL 语句。

（5）处理返回结果：针对查询操作的结果集 ResultSet，通过循环取出结果集中每条记录并做相应处理。

（6）释放资源：关闭结果集、关闭 PreparedStatement 接口、关闭数据库连接。

任务 3　获取数据库连接

1. JDBC 驱动方式

JDBC 驱动由数据库厂商或第三方中间件厂商提供。在实际编程过程中，有两种较为常用的驱动方式。如图 15.5 所示，第一种是 JDBC-ODBC 桥连方式，适用于个人开发与测试，它通过 ODBC 与数据库进行连接。另一种是纯 Java 驱动方式，它直接同数据库进行连接，在实际开发中，推荐使用纯 Java 驱动方式，本教材以纯 Java 驱动为例。

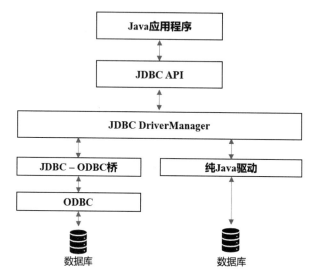

图 15.5　JDBC 两种驱动方式

纯 Java 驱动方式由 JDBC 驱动直接访问数据库，驱动程序完全用 Java 语言编写，运行速度快，而且具备了跨平台特点。但是，这类 JDBC 驱动一般只能由数据库厂商自己提供，即这类 JDBC 驱动只对应一种数据库，甚至只对应某个版本的数据库，如果数据库更换了或者版本升级了，一般需要更换 JDBC 驱动程序。

2. 下载和引入 MySQL 数据库驱动程序

如果使用纯 Java 驱动方式进行数据库连接，首先需要下载数据库厂商提供的驱动程序 jar 包，并将 jar 包引入工程中。本教材使用的数据库是 MySQL 8.1.0，因此可以从 MySQL 的官方网站（https://downloads.mysql.com/archives/installer/）下载驱动程序 jar 包。

打开网站，如图 15.6 所示，单击 Product Version 下拉列表，选择 8.1.0 版。单击 Operating System 下拉列表，Windows 操作系统选择 Platform Independent 独立于平台的版本。

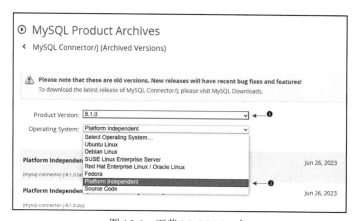

图 15.6　下载 MySQL jar 包

如图 15.7 所示，有 tar 包和 zip 包的下载程序可选，Windows 平台下通常选 zip 包，单击 Download 按钮开始下载。

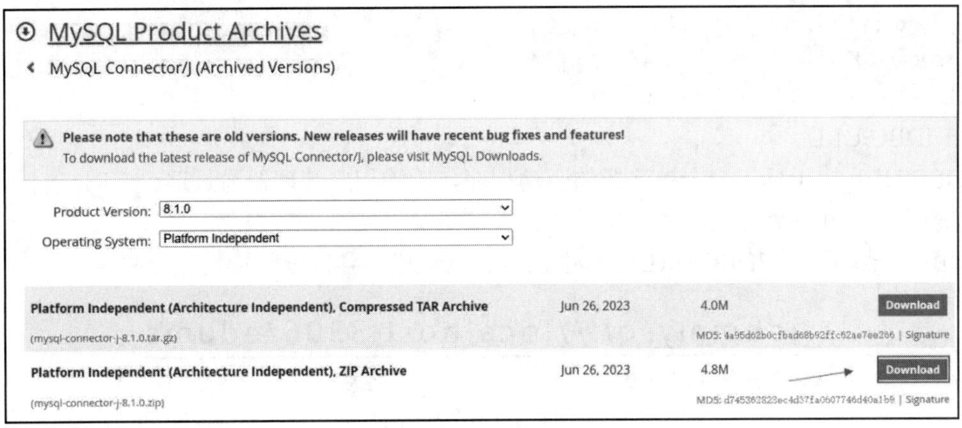

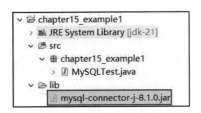

图 15.7　选择下载文件

解压下载后的压缩包，在 Eclipse 中创建 Java Project，在项目下创建 lib 文件夹，将解压后的 jar 文件复制到 lib 文件夹中，如图 15.8 所示。

图 15.8　将 jar 文件引入到项目中

右击驱动 jar 文件→Build Path→Add to Build Path，添加到构建路径，如图 15.9 所示。

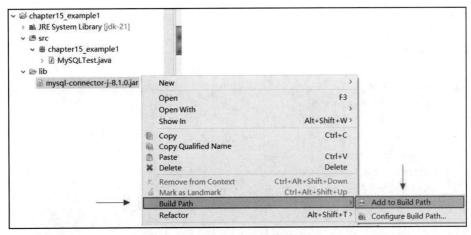

图 15.9　添加 jar 包到构建路径

3. 下载安装 MySQL 数据库

限于篇幅，读者可参考本教材随书电子资料《下载安装 MySQL 数据库及管理软件》，下载并安装 MySQL 数据库及数据库管理软件。安装 MySQL 数据库时设置连接信息如下：

```
host = localhost
port = 3306
user = root
password = 123456
```

创建数据库，命名为"edums"。

4. JDBC URL

JDBC URL 用于标识一个被注册的驱动程序，驱动程序管理器通过这个 URL 选择正确的驱动程序，从而建立到数据库的连接。

如图 15.10 所示，JDBC URL 的标准由三部分组成，各部分间用冒号分隔。

$$jdbc:mysql://localhost:3306/edums$$

协议　　子协议　　　　　　　　子名称

图 15.10　JDBC URL

- 协议：JDBC URL 中的协议总是 jdbc。
- 子协议：子协议用于标识一个数据库驱动程序，图 15.10 中是 mysql，代表是 MySQL 的驱动程序。
- 子名称：一种标识数据库的方法。子名称可以依不同的子协议而变化，用子名称的目的是定位数据库提供足够的信息。包含主机名、端口号和数据库名。图 15.10 中，数据库服务器在本机，地址一般是 localhost 或 127.0.0.1，端口号是 3306，数据库名是 edums。

5. 创建数据库连接

创建数据库连接的 4 个基本要素为 JDBC URL、数据库名、密码和驱动名称。

示例 1：创建 MySQL 数据库连接。

实现代码：

```java
package chapter15_example1;
import java.sql.Connection;
import java.sql.DriverManager;
import java.sql.SQLException;
public class MySQLTest {
    public static void main(String[] args) {
        //数据库连接的 4 个基本要素
        String url = "jdbc:mysql://localhost:3306/edums";
        String user = "root";
        String password = "123456";
        String driverName = "com.mysql.cj.jdbc.Driver";
        Connection conn = null;
        try {
            //加载驱动
            Class.forName(driverName);
            //获取连接
            conn = DriverManager.getConnection(url,user,password);
```

```
            System.out.println(conn);
            //关闭数据库连接
            conn.close();
        } catch (Exception e) {
            e.printStackTrace();
        }finally {
            try {
                if(conn != null) {        //如果连接不为空则关闭
                    conn.close();
                }
            } catch (SQLException e) {
                e.printStackTrace();
            }
        }
    }
}
```

运行示例 1，执行结果如下。

com.mysql.cj.jdbc.ConnectionImpl@4b2bac3f

示例解析：示例 1 中使用了 try-catch-finally 语句捕获和处理异常，在 try 语句块中，使用 Class.forName(driverName);语句注册驱动，需要特别注意的是，MySQL 数据库的驱动名为 com.mysql.cj.jdbc.Driver。如果注册成功就可以使用 DriverManager 的 getConnection(url,user, password)方法获取数据库连接，参数为 URL 和数据库的 username、password。程序中，在打印出了返回的连接后调用 Connection 对象的 close()方法关闭了连接，并且在 finally 语句块中判断了连接是否为空，如果不为空则关闭数据库连接以释放资源。

6. 设置和读取配置文件

在实际开发中，对于数据库连接的配置信息一般放在配置文件中，在代码中加载配置文件以获取配置信息。使用配置文件的好处是：

- 实现了代码和数据的分离，如果需要修改配置信息，可直接在配置文件中修改，不需要深入代码。
- 如果修改了配置信息，可省去重新编译的过程。

示例 2：如图 15.11 所示，使用配置文件存储数据库配置信息，获取数据库连接。

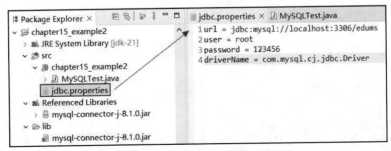

图 15.11　使用配置文件保存配置信息

实现步骤：

（1）创建项目 chapter15_example2，在项目下创建 lib 文件夹，将 MySQL 数据库驱动程序 jar 包复制到 lib 文件夹，并加载到 build path。

（2）如图 15.11 所示。在项目 src 目录下创建文件，命名为 jdbc.properties，作为配置文件，将 url、user、password、driverName 信息保存在文件中。配置文件中是按 key-value 键值对的方式存储数据，等号左边表示键（key），等号右边表示值（value）。

（3）在程序中加载配置文件，获取配置信息。

（4）加载 MySQL 数据库驱动，使用 DriverManager 类获得数据库连接。

（5）关闭连接。

实现代码：

```java
package chapter15_example2;
import java.io.InputStream;
import java.sql.Connection;
import java.sql.DriverManager;
import java.sql.SQLException;
import java.util.Properties;
public class MySQLTest {
    public static void main(String[] args) {
        Connection conn = null;
        InputStream ins = null;
        try {
            //加载配置文件
            ins=MySQLTest.class.getClassLoader().getResourceAsStream("jdbc.properties");
            Properties prop = new Properties();
            prop.load(ins);
            //读取配置信息
            String url = prop.getProperty("url");
            String user = prop.getProperty("user");
            String password = prop.getProperty("password");
            String driverName = prop.getProperty("driverName");
            //加载驱动
            Class.forName(driverName);
            //获取连接
            conn = DriverManager.getConnection(url,user,password);
            System.out.println(conn);
            //关闭输入流
            ins.close();
            //关闭数据库连接
            conn.close();
        } catch (Exception e) {
            e.printStackTrace();
        }finally {
            try {
                if(conn != null) { //如果连接不为空则关闭
                    conn.close();
                }
            } catch (SQLException e) {
```

```
                    e.printStackTrace();
                }
            }
        }
    }
}
```

运行示例 2，执行结果如下：

com.mysql.cj.jdbc.ConnectionImpl@4b2bac3f

示例解析：在示例 2 的 MySQLTest 类中，首先加载配置文件，在加载配置文件时，通过 MySQLTest.class.getClassLoader();语句获取了 MySQLTest 类的类加载器，返回一个 ClassLoader 对象，该对象负责加载类文件到 Java 虚拟机中。然后通过类加载器的 getResourceAsStream() 方法将配置文件 jdbc.properties 转化为了输入流。再创建了 Properties 对象，通过 Properties 对象的 load()方法加载配置文件的输入流。最后通过 Properties 对象的 getProperty()方法，以配置文件中的 key 为参数获取值。示例 2 中获取数据库连接的代码与示例 1 一致。

任务 4　使用 PreparedStatement 对象操作数据库

1. Statement 接口与 PreparedStatement 接口

在获取数据库连接后，就可以通过执行 SQL 语句对数据库进行增、删、改、查操作。执行 SQL 语句，可以使用 Statement 接口，也可以使用其子接口 PreparedStatement。两者的区别是：

- Statement 接口在执行 SQL 语句时，需要拼接 SQL 语句字符串，烦琐且容易出错；而 PreparedStatement 接口以参数方式填充 SQL 语句，简洁高效，提升了代码的可读性和可维护性。
- Statement 接口安全性差，存在 SQL 注入的风险（SQL 注入是利用系统没有对用户输入的数据进行充分检查这一漏洞，在用户输入数据中注入非法的 SQL 语句段或命令，从而利用系统的 SQL 引擎完成恶意行为的做法）。而 PreparedStatement 接口可以防止 SQL 注入。
- PreparedStatement 接口对 SQL 语句进行了预编译，其执行速度要快于 Statement 接口，尤其是对于多次执行的 SQL 语句，应使用 PreparedStatement 对象以提高效率。

2. 创建数据表

PreparedStatement 对象包含已编译的 SQL 语句，SQL 语句可具有一个或多个输入参数。这些输入参数的值在 SQL 语句创建时未被指定，而是为每个输入参数保留一个问号 "？" 作为占位符。如：

INSERT INTO student(sid,name,sex,sage) VALUES(?,?,?,?)

在执行 PreparedStatement 对象之前，必须设置每个输入参数的值。可通过调用 setXxx() 方法来完成，其中 Xxx 是与该参数相应的类型，如参数是 int 类型，则使用的方法就是 setInt()。setXxx()方法有两个参数，第一个参数是要设置的 SQL 语句中的参数的索引（从 1 开始），第二个是 SQL 语句中参数的值。如：

```
ps.setInt(1,1);             //设置 SQL 语句中第 1 个参数，sid 的值为 1
ps.setString(2, "张三");    //设置 SQL 语句中第 2 个参数，name 的值为张三
ps.setString(3,"男");       //设置 SQL 语句中第 3 个参数，sex 的值为男
ps.setInt(4,18);            //设置 SQL 语句中第 4 个参数，age 的值为 18
```

示例 3：使用 PreparedStatement 对象，在 edums 数据库中创建 student 表，包含字段 sid、name、sex、age，其中 sid 为主键。

（1）创建项目 chapter15_example3，在项目下创建 lib 文件夹，将 MySQL 数据库驱动程序 jar 包复制到 lib 文件夹，并加载到 build path。

（2）在项目 src 目录下创建文件，命名为 jdbc.properties，作为配置文件，将 url、user、password、driverName 信息保存在文件中。

（3）在程序中加载配置文件，获取配置信息。

（4）加载 MySQL 数据库驱动，使用 DriverManager 类获得数据库连接 Connection。

（5）编写创建表的 SQL 语句。

```
String sql = CREATE TABLE student ( sid INT NOT NULL, name VARCHAR(45) , sex VARCHAR(10) , age
INT , PRIMARY KEY (sid));
```

（6）调用 Connection 对象的 prepareStatement(sql);方法预编译 SQL 语句，并得到 PreparedStatement 对象。

（7）调用 PreparedStatement 对象的 execute()方法执行 SQL 语句。

（8）关闭输入流、关闭 Connection 连接、关闭 PreparedStatement。

实现代码：

```java
package chapter15_example3;
import java.io.InputStream;
import java.sql.Connection;
import java.sql.DriverManager;
import java.sql.PreparedStatement;
import java.sql.SQLException;
import java.util.Properties;
public class MySQLTest {
    public static void main(String[] args) {
        Connection conn = null;
        InputStream ins = null;
        PreparedStatement ps = null;
        try {
            //加载配置文件
            String resource = "jdbc.properties";
            ins= MySQLTest.class.getClassLoader().getResourceAsStream(resource);
            Properties prop = new Properties();
            prop.load(ins);
            //读取配置信息
            String url = prop.getProperty("url");
            String user = prop.getProperty("user");
            String password = prop.getProperty("password");
            String driverName = prop.getProperty("driverName");
            //加载驱动
            Class.forName(driverName);
            //获取连接
            conn = DriverManager.getConnection(url,user,password);
            //创建表的 SQL 语句
```

```
                    String sql = "CREATE TABLE student ("
                            + " sid INT NOT NULL,"
                            + " name VARCHAR(45) ,"
                            + " sex VARCHAR(10) ,"
                            + " age INT ,"
                            + "    PRIMARY KEY (sid));";
                    //预编译 SQL 语句，得到 PreparedStatement 对象
                    ps = conn.prepareStatement(sql);

                    ps.execute();                       //执行 SQL 语句
                    System.out.println(conn);
                    ins.close();                        //关闭输入流
                    ps.close();                         //关闭 PreparedStatement 对象
                    conn.close();                       //关闭数据库连接
            } catch (Exception e) {
                    e.printStackTrace();
            }finally {
                    try {
                            if(ps != null) {            //如果连接不为空则关闭
                                    ps.close();
                            }
                            if(conn != null) {          //如果连接不为空则关闭
                                    conn.close();
                            }
                    } catch (SQLException e) {
                            e.printStackTrace();
                    }
            }
        }
    }
}
```

运行示例 3，如图 15.12 所示，在 MySQL workbench 数据库管理软件中，刷新 edums 数据库，在数据库中创建了 student 表。

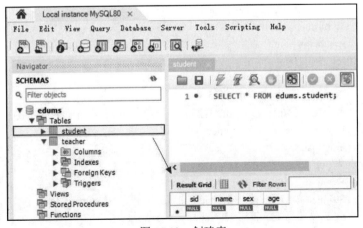

图 15.12　创建表

示例解析：在示例 3 中，执行的是创建数据库的 SQL 语句，使用的是 PreparedStatement 对象的 execute()方法，如果要执行删除表、向表中插入或删除数据的操作，都可以使用该方法。

3. 优化数据库操作代码

在示例 3 的 MySQLTest 类中，将加载配置文件、获取数据库连接、执行 SQL 语句、关闭连接和释放资源的代码放在了一个类中，降低了代码的可读性，不符合面向对象的思想。为此，对示例 3 的代码进行优化，主要优化思路为：创建 JDBCUtils 类，在该类中创建两个方法，一个是 getConnection()方法，用于读取配置文件，并获取数据库连接。另一个是 closeResourse () 方法，用于关闭连接、释放资源。而 MySQLTest 类中主要执行对数据库进行操作的 SQL 语句，优化后的程序如示例 4 所示。

示例 4：在 edums 数据库中创建 teacher 表，包含 tid、name、education、degree 字段，其中 tid 为主键。

实现步骤：

（1）创建项目 chapter15_example4，在项目下创建 lib 文件夹，将 MySQL 数据库驱动程序 jar 包复制到 lib 文件夹，并加载到 build path。

（2）在项目 src 目录下创建文件，命名为 jdbc.properties，作为配置文件，将 url、user、password、driverName 信息保存在文件中。

（3）创建 JDBCUtils 类，在该类中创建静态方法 getConnection()，在该方法中加载配置文件，获取配置信息，加载 MySQL 数据库驱动，获得数据库连接 Connection，方法返回值为 Connection 对象。创建静态方法 closeResourse()，关闭输入流、关闭 Connection 连接、关闭 PreparedStatement。

```java
package chapter15_example4;
import java.io.InputStream;
import java.sql.Connection;
import java.sql.DriverManager;
import java.sql.PreparedStatement;
import java.sql.ResultSet;
import java.util.Properties;
public class JDBCUtils {
    /**获取数据库连接的方法*/
    public static Connection getConnection() {
        Connection conn = null;
        InputStream ins = null;
        try {
            //加载配置文件
            String resource = "jdbc.properties";
            ins = JDBCUtils.class.getClassLoader().getResourceAsStream(resource);
            Properties prop = new Properties();
            prop.load(ins);
            //读取配置信息
            String url = prop.getProperty("url");
            String user = prop.getProperty("user");
            String password = prop.getProperty("password");
```

```
                    String driverName = prop.getProperty("driverName");
                    //加载驱动
                    Class.forName(driverName);
                    //获取连接
                    conn = DriverManager.getConnection(url,user,password);
                    ins.close();          //关闭输入流
            }catch(Exception e) {
                    e.printStackTrace();
            }
            return conn;
        }


        /**关闭资源的方法*/
        public static void closeResourse(Connection conn,PreparedStatement ps,ResultSet rs) {
            try{
                    if(conn != null) {
                            conn.close();
                    }
                    if(ps != null) {
                            ps.close();
                    }
                    if(rs != null) {
                            rs.close();
                    }
            }catch(Exception e) {
                    e.printStackTrace();
            }
        }
}
```

（4）创建 MySQLTest 类，在类中编写创建表的 SQL 语句。

String sql = CREATE TABLE teacher(tid INT NOT NULL, name VARCHAR(45) , education VARCHAR(45) , degree I VARCHAR(45) , PRIMARY KEY (tid));

（5）调用 Connection 对象的 prepareStatement(sql);方法预编译 SQL 语句，并得到 PreparedStatement 对象。

（6）调用 PreparedStatement 对象的 execute()方法执行 SQL 语句。

（7）调用 JDBCUtils 类中创建静态方法 closeResourse()关闭连接，释放资源。

```
package chapter15_example4;5
import java.sql.Connection;
tian
public class MySQLTest {
    public static void main(String[] args) {
        Connection conn = null;
        PreparedStatement ps = null;
        try {
                //调用 JDBCUtils 类的 getConnection()方法获取数据库连接
```

```
                conn = JDBCUtils.getConnection();
                //创建表的 SQL 语句
                String sql = "CREATE TABLE teacher ("
                        + " tid INT NOT NULL,"
                        + " name VARCHAR(45) ,"
                        + " education VARCHAR(45) ,"
                        + " degree VARCHAR(45) ,"
                        + " PRIMARY KEY (tid));";
                //预编译 SQL 语句，得到 PreparedStatement 对象
                ps = conn.prepareStatement(sql);
                ps.execute();       //执行 SQL 语句
                ps.close();         //关闭 PreparedStatement 对象
                conn.close();       //关闭数据库连接
            } catch (Exception e) {
                e.printStackTrace();
            } finally {
                JDBCUtils.closeResourse(conn, ps, null);
            }
        }
    }
```

运行示例 4，如图 15.13 所示，在 MySQL Workbench 数据库管理软件中，刷新 edums 数据库，在数据库中创建了 teacher 表。

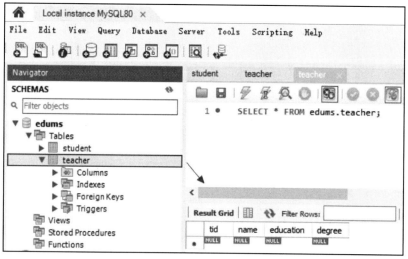

图 15.13　创建 teacher 表

示例解析：在示例 4 中创建了工具类，将数据库连接和关闭的代码分别封装为了两个方法，如此操作不仅让 MySQLTest 类变得更简洁，开发者在 MySQLTest 中可以更加专注于业务逻辑的实现，大大提升了程序的可读性，而且也利于代码复用，项目中其他地方如果也需要连接或关闭数据库可以直接调用 JDBCUtils 类中的方法，不用再重复编写代码。

4. 插入数据

示例 5：向 edums 数据库的 student 表中插入数据，效果如图 15.14 所示。

sid	name	sex	age
1	杨涛	男	18
2	冬燕	女	20
3	王虎	男	20
4	华秀	女	19
NULL	NULL	NULL	NULL

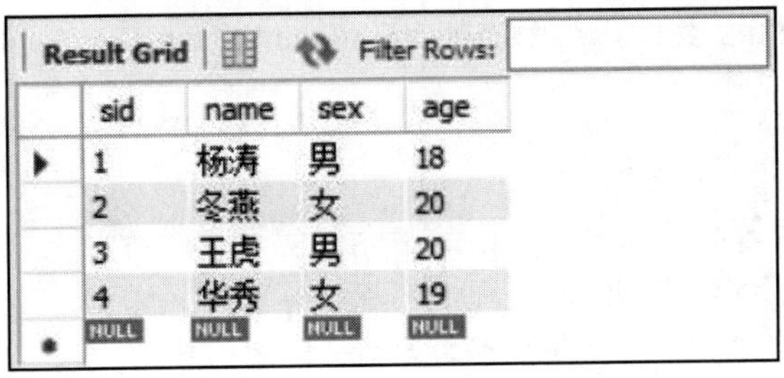

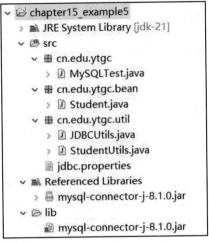

图 15.14　向 student 表插入数据

示例 5 程序架构如图 15.15 所示。

图 15.15　示例 5 程序架构

实现步骤：

步骤 1～步骤 3 与示例 4 相同，本示例中不再赘述。

（1）创建 Student 类，私有属性为 sid、name、sex、age，添加有参构造方法，并为属性添加 getter/setter 方法。

```
package cn.edu.ytgc.bean;
public class Student {
    private int sid;              //id
    private String name;          //姓名
    private String sex;           //性别
    private int age;              //年龄
    //带参构造方法
    public Student(int sid,String name,String sex,int age) {
        this.setSid(sid);
        this.setName(name);
        this.setSex(sex);
        this.setAge(age);
    }
    //省略私有属性的 getter/setter 方法
}
```

（2）创建 StudentUtils 类，在类中添加 initStudentList()方法，返回值为包含 4 个 Student 对象的 ArrayList 集合。

```java
package cn.edu.ytgc.util;
import java.util.ArrayList;
import cn.edu.ytgc.bean.Student;
public class StudentUtils {
    public static ArrayList<Student> initStudentList() {
        //创建存储学生数据的 ArrayList 集合
        ArrayList<Student>    studentList = new ArrayList<Student>();
        Student student1 = new Student(1,"杨涛","男",18);
        Student student2 = new Student(2,"冬燕","女",20);
        Student student3 = new Student(3,"王虎","男",20);
        Student student4 = new Student(4,"华秀","女",19);
        studentList.add(student1);
        studentList.add(student2);
        studentList.add(student3);
        studentList.add(student4);
        return studentList;
    }
}
```

（3）创建 MySQLTest 类，在类中获取数据库连接，编写 SQL 语句，获得 PreparedStatement 对象。调用 StudentUtils 的 initStudentList()方法获取生成的 ArrayList<Student>集合。通过 for 循环为 SQL 语句参数赋值，并执行 SQL 语句，最后关闭连接，释放资源。

```java
package cn.edu.ytgc;
import java.sql.Connection;
import java.sql.PreparedStatement;
import java.util.ArrayList;
import cn.edu.ytgc.bean.Student;
import cn.edu.ytgc.util.JDBCUtils;
import cn.edu.ytgc.util.StudentUtils;
public class MySQLTest {
    public static void main(String[] args) {
        Connection conn = null;
        PreparedStatement ps = null;
        ArrayList<Student> studentList = null;
        try {
            //调用 JDBCUtils 类的 getConnection()方法获取数据库连接
            conn = JDBCUtils.getConnection();
            //创建表的 SQL 语句
            String sql = "INSERT INTO student(sid,name,sex,age) VALUES(?,?,?,?)";
            //预编译 SQL 语句，得到 PreparedStatement 对象
            ps = conn.prepareStatement(sql);
            //获取学生集合
            studentList = StudentUtils.initStudentList();
```

```
//循环为 SQL 参数赋值，并执行 SQL 语句
for(int i=0;i<studentList.size();i++) {
    Student student = studentList.get(i);
    ps.setInt(1,student.getSid());
    ps.setString(2,student.getName());
    ps.setString(3,student.getSex());
    ps.setInt(4,student.getAge());
    ps.execute(); //执行 SQL 语句
}
ps.close();          //关闭 PreparedStatement 对象
conn.close();        //关闭数据库连接
} catch (Exception e) {
    e.printStackTrace();
}finally {
    JDBCUtils.closeResourse(conn, ps, null);
}
    }
}
```

运行示例 5，刷新 edums 数据库，在 student 表中插入了 4 条数据，如图 15.14 所示。

示例解析：在示例 5 的 MySQLTest 类中，通过 for 循环，获取 ArrayList<Student>集合中的 Student，通过 PreparedStatement 对象的 setXxx()方法为 SQL 语句参数赋值，注意参数序号从 1 开始，每赋值完一个 Student 对象后就调用 PreparedStatement 对象的 execute()方法执行 SQL 语句，将数据插入表中。

示例 5 较真实地模拟了实战开发，读者需要从项目架构、代码封装、功能实现上加以理解，养成良好的开发习惯，开发出更加优雅的代码。

5. 查询数据

在进行数据查询时，要使用 PreparedStatement 对象的 executeQuery()方法，查询结果是返回 ResultSet 集合。ResultSet 对象以表格的形式封装了执行数据库操作的结果集，ResultSet 对象还维护了一个指向当前数据行的游标，初始的时候，游标在第一行之前，可以通过 ResultSet 对象的 next()方法移动到下一行。当游标指向一行时，可以通过调用 getXxx(index)或 getXxx(columnName) 获取每一列的值。例如：

```
getInt(1)
```
或
```
getInt("sid")
```

示例 6：查询 edums 数据库的 student 表，查询性别为"女"的所有学生信息，保存到 ArrayList<Student>集合中，并输出查询信息，效果如图 15.16 所示。

```
id    姓名    性别    年龄
2     冬燕    女     20
4     华秀    女     19
```

图 15.16　查询数据

实现步骤：

步骤 1～步骤 3 与示例 4 相同，本例不再赘述。

（1）创建 StudentUtils 类，在该类中创建 printStudentInfo()方法，该方法用于向控制台输出 ArrayList<Student>集合中的学生信息。

```java
package cn.edu.ytgc.util;
import java.util.ArrayList;
import cn.edu.ytgc.bean.Student;
public class StudentUtils {
    public static void printStudentInfo(ArrayList<Student> studentList) {
        System.out.println("id"+"\t 姓名"+"\t 性别"+"\t 年龄");//输出表头
        for(int i=0;i<studentList.size();i++) {
            Student student = studentList.get(i);
            System.out.println(student.getSid()+"\t"
                +student.getName()+"\t"
                +student.getSex()+"\t"
                +student.getAge());
        }
    }
}
```

（2）创建 MySQLTest 类，在类中调用 JDBCUtils 类的 getConnection()方法获取数据库连接，编写 SQL 语句，String sql = "SELECT * FROM student WHERE sex = ?;"，使用 ps.setString("女");语句为 SQL 语句参数赋值，通过 PreparedStatement 对象的 executeQuery()方法执行查询，返回 ResultSet 对象。通过 while 循环获取 RestultSet 中的数据，保存在 ArrayList<Student>集合中，再调用 StudentUtils 类中的 printStudentInfo()方法打印学生信息，最后关闭连接释放资源。

```java
package cn.edu.ytgc;
import java.sql.Connection;
import java.sql.PreparedStatement;
import java.sql.ResultSet;
import java.util.ArrayList;
import cn.edu.ytgc.bean.Student;
import cn.edu.ytgc.util.JDBCUtils;
import cn.edu.ytgc.util.StudentUtils;
public class MySQLTest {
    public static void main(String[] args) {
        Connection conn = null;
        PreparedStatement ps = null;
        ArrayList<Student> studentList = null;
        ResultSet rs = null;
        try {
            //调用 JDBCUtils 类的 getConnection()方法获取数据库连接
            conn = JDBCUtils.getConnection();
            //创建表的 SQL 语句
            String sql = "SELECT * FROM student WHERE sex = ?;";
```

```
                    //预编译 SQL 语句，得到 PreparedStatement 对象
                    ps = conn.prepareStatement(sql);
                    ps.setString(1, "女");            //为 SQL 语句参数赋值
                    rs = ps.executeQuery();            //执行查询语句，获得 ResultSet 对象
                    studentList = new ArrayList<Student>();
                    //循环读取 ResultSet 的数据
                    while(rs.next()) {
                        int sid = rs.getInt(1);
                        String name = rs.getString(2);
                        String sex = rs.getString(3);
                        int age = rs.getInt(4);
                        Student student = new Student(sid, name, sex, age);
                        studentList.add(student);
                    }
                    //调用 StudentUtils 类中的 printStudentInfo()方法打印查询信息
                    StudentUtils.printStudentInfo(studentList);
                    ps.close();            //关闭 PreparedStatement 对象
                    conn.close();            //关闭数据库连接
            } catch (Exception e) {
                    e.printStackTrace();
            }finally {
                    JDBCUtils.closeResourse(conn, ps, null);
            }
        }
    }
```

运行示例 6，执行结果如图 15.16 所示。

示例解析：示例 6 中，执行查询的方法为 executeQuery()，该方法返回一个 ResultSet 对象，用于保存查询结果，程序中使用 while 循环依次获取每行数据，while 循环的判断条件为 rs.next()，如果仍有下一行则游标会自动移到下一行，如果没有下一行则循环结束。

┌─ 经验分享 ───
│   使用 PreparedStatement 对象对数据库的操作时，增、删、改操作除了 SQL 语句不同
│ 外其他都是一样的。
└──

任务 5 数据库事务

数据库操作不当可能会出现数据不一致或不完整的情况，比如：某银行系统，甲正在给乙转账，如果甲账户的钱刚扣完就出现了异常，导致乙账户加钱的操作没有完成，此时就会出现甲的钱扣了，而乙并没有收到钱，从而会导致错误。为了解决类似的问题，Java 提供了事务。

事务管理是确保一组操作要么全部成功要么全部失败的一种机制，事务通常用于数据库操作，以确保数据的一致性和完整性。

1. 事务的特性（ACID）

事务有 4 个特性，分别为原子性、一致性、隔离性和持久性。

（1）原子性（Atomicity）：事务是数据库的逻辑工作单位，事务中包含的各操作要么都完成，要么都不完成。

（2）一致性（Consistency）：事务执行的结果必须是使数据库从一个一致性状态变到另一个一致性状态。

（3）隔离性（Isolation）：一个事务的执行不能受其他事务干扰。即一个事务内部的操作及使用的数据对其他并发事务是隔离的，并发执行的各个事务之间不能互相干扰。

（4）持久性（Durability）：一个事务一旦提交，它对数据库中的数据的改变就应该是永久性的。接下来的其他操作或故障不应该对其执行结果有任何影响。

2. JDBC 中的事务

JDBC 默认情况下，事务是自动提交的，即在 JDBC 中执行一条 DML 语句就执行了一次事务。将事务的自动提交修改为手动提交即可避免自动提交。在事务执行的过程中，任何一步出现异常都要进行回滚。

JDBC 中使用事务有三个方法。

（1）设置手动提交事务：conn.setAutoCommit(false);。

（2）提交事务：conn.commit();。

（3）事务回滚：conn.rollback()。

示例 7：更新 student 表中 sid=3 的数据，将其年龄设置为 23，使用事务。

创建项目 chapter15_example7，步骤 1～步骤 3 与示例 4 相同，本例不再赘述。

创建 MySQLTest 类，在类中开启事务，执行 SQL 语句，提交事务，在 catch 语句块中回滚事务。

```
package cn.edu.ytgc;
import java.sql.Connection;
import java.sql.PreparedStatement;
import java.sql.SQLException;
import cn.edu.ytgc.util.JDBCUtils;
public class MySQLTest {
    public static void main(String[] args) {
        Connection conn = null;
        PreparedStatement ps = null;
        try {
            //调用 JDBCUtils 类的 getConnection()方法获取数据库连接
            conn = JDBCUtils.getConnection();
            conn.setAutoCommit(false);        //开启事务
            //创建表的 SQL 语句
            String sql = "UPDATE student SET age= ? WHERE sid = ?;";
            //预编译 SQL 语句，得到 PreparedStatement 对象
            ps = conn.prepareStatement(sql);
            ps.setInt(1, 23);
            ps.setInt(2, 3);
```

```
            ps.execute();                //执行 SQL 语句
            conn.commit();               //提交事务
            ps.close();                  //关闭 PreparedStatement 对象
            conn.close();                //关闭数据库连接
        } catch (Exception e) {
            e.printStackTrace();
            try {
                conn.rollback();  //出现异常，事务回滚
            } catch (SQLException e1) {
                e1.printStackTrace();
            }
        }finally {
            JDBCUtils.closeResourse(conn, ps, null);
        }
    }
}
```

运行示例 7，执行结果如图 15.17 所示。

	sid	name	sex	age
	1	杨涛	男	18
	2	冬燕	女	20
	3	王虎	男	23
	4	华秀	女	19
*	NULL	NULL	NULL	NULL

图 15.17　更新数据

示例解析：在示例 7 中，通过调用事务处理的三个方法对更新操作添加了事务，如果程序在运行过程中出现异常则更新操作会进行回滚，数据库回到原状态，确保了数据库的一致性和完整性。

本章小结

（1）JDBC 是 Java 数据库连接（Java DataBase Connectivity）技术的简称，由一组使用 Java 语言编写的类和接口组成，如 Connection（连接）接口、Statement 接口、ResultSet（结果集）接口、PreparedStatement 接口等。开发者使用这些 JDBC 接口进行各类数据库操作。

（2）JDBC API 主要做 3 件事：与数据库建立连接、发送 SQL 语句、处理结果。JDBC API 包括 DriverManager 类，依据数据库的不同，管理相应的 JDBC 驱动；Connection 接口，负责连接数据库并担任传送数据的任务；Statement 接口，由 Connection 产生，负责执行 SQL 语句；PreparedStatement 接口是 Statement 的子接口，也由 Connection 产生，同样负责执行 SQL 语句；ResultSet 接口，负责保存和处理 Statement 执行后所产生的查询结果。

（3）使用纯 Java 驱动方式进行数据库连接，首先需要下载数据库厂商提供的驱动程序 jar 包，并将 jar 包引入工程中。

（4）JDBC URL 用于标识一个被注册的驱动程序，驱动程序管理器通过这个 URL 选择正确的驱动程序，从而建立到数据库的连接。JDBC URL 由协议、子协议和子名称三部分组成，各部分间用冒号分隔。

（5）创建数据库连接的 4 个基本要素为 JDBC URL、数据库名、密码和驱动名称。使用 Class.forName(driverName); 语句注册驱动，如果注册成功就可以使用 DriverManager 的 getConnection(url,user,password) 方法获取数据库连接。

（6）PreparedStatement 接口是 Statement 接口的子接口，使用 PreparedStatement 接口以参数方式填充 SQL 语句，提升了代码的可读性和可维护性，可以防止 SQL 注入，PreparedStatement 接口对 SQL 语句进行了预编译，其执行速度要快于 Statement 接口，尤其是对于多次执行的 SQL 语句，应使用 PreparedStatement 对象，以提高效率。

（7）事务有 4 个特性，分别为原子性、一致性、隔离性和持久性。JDBC 中使用事务有三个方法，分别设置手动提交事务的方法 conn.setAutoCommit(false)，提交事务的方法 conn.commit() 和事务回滚的方法 conn.rollback()。

本 章 习 题

实践项目

在 edums 数据库中创建 book 表，包含字段 bid、name、author、price，如图 15.18 所示，执行以下操作。

```
1.向book表中增加数据
2.删除bid=100002的书籍
3.修改《平凡的世界》的价格为65元
4.查询作者为"迟子建"的书的所有信息
5.查询所有书籍的信息
请输入要执行的功能的序号：
```

图 15.18　功能列表

（1）向 book 中增加数据，如表 15.1 所示，执行效果如图 15.19 所示。

表 15.1　book 表插入数据

sid	name	author	price
100001	平凡的世界	路　遥	98.0
100002	千里江山图	孙甘露	59.0
100003	一句顶一万句	刘震云	68.0
100004	最短的白日	迟子建	49.8
100005	黄河东流去	李　准	75.0

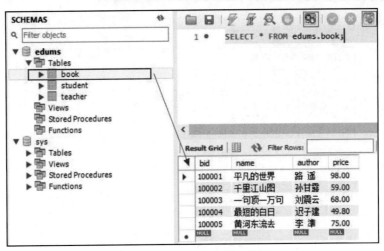

图 15.19　向 book 表插入数据

（2）删除 bid=100002 的书籍，执行效果如图 15.20 所示。

	bid	name	author	price
▶	100001	平凡的世界	路　遥	98.00
	100003	一句顶一万句	刘震云	68.00
	100004	最短的白日	迟子建	49.80
	100005	黄河东流去	李　準	75.00
*	NULL	NULL	NULL	NULL

图 15.20　删除 bid=100002 的数据

（3）修改《平凡的世界》的价格为 65 元，执行效果如图 15.21 所示。

	bid	name	author	price
▶	100001	平凡的世界	路　遥	65.00
	100003	一句顶一万句	刘震云	68.00
	100004	最短的白日	迟子建	49.80
	100005	黄河东流去	李　準	75.00
*	NULL	NULL	NULL	NULL

图 15.21　修改《平凡的世界》价格为 65

（4）查询作者为“迟子建”的书的所有信息，效果如图 15.22 所示。

```
1.向book表中增加数据
2.删除bid=100002的书籍
3.修改《平凡的世界》的价格为65元
4.查询作者为"迟子建"的书的所有信息
5.查询所有书籍的信息
请输入要执行的功能的序号：
4
100004  最短的白日      迟子建  49.80
```

图 15.22　查询作者为“迟子建”的书的所有信息

（5）查询所有书籍的信息，效果如图 15.23 所示。

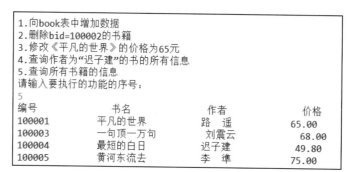

```
1.向book表中增加数据
2.删除bid=100002的书籍
3.修改《平凡的世界》的价格为65元
4.查询作者为"迟子建"的书的所有信息
5.查询所有书籍的信息
请输入要执行的功能的序号：
5
编号            书名              作者           价格
100001        平凡的世界          路 遥          65.00
100003        一句顶一万句        刘震云          68.00
100004        最短的白日          迟子建          49.80
100005        黄河东流去          李 准          75.00
```

图 15.23　查询所有数据

需求分析与要求：

程序架构如图 15.24 所示。

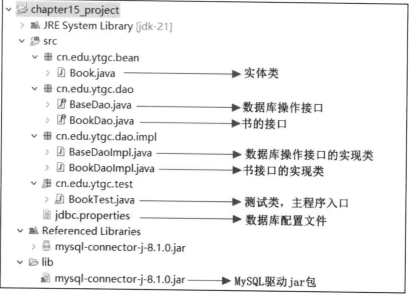

图 15.24　项目架构

（1）使用配置文件保存数据库连接信息。

（2）创建 Book 实体，其属性对应数据库 Book 表的列，并设置有参构造方法和属性的 getter/setter 方法。

（3）面向接口编程，创建 BaseDao 接口，用于定义数据库操作方法。定义 BookDao 接口，用于定义图书操作方法。

（4）BaseDao 接口中定义数据库连接、释放 JDBC 资源和对数据库创建表、增、删、改、查方法，其中增、删、改操作共用一个方法，并添加事务。查询分为查询 1 条记录和查询所有记录两个方法。

（5）BookDao 包含初始化插入表中数据的 Book 集合的广场、打印单个图书信息和打印所有图书信息的方法。

（6）BaseDaoImpl 类是 BaseDao 接口的实现类，BookDaoImpl 是 BookDao 的实现类。BookTest 类是程序入口，根据用户输入的数字，使用 switch 语句执行不同功能。

人处在一种默默奋斗的状态，精神就会从琐碎生活中得到升华。

——《平凡的世界》　路遥

第 16 章　Java 网络编程

本章导读

Java 作为一种广泛使用的编程语言，其强大的网络编程能力备受开发者青睐。

本章将重点讲解 Java 网络编程技术，包含网络基础知识、基于 TCP 协议的 Socket 编程、基于 UDP 协议的 Socket 编程、使用 URLConnection 类访问网络和使用 HttpURLConnection 类访问网络等技术。

思维导图

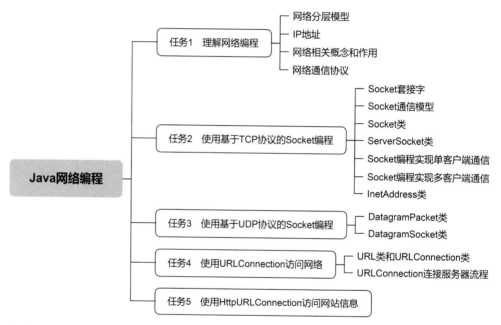

本章预习

预习本章内容，在作业本上完成以下简答题。

（1）简述网络分层模型。

（2）简述 Socket 通信原理。

（3）简述 Socket 网络编程的步骤。

（4）使用 TCP 协议和 UDP 协议的 Socket 编程有什么区别？

任务 1　理解网络编程

网络通常指由多个节点（如计算机、服务器、交换机、传感器等）通过某种方式（如有线或无线连接）相互连接而形成的系统，旨在实现数据通信，数据可以有多种形式，如文本、图片或视频。

　　网络编程的目的是直接或间接地通过网络协议与其他设备进行通信。通过 Java 提供的网络编程 API，开发者可以轻松实现客户端与服务器之间的通信，构建出高效、稳定、安全的网络应用程序。

　　1. 网络分层模型

　　计算机网络出现之初，由于各个计算机厂商都采用私有的网络模型，对通信带来诸多麻烦，国际标准化组织（International Standard Organization，ISO）于 1984 年颁布了开放系统互连（Open System Interconnection，OSI）参考模型。如图 16.1 所示，OSI 参考模型是一个开放式体系结构，它规定将网络分为七层，每一层在网络信息传递中都发挥不同的作用。另外一个著名的网络模型是 TCP/IP 模型。TCP/IP 是传输控制协议/网络互联协议（Transmission Control Protocol/Internet Protocol）的简称。早期的 TCP/IP 模型是一个四层结构。在后来的使用过程中，借鉴 OSI 的七层参考模型，将网络接口层划分为物理层和数据链路层，形成了一个新的五层结构。

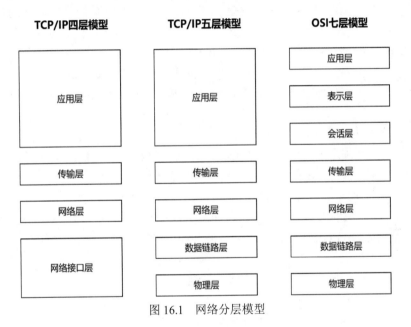

图 16.1　网络分层模型

　　以 OSI 七层模型为例，各层功能如表 16.1 所示。

表 16.1　OSI 网络模型各层功能

分层	功能
应用层	网络应用程序
表示层	数据语法的转换、表示、安全和压缩
会话层	负责建立会话关系，数据传送及会话的管理和终止
传输层	负责错误的检查与修复，以确保传送的质量（TCP 协议）
网络层	进行逻辑地址寻址，实现不同网络之间的路径选择（IP 协议）
数据链路层	建立逻辑连接，进行硬件地址寻址，差错校验等功能
物理层	利用传输介质建立、维护、断开物理连接

2. IP 地址

网络编程中有两个主要的问题，一个是如何准确地定位网络上一台或多台主机，另一个就是找到主机后如何可靠高效地进行数据传输，而 IP 地址就是用来解决第一个问题的。

IP 地址是指互联网协议地址（Internet Protocol Address），它是分配给网络设备的数字标识符，用于在网络中定位和识别设备。IP 地址使得数据包能够在网络中正确地发送和路由到目标设备。

IP 地址分为 IPv4 和 IPv6，其中 IPv4 协议在全球范围内广泛使用，但随着网络设备的爆发式增长，其地址空间有限。IPv6 协议则扩大了地址空间，目前仍在逐步普及中。

（1）IPv4。IPv4（Internet Protocol Version 4）是互联网协议第 4 版，有 32 位，由 4 个 8 位的二进制数组成，每 8 位之间用圆点隔开，如 11000000.10101000.00000010.00010100。由于二进制不便记忆且可读性较差，所以通常都把二进制转换成十进制数表示，如 196.168.1.58。因此，一个 IP 地址通常由用 3 个点分开的十进制数表示，称为点分十进制。

（2）IPv6。IPv4 最大的问题在于网络地址资源不足，严重制约了互联网的应用和发展。IPv6（Internet Protocol Version 6）是互联网协议第 6 版，是用于替代 IPv4 的下一代 IP 协议，其地址数量号称可以为全世界的每一粒沙子编上一个地址。

IPv6 的地址长度为 128 位，是 IPv4 地址长度的 4 倍。IPv6 的 128 位地址通常写成 8 组，每组为 4 个十六进制数的形式。比如 AD80:0000:0000:0000:ABAA:0000:00C2:0002 是一个合法的 IPv6 地址。

3. 网络相关概念及作用

（1）端口。网络中的一台设备通常可以使用多个进程同时提供网络服务，例如同时使用即时通信软件、浏览器、音视频播放软件等。因此除了用 IP 地址定位网络设备外，每台设备还有若干个端口号，用于在收发数据时区分该数据发给哪个进程或者是从哪个进程发出的。端口是计算机与外界通信的入口和出口，它是一个 16 位的整数，范围是 0～65535。例如 MySQL 的默认端口为 3306，HTTP 协议的默认端口是 8080，在同一台主机上，任何两个进程不能同时使用同一个端口。

（2）域名与 DNS 域名解析。IP 地址可以唯一定位一台计算机，但它是一串很难记忆的数字，所以通常使用域名访问 Web 资源。如在浏览器输入 www.baidu.com 就可以访问百度网站。要实现域名与 IP 地址之间的映射就需要 DNS（（Domain Name System，域名系统）。当用户在浏览器中输入域名 www.badu.com，主机在向 www.baidu.com 发出请求之前要先知道它的 IP 地址，主机会调用域名解析程序，向 DNS 服务器发送信息，请求获得 www.baidu.com 的 IP 地址，获取 IP 地址后就可以按 IP 地址进行访问。

（3）网络软件架构。常用的网络软件架构有 C/S 架构和 B/S 架构。

C/S 架构是 Client/Server（客户端/服务器）的缩写，C/S 架构要求在用户本地下载安装客户端程序，在远程有一个服务器端程序，比如手机端的 App、PC 端下载安装的程序都是 C/S 架构。C/S 架构的优点是功能完善、用户体验好，缺点是需要同时开发客户端和服务器端，软件更新比较麻烦。

B/S 架构是 Browser/Server（浏览器/服务器）的缩写，B/S 架构不需要在本地安装客户端，通过浏览器访问不同的服务器，比如通过浏览器访问电商网站就是 B/S 架构。B/S 架构的优点是不需要开发客户端，用户不需要下载，打开浏览器就能使用，缺点是所有的处理都在服务器端进行，对服务器性能要求较高，如果应用过大或同时访问人数较多，用户体验可能会受到影响。

4. 网络通信协议

网络通信协议是为了在网络中不同的计算机之间进行通信而建立的规则、标准或约定的集合。它规定了网络通信时数据必须采用的格式以及这些格式的意义。在网络编程时，常用的网络协议有以下几种。

（1）TCP/IP 协议族。TCP/IP 是计算机网络通信的协议集，即协议族。该协议族是 Internet 最基本的协议，它不依赖于任何特定的计算机硬件或操作系统，提供开放的协议标准。目前，绝大多数的网络操作系统都提供对该协议族的支持，它已经成为 Internet 的标准协议。TCP/IP 协议族包括 IP 协议、TCP 协议、UDP 协议和 ARP 协议等诸多协议，其核心协议是 TCP 协议和 IP 协议，所以有时将 TCP/IP 协议族简称为 TCP/IP 协议。

（2）TCP 协议。TCP（Transmission Control Protocol，传输控制协议）是一种面向连接的、可靠的、基于字节流的传输层通信协议。TCP 要求通信双方必须建立连接之后才开始通信，通信双方都同时可以进行数据传输，它是全双工的，从而保证了数据的正确传送。

（3）UDP 协议。UDP（User Datagram Protocol，用户数据报协议）是一个无连接协议，在传输数据之前，客户端和服务器并不建立和维护连接。UDP 的主要作用是把网络通信的数据压缩为数据报的形式。

任务 2   使用基于 TCP 协议的 Socket 编程

1. Socket 套接字

Socket（套接字）是计算机网络中用于实现网络通信的一种编程接口，它提供了一组方法，使得应用程序能够通过网络进行数据的发送和接收。Socket 的本质是网络编程的 API 接口，是对 TCP/IP 的一个封装。

Socket 的主要作用如下。

（1）建立连接：通过 Socket，应用程序可以创建一个连接，将自己与远程主机上的应用程序关联起来。在客户端-服务端模型中，客户端通过 Socket 发起连接请求，服务端通过 Socket 接受连接请求，建立连接后双方可以进行数据的发送和接收。

（2）数据传输：Socket 提供了发送和接收数据的方法。对于编程人员来说，无须了解 Socket 底层机制是如何传送数据的，而是直接将数据提交给 Socket，Socket 会根据应用程序提供的相关信息，通过一系列计算，绑定 IP 及信息数据，将数据交给驱动程序向网络上发送出去。

（3）网络编程：Socket 是进行网络编程的基础接口。通过使用 Socket，开发者可以在应用程序中实现与网络相关的功能，如创建服务器、客户端，进行数据交换、文件传输等。Socket 提供了一系列函数和方法，使得网络编程更加方便和灵活。

（4）协议支持：Socket 可以支持不同的网络协议，如 TCP、UDP 等。对于 TCP 协议，Socket 提供了可靠的、面向连接的数据传输；对于 UDP 协议，Socket 提供了不可靠的、无连接的数据传输。开发者可以根据需要选择合适的协议，并通过 Socket 进行相应的网络通信。通过 Socket，应用程序可以与不同协议的主机进行通信，实现了协议的透明性和互操作性。

java.net 包提供若干支持基于套接字的 C/S 通信的类，包中常用的类有 Socket、ServerSocket、DatagramPacket、DatagramSocket、InetAddress、URL、URLConnection 和 URLEncoder 等。

2. Socket 通信模型

java.net 包的两个类 Socket 和 ServerSocket，分别用来实现双向安全连接的客户端和服务器端，它们是基于 TCP 协议进行工作的，它的工作过程如同打电话的过程，只有双方都接通了才能开始通话。

进行网络通信时，Socket 需要借助数据流来完成数据的传递工作。如果一个应用程序要通过网络向另一个应用程序发送数据，只要简单的创建 Socket，然后将数据写入到与该 Socket 关联的输出流即可，对应的，接收方的应用程序创建 Socket，从相关联的输入流读取数据即可。Socket 通信模型如图 16.2 所示。

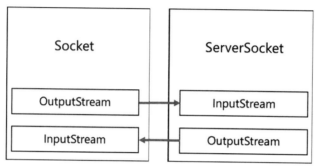

图 16.2　Socket 通信模型

3. Socket 类

Socket 对象在客户端和服务器之间建立连接，通过 Socket 类的构造方法创建 Socket 对象，并将对象连接至给定的主机和端口。

（1）构造方法。Socket 类的 5 个构造方法如表 16.2 所示。

表 16.2　Socket 类的构造方法

序号	方法描述
1	public Socket(String host, int port) 创建一个流套接字并将其连接到指定主机上的指定端口号，必须捕获 UnknownHostException 和 IOException 异常
2	public Socket(InetAddress host, int port) 创建一个流套接字并将其连接到指定 IP 地址的指定端口号，必须捕获 IOException 异常
3	public Socket(String host, int port, InetAddress localAddress, int localPort) 创建一个套接字并将其连接到指定远程主机上的指定远程端口，必须捕获 IOException 异常
4	public Socket(InetAddress host, int port, InetAddress localAddress, int localPort) 创建一个套接字并将其连接到指定远程地址上的指定远程端口，必须捕获 IOException 异常
5	public Socket() 通过系统默认类型的 SocketImpl 创建未连接套接字

（2）常用方法。Socket 类常用方法如表 16.3 所示。

表 16.3　Socket 类常用方法

方法	说明
InetAddress getInetAddress()	返回与 Socket 对象关联的 InetAddress
int getPort()	返回此 Socket 对象所连接的远程端口
int getLocalPort()	返回此 Socket 对象所连接的本地端口
InputStream getInputStream()	返回与此套接字关联的 InputStream
OutputStream getOutputStream()	返回与此套接字关联的 OutputStream
void close()	关闭该 Socket

4．ServerSocket 类

服务器应用程序通过使用 java.net.ServerSocket 类获取一个端口，并且侦听客户端请求。

如表 16.4 所示，ServerSocket 类有四个构造方法，在创建 ServerSocket 对象时可能抛出 IOException 异常，必须捕获和处理它。

表 16.4　ServerSocket 构造方法

序号	方法描述
1	public ServerSocket(int port) 创建绑定到特定端口的服务器套接字
2	public ServerSocket(int port, int backlog) 利用指定的 backlog 创建服务器套接字并将其绑定到指定的本地端口号
3	public ServerSocket(int port, int backlog, InetAddress address) 使用指定的端口、侦听 backlog 和要绑定到的本地 IP 地址创建服务器
4	public ServerSocket() 创建非绑定服务器套接字

如果 ServerSocket 构造方法没有抛出异常，就意味着应用程序已经成功绑定到指定的端口，并且侦听客户端请求。

5．Socket 编程实现单客户端通信

Socket 网络编程一般可以分成如下 4 个步骤进行：

（1）建立连接。

（2）打开 Socket 关联的输入/输出流。

（3）从数据流中写入信息和读取信息。

（4）关闭所有的数据流和 Socket。

示例 1：创建 SocketClient 类作为客户端，创建 SocketServer 类作为服务器端，模拟登录程序，客户端提交用户名及密码，如果正确则服务器端反馈登录成功。

服务器端实现步骤：

（1）建立连接，监听端口。

（2）使用 accept()方法等待客户端触发通信

（3）打开 Socket 关联的输入/输出流。

（4）向输出流中写入信息。

（5）从输入流中读取响应信息。

（6）关闭所有的数据流和 Socket。

服务器端实现代码：

```java
package chapter16_example1;
import java.io.BufferedReader;
import java.io.InputStream;
import java.io.InputStreamReader;
import java.io.OutputStream;
import java.net.ServerSocket;
import java.net.Socket;
public class SocketServer {
    public static void main(String[] args) {
        try {
            //建立一个服务器 Socket(ServerSocket)，指定端口 9898 并开始监听
            ServerSocket serverSocket = new ServerSocket(9898);
            //使用 accept()方法等待客户端触发通信
            Socket socket = serverSocket.accept();
            //打开输入/输出流
            InputStream is = socket.getInputStream();
            OutputStream os = socket.getOutputStream();
            //获取客户端信息，即从输入流读取信息
            BufferedReader br = new BufferedReader(new InputStreamReader(is));
            String info = null;
            while(!((info=br.readLine())==null)){
                System.out.println("我是服务器，登录成功，客户登录信息为："+info);
            }
            //给客户端一个响应，即向输出流写入信息
            String reply = "欢迎你，登录成功!";
            BufferedWriter bw = new BufferedWriter(new OutputStreamWriter(os ));
            bw.write(reply);
            bw.newLine();          //插入换行符，表示写入的内容结束
            bw.flush();            //手动刷新
            //双端通信需要设置结束标记，否则会相互等待，陷入僵持
            socket.shutdownOutput();
            //关闭资源
            is.close();
            os .close();
            socket.close();
            serverSocket.close();
        }catch(Exception e) {
            e.printStackTrace();
        }
    }
}
```

客户端实现步骤：

（1）建立连接，连接指向服务器及端口。

（2）打开 Socket 关联的输入/输出流。

（3）向输出流中写入信息。

（4）从输入流中读取响应信息。

（5）关闭所有的数据流和 Socket。

客户端关键代码：

```java
package chapter16_example1;
import java.io.BufferedReader;
import java.io.InputStream;
import java.io.InputStreamReader;
import java.io.OutputStream;
import java.net.Socket;
public class SocketClient {
    public static void main(String[] args) {
        try {
            //建立客户端 Socket 连接，指定服务器的位置为本机以及端口 9898
            Socket socket=new Socket("localhost",9898);
            //打开输入/输出流
            OutputStream os = socket.getOutputStream();
            InputStream is = socket.getInputStream();
            //发送客户端登录信息，即向输出流写入信息
            String info="用户名：Andy;用户密码：12345678";
            BufferedWriter bw = new BufferedWriter(new OutputStreamWriter(os));
            bw.write(info);
            bw.newLine();            //插入换行符，表示写入的内容结束
            bw.flush();              //手动刷新
            //双端通信需要设置结束标记，否则会相互等待，陷入僵持
            socket.shutdownOutput();
            //接收服务器端的响应，即从输入流读取信息
            String reply=null;
            BufferedReader br=new BufferedReader(new InputStreamReader(is));
            while(!((reply=br.readLine())==null)){
                System.out.println("我是客户端，服务器的响应为："+reply);
            }
            //关闭资源
            socket.close();
            os.close();
            is.close();
            br.close();
        }catch(Exception e) {
            e.printStackTrace();
        }
    }
}
```

运行 SocketServer 服务器端，再运行客户端 SocketClient，如图 16.3 所示，单击控制台右上角控制台切换图标，在服务器端和客户端分别输出了相应信息。

我是客户端，服务器的响应为：欢迎你，登录成功!

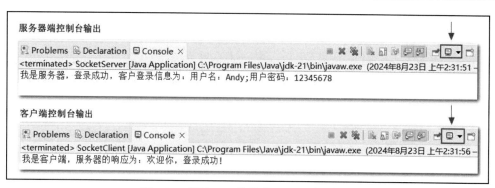

图 16.3　基于 TCP 协议的 Socket 编程技术

示例解析：在示例 1 中，客户端和服务器端的交互采用一说一答的模式，先启动服务器进入监听状态，等待客户端的连接请求，连接成功以后，客户端先"发言"，服务器给予"回应"。

6. Socket 编程实现多客户端通信

在示例 1 中，客户端和服务器端的交互采用一说一答的模式，在现实中，一个服务器不可能只为一个客户端服务，而是面向很多客户端提供服务。可以使用多线程来解决这个问题，即在服务器端创建一个专门负责监听的应用主服务程序和一个专门负责响应的线程程序。这样就可以利用多线程进行处理多个请求了。

示例 2：实现多客户端的响应处理。

分析：

（1）创建服务器端线程类，run()方法中实现对一个请求的响应处理。

（2）修改服务器端代码，实现一直监听状态。

（3）服务器端每监听到一个请求，创建一个线程对象，启动。

线程类实现代码：

```java
package chapter16_example2;
import java.io.BufferedReader;
import java.io.BufferedWriter;
import java.io.InputStream;
import java.io.InputStreamReader;
import java.io.OutputStream;
import java.io.OutputStreamWriter;
import java.net.Socket;
public class LoginThread extends Thread{
    Socket socket=null;
    //每启动一个线程，连接对应 Socket
    public LoginThread(Socket socket){
        this.socket = socket;
    }
```

```
                //启动线程，即响应客户请求
            public void run(){
                try {
                        //打开输入/输出流
                        InputStream is = socket.getInputStream();
                        OutputStream os = socket.getOutputStream();
                        //获取客户端信息，即从输入流读取信息
                        BufferedReader br = new BufferedReader(new InputStreamReader(is));
                        String info = null;
                        while(!((info=br.readLine())==null)){
                            System.out.println("我是服务器,"+info);
                        }
                        //给客户端一个响应，即向输出流写入信息
                        String reply = "欢迎你，登录成功！ ";
                        BufferedWriter bw = new BufferedWriter(new OutputStreamWriter(os ));
                        bw.write(reply);
                        bw.newLine();     //插入换行符，表示写入的内容结束
                        bw.flush();       //手动刷新
                        //双端通信需要设置结束标记，否则会相互等待，陷入僵持
                        socket.shutdownOutput();
                        //关闭资源
                        is.close();
                        os .close();
                        socket.close();
                }catch(Exception e) {
                        e.printStackTrace();
                }
            }
        }
```

服务器端实现代码：

```
package chapter16_example2;
import java.net.ServerSocket;
import java.net.Socket;
public class SocketServer {
    public static void main(String[] args) {
        try {
                //建立一个服务器 Socket（ServerSocket）指定端口并开始监听
                ServerSocket serverSocket=new ServerSocket(9898);
                //使用 accept()方法等待客户端触发通信
                Socket socket=null;
                //监听一直进行中
                while(true){
                    socket=serverSocket.accept();
                    LoginThread LoginThread=new LoginThread(socket);
                    LoginThread.start();
                }
        }catch(Exception e) {
```

```
                    e.printStackTrace();
                }
            }
        }
```

客户端 1 实现代码：

```
package chapter16_example2;
import java.io.BufferedReader;
import java.io.BufferedWriter;
import java.io.InputStream;
import java.io.InputStreamReader;
import java.io.OutputStream;
import java.io.OutputStreamWriter;
import java.net.Socket;
public class SocketClient1 {
    public static void main(String[] args) {
        try {
            //建立客户端 Socket 连接，指定服务器的位置为本机以及端口 9898
            Socket socket=new Socket("localhost",9898);
            //打开输入/输出流
            OutputStream os = socket.getOutputStream();
            InputStream is = socket.getInputStream();
            //发送客户端登录信息，即向输出流写入信息
            String info="客户端 1；密码：11111111";
            BufferedWriter bw = new BufferedWriter(new OutputStreamWriter(os));
            bw.write(info);
            //插入换行符，表示写入的内容结束
            bw.newLine();
            //手动刷新
            bw.flush();
            //双端通信需要设置结束标记，否则会相互等待，陷入僵持
            socket.shutdownOutput();
            //接收服务器端的响应，即从输入流读取信息
            String reply=null;
            BufferedReader br=new BufferedReader(new InputStreamReader(is));
            while(!((reply=br.readLine())==null)){
                System.out.println("我是客户端 1，服务器的响应为："+reply);
            }
            //关闭资源
            socket.close();
            os.close();
            is.close();
            br.close();
        }catch(Exception e) {
            e.printStackTrace();
        }
    }
}
```

客户端 2 和客户 3 代码与客户端 1 代码一致,只需要修改变量 info 的值和接收服务器端输出语句即可。

运行服务器端代码,然后分别运行客户端 1、客户端 2 和客户端 3,执行结果如图 16.4 所示。

图 16.4　多客户端通信

7. InetAddress 类

java.net 包中的 InetAddress 类用于封装 IP 地址和 DNS。要创建 InetAddress 类的实例,可以使用工厂方法,因为此类没有可用的构造方法。表 16.5 列出了常用的工厂方法。

表 16.5　InetAddress 类中的工厂方法

方法	说明
static InetAddress getLocalHost()	返回表示本地主机 InetAddress 对象
static InetAddress getByName(String hostName)	为主机名为 hostName 的主机返回 InetAddress 对象
static InetAddress[] getAllByName(String hostName)	为主机名为 hostName 的所有可能主机返回 InetAddress 对象组

如果不能找到主机,两种方法都将抛出 UnknownHostNameException 异常。

示例 3:输出本地主机的地址信息。

```java
package chapter16_example3;
import java.net.InetAddress;
import java.net.UnknownHostException;
public class InetAddressTest {
    public static void main(String[] args) {
```

```
try {
        //获取本机地址
        InetAddress address = InetAddress.getLocalHost();
        System.out.println("本地主机的地址是："+address);
    }catch (UnknownHostException u) {
        u.printStackTrace();
    }
    }
}
```

运行示例 3，执行结果为输出本地 IP 地址。

任务 3   使用基于 UDP 协议的 Socket 编程

基于 TCP 的网络通信是安全的、可靠的、双向的，需要先与服务端建立双向连接后才开始数据通信。UDP（User Datagram Protocol，用户数据报协议）是一种无连接的协议，每个数据报都是一个独立的信息，包括完整的源地址或目的地址，它在网络上以任何可能的路径传往目的地，因此能否到达目的地，到达目的地的时间以及内容的正确性都是不能被保证的。

既然 UDP 是不可靠的，为什么还要存在呢？因为 UDP 也同样具有优点：

（1）简单性：UDP 协议相对简单，没有 TCP 那样的复杂连接管理和可靠传输机制。

（2）低延迟：由于 UDP 没有连接建立和确认机制，它通常具有较低的通信延迟。

（3）高效性：UDP 不需要为每个数据报分配和回收资源，因此在大量数据传输时更高效。

（4）支持广播和多播：UDP 允许数据报发送到多个接收方，这对于某些应用（如网络游戏、实时音视频会议等）非常有用。

总之，UDP 是一种轻量级且高效的传输层协议，适用于需要快速、实时数据传输的应用场景，例如流媒体服务、实时通信应用、网络广播、DNS 查询等。

Java 中有两个可使用数据报实现通信的类，即 DatagramPacket 和 DatagramSocket。DatagramPacket 类起到数据容器的作用，不提供发送或接收数据的方法。DatagramSocket 类提供了 send()方法和 receive()方法，用于通过套接字发送和接收数据报 DatagramPacket。

1．DatagramPacket 类

DatagramPacket 类封装了数据报的数据、数据长度、目标地址和目标端口。客户端要向外发送数据，必须首先创建一个 DatagramPacket 对象，再使用 DatagramSocket 对象发送。DatagramPacket 类的常用构造方法如表 16.6 所示。

表 16.6   DatagramPacket 类的常用构造方法

构造方法	说明
DatagramPacket(byte[] data, int size)	构造 DatagramPacket 对象，封装长度为 size 的数据报
DatagramPacket(byte[] buf, int length, InetAddress address, int port)	构造 DatagramPacket 对象，封装长度为 length 的数据报及发送指定到的主机、端口号

DatagramPacket 类常用的方法如表 16.7 所示。

表 16.7　DatagramPacket 类的常用方法

方法	说明
byte[] getData()	返回一个字节数组，该数组包含接收到或要发送的数据报中的数据
int getLength()	返回发送或接收到的数据的长度
InetAddress getAddress()	返回一个发送或接收此数据报的主机的 IP 地址
int getPort()	返回发送或接收此数据报的主机的端口号

2．DatagramSocket 类

DatagramSocket 类不维护连接状态，不产生输入/输出数据流，它的唯一作用就是接收和发送 DatagramPacket 对象封装好的数据报。常用的 DatagramSocket 类的构造方法如表 16.8 所示。

表 16.8　DatagramPacket 类的常用构造方法

构造方法	说明
DatagramSocket()	创建一个 DatagramSocket 对象，并将其与本地主机上任何可用的端口绑定
DatagramSocket(int port)	创建一个 DatagramSocket 对象，并将其与本地主机上的指定端口绑定

DatagramSocket 类的常用方法如表 16.9 所示。

表 16.9　DatagramSocket 类的常用方法

方法	说明
void connect(InetAddress address, int port)	将当前 DatagramSocket 对象连接到远程地址的指定接口
void close()	关闭当前 DatagramSocket 对象
void disconnect()	断开当前 DatagramSocket 对象的连接
int getLocalPort()	返回当前 DatagramSocket 对象绑定的本地主机的端口号
void send(DatagramPacket p)	发送指定的数据报
void receive(DatagramPacket p)	接收数据报。收到数据以后，存放在指定的 DatagramPacket 对象中

与 TCP 协议不同，基于 UDP 协议通信的两个端点是平等的，没有主次之分，甚至它们的代码都可以完全一致。

基于 UDP 协议的 Socket 网络编程一般按照以下 4 个步骤进行：

（1）利用 DatagramPacket 对象封装数据报。

（2）利用 DatagramSocket 对象发送数据报。

（3）利用 DatagramSocket 对象接收数据报。

（4）利用 DatagramPacket 对象处理数据报。

示例 4：模拟客户咨询功能，实现咨询问答功能。

发送方实现代码：

发送方先发送信息，然后再接收服务端的信息。

```java
package chapter16_example4;
import java.io.IOException;
import java.net.DatagramPacket;
import java.net.DatagramSocket;
import java.net.InetAddress;
import java.util.Scanner;
public class Custom {
    public static void main(String[] args) throws IOException {
    try {
                InetAddress address = InetAddress.getByName("localhost");
                System.out.println("客户端启动，等待连接…");
                while (true) {
                    Scanner input = new Scanner(System.in);
                    //读取控制台输入
                    String message = "客户端消息: " + input.next();
                    byte[] mb = message.getBytes();
                    //创建 DatagramPacket 对象，封装数据报
                    DatagramPacket dp = new DatagramPacket(mb,mb.length,address,9898);
                    //创建 DatagramSocket 对象，发送数据报
                    DatagramSocket socket = new DatagramSocket();
                    socket.send(dp);
                    byte[] buf = new byte[1024];
                    //接收服务器回复
                    DatagramPacket rp = new DatagramPacket(buf, 1024);
                    socket.receive(rp);
                    String receivedMessage = new String(rp.getData(),0,rp.getLength());
                    System.out.println("收到回复==> " + receivedMessage);
                }
        }catch(Exception e) {
        e.printStackTrace();
    }
}
}
```

服务端实现步骤：

服务端先接收客户端信息，然后再发送信息。

```java
package chapter16_example4;
import java.net.DatagramPacket;
import java.net.DatagramSocket;
public class Server {
    public static void main(String[] args) {
        try {//创建 DatagramSocket 对象，监听端口
        DatagramSocket socket = new DatagramSocket(9898);
            //创建数据报对象
            byte[] buffer = new byte[1024];
            DatagramPacket dp = new DatagramPacket(buffer, buffer.length);
            System.out.println("服务器启动，等待消息…");
            while (true) {
                //收到消息
                socket.receive(packet);
```

```
                    String message = new String(dp.getData(), 0, dp.getLength());
                    System.out.println("收到消息==> " + message);
                    //回复消息
                    String rm = "服务器回复: " + message;
                    byte[] rb = rm.getBytes();
                    SocketAddress sa = packet.getSocketAddress();
                    DatagramPacket rp = new DatagramPacket(rb, rb.length, sa);
                    socket.send(rp);
                    }
                }
            catch(Exception e) {
                    e.printStackTrace();
            }
        }
    }
}
```

运行服务端 Server 类，再启动客户端 Cusomer 类，输出结果如图 16.5 所示。

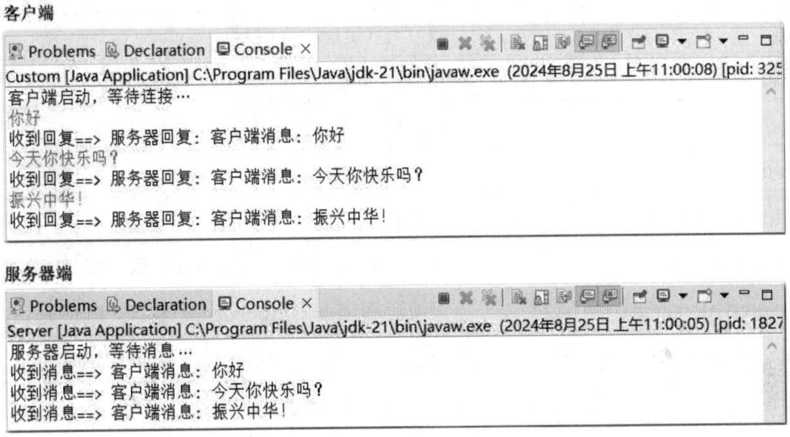

图 16.5　UDP 协议通信

服务端创建了一个 DatagramSocket 监听在端口 9898 上，并持续接收客户端发送的消息。当接收到消息后，它会回复相同的消息并继续监听。客户端创建了一个 DatagramSocket，发送消息到服务器，并接收服务器的回复。

任务 4　使用 URLConnection 访问网络

1.　URL 类和 URLConnection 类

在 Java 中，URL（Uniform Resource Locator，统一资源定位符）和 URLConnection 是用于处理网络资源的重要类。它们使得 Java 程序能够轻松地从网络上获取或发送数据，从而实现对远程资源的访问和操作。

URL 的主要组成部分包括协议、主机名、端口号、路径、查询参数等。在 Java 中，可以通过 URL 类的构造函数来创建一个 URL 对象，例如：

```
URL url = new URL("https://www.gaokao.cn/school/31?fromcoop=bdkp");
```

一旦创建了 URL 对象，就可以使用其提供的方法来获取 URL 的各个组成部分，例如 getProtocol()、getHost()、getPort()、getPath()、qetQuery()等。

URLConnection 类是用于建立与 URL 之间的连接的抽象类，位于 iava.net 包下，可以用于与服务器建立 HTTP、HTTPS 或 FTP 连接，并通过输入流和输出流与服务器进行数据交互，它提供了一组用于设置请求属性、获取响应属性、发送请求和接收响应的方法，URLConnection 类的常用方法如表 16.10 所示。

表 16.10　URLConnection 类的常用方法

方法	功能描述
openConnection()	用于打开与 URL 的连接，返回一个 URLConnection 对象
setRequestMethod(String method)	设置请求方法，如 GET、POST 等
setRequestProperty(String key, String value)	设置请求属性，如请求头参数
getRequestMethod()	获取当前请求的方法
getRequestProperty(String key)	获取指定请求属性的值
connect()	建立与 URL 的连接
getInputstream()	获取输入流，用于接收响应数据
getOutputStream()	获取输出流，用于发送请求数据
getResponseCode()	获取响应的状态码
getHeaderField(String name)	获取指定响应头字段的值
setDoInput(boolean doinput)	设置是否从 URLConnection 读入，默认为 true
setDoOutput(boolean dooutput)	设置是否向 URLConnection 输出，默认为 false
setlnstanceFollowRedirects(boolean fr)	设置是否自动执行重定向，默认为 true
disconnect()	断开与 URL 的连接

2. URLConnection 连接服务器流程

使用 URLConnection 连接服务器的基本流程如下：

（1）创建 URL 对象，指定要连接的 URL 地址。

（2）调用 URL 对象的 openConnection()方法，返回一个 URLConnection 对象。

（3）设置 URLConnection 对象的请求属性，如请求方法、请求头等。

（4）调用 URLConnection 对象的 connect()方法，建立与服务器的连接。

（5）获取 URLConnection 对象的输入流和输出流，通过输入流发送请求数据，接收响应数据。

（6）关闭输入流和输出流，断开与服务器的连接。

示例 5：使用 URLConnection 访问网络，下载网络图片。

实现步骤：

```
package chapter16_example5;
import java.io.FileOutputStream;
import java.io.InputStream;
```

```java
import java.net.URL;
import java.net.URLConnection;
public class URLConnectionTest {
    public static void main(String[] args) {
        try {
            //图片连接 URL
            String path="https://www.pku.edu.cn/Uploads/Picture/2019/12/26/s5e04176fbbfa3.png";
            URL url = new URL(path);
            //打开连接
            URLConnection conn = url.openConnection();
            //获取 URL 连接的输入流
            InputStream is = conn.getInputStream();
            //创建输出流，用于将数据写入到本地在 D:\picture.jpg
            FileOutputStream os = new FileOutputStream("D:\\picture.jpg");
            //创建字节数组作为缓存，用于存储每次从流中读取的数据
            byte[] bf = new byte[1024];
            int length = 0;
            //循环读取流中的数据，直到读到流的末尾（返回-1）
            while(-1 != (length = is.read(bf,0,bf.length))) {
                os.write(bf,0,length);
            }
            System.out.println("图片下载完成！");
            //关闭输入/输出流
            is.close();
            os.close();
        }catch(Exception e) {
            e.printStackTrace();
        }
    }
}
```

运行示例 5，如果本机 D 盘下载了图片 picture.jpg，如图 16.6 所示，则程序运行正常。

图 16.6　使用 URLConnection 下载网络图片

任务 5　使用 HttpURLConnection 访问网站信息

HttpURLConnection 是 URLConnection 的子类，用于创建和处理 HTTP 连接的类，它提供了一种简单的方式来执行 HTTP 请求并处理 HTTP 响应，支持 HTTP 和 HTTPS 协议。

HttpURLConnection 使用步骤：

（1）创建一个 URL 对象：URL url=new URL("接口地址")。

调用 URL 对象的 openConnection()来获取 HttpURLConnection 对象实例。

HttpURLConnection connection= (HttpURLConnection)url.openConnection();

（2）设置 HTTP 请求使用的方法：GET、POST 或其他请求。

connection.setRequestMethod("GET")

（3）设置连接超时，读取超时的毫秒数，以及服务器希望得到的一些消息头。

connection.setConnectTimeout(5*1000);
connection.setReadTimeout(5*1000);

（4）调用 getnputStream()方法获得服务器返回的输入流，并读取输入流。

InputStream in = connection.getinputStream();

（5）调用 disconnect()方法将 HTTP 连接关掉。

connection.disconnect();

示例 6：使用 HttpURLConnection 类访问网络。

```
package chapter16_example6;
import java.io.FileOutputStream;
import java.io.InputStream;
import java.net.HttpURLConnection;
import java.net.URL;
public class HttpURLConnectionTest {
    public static void main(String[] args) {
        try {
            URL url = new URL("http://www.example.com");
            HttpURLConnection conn = (HttpURLConnection) url.openConnection();
            conn.setRequestMethod("GET");
            conn.connect();
            InputStream is = conn.getInputStream();
            //创建输出流，用于将数据写入到本地在 D:\picture.jpg
            FileOutputStream os = new FileOutputStream("D:\\example.text");
            //创建字节数组作为缓存，用于存储每次从流中读取的数据
            byte[] bf = new byte[1024];
            int length = 0;
            //循环读取流中的数据，直到读到流的末尾（返回-1）
            while(-1 != (length = is.read(bf,0,bf.length))) {
                os.write(bf,0,length);
            }
            System.out.println("网页下载完成！ ");
            is.close();
            os.close();
            conn.disconnect();
        } catch (Exception e) {
            e.printStackTrace();
        }
    }
}
```

运行示例 6，如果在 D 盘生成了 example.text 文件，如图 16.7 所示，包含 Example Domain 网页代码，则程序执行正常。

```
<!doctype html>
<html>
<head>
    <title>Example Domain</title>

    <meta charset="utf-8" />
    <meta http-equiv="Content-type" content="text/html; charset=utf-8" />
    <meta name="viewport" content="width=device-width, initial-scale=1" />
    <style type="text/css">
    body {
        background-color: #f0f0f2;
        margin: 0;
        padding: 0;
        font-family: -apple-system, system-ui, BlinkMacSystemFont, "Segoe
UI", "Open Sans", "Helvetica Neue", Helvetica, Arial, sans-serif;

    }
    div {
        width: 600px;
        margin: 5em auto;
        padding: 2em;
        background-color: #fdfdff;
        border-radius: 0.5em;
        box-shadow: 2px 3px 7px 2px rgba(0,0,0,0.02);
    }
```

图 16.7　HttpURLConnection 访问网络

在示例 6 中，通过 HttpURLConnection 的 GET 请求访问的网络，还可以使用 POST 请求模式访问网络。

示例 7：使用 HttpURLConnection 的 POST 请求访问网络。

```java
package chapter16_example7;
import java.io.FileOutputStream;
import java.io.InputStream;
import java.net.HttpURLConnection;
import java.net.URL;
public class HttpURLConnectionPost {
    public static void main(String[] args) {
        try {
            URL url = new URL("http://www.example.com");
            HttpURLConnection conn =(HttpURLConnection)url.openConnection();
            //设置等待建立连接的时间
            conn.setConnectTimeout(3000);
            //设置输入流等待数据到达的时间
            conn.setReadTimeout(3000);
            //设置请求的方法为 POST，默认是 GET
            conn.setRequestMethod("POST");
            //通用设置，客户端可以接受任何类型的媒体内容
            conn.setRequestProperty("accept","*/*");
            //设置文本类型
            conn.setRequestProperty("Content-Type","application/octet-stream");
```

```
//设置长链接
conn.setRequestProperty("Connection","Keep-Alive");
//设置编码格式
conn.setRequestProperty("Charset","UTF-8");
//设置是否从 HttpURLConnection 输出
conn.setDoInput(true);
//设置是否从 HttpURLConnection 读入，默认为 false
conn.setDoOutput(true);
//是否使用缓存，POST 方式不能使用缓存
conn.setUseCaches(false);
//建立连接
conn.connect();
//获取输入流
InputStream is = conn.getInputStream();
//创建输出流，用于将数据写入到本地在 D:\picture.jpg
FileOutputStream os = new FileOutputStream("D:\\example2.text");
//创建字节数组作为缓存，用于存储每次从流中读取的数据
byte[] bf = new byte[1024];
int length = 0;
//循环读取流中的数据，直到读到流的末尾（返回-1）
while(-1 != (length = is.read(bf,0,bf.length))) {
        os.write(bf,0,length);
}
System.out.println("网页下载完成！ ");
is.close();
os.close();
conn.disconnect();
}catch(Exception e) {
        e.printStackTrace();
}
}
}
```

运行示例 7，执行结果与示例 6 一致，在 D 盘生成了 example2.text 文件，文件内容如图 16.7 所示。

GET 请求和 POST 请求的两者的区别是：GET 请求可被缓存，而 POST 不会被缓存；GET 请求保留在浏览器历史记录中，而 POST 请求不会保留在浏览器历史记录中；GET 请求可被收藏为书签，POST 不能被收藏为书签；GET 请求参数在 URL 中的是可见的，而 POST 请求参数在 URL 中的是不可见的；GET 请求有长度限制，不能超过 1K，而 POST 请求对数据长度没有要求。

本 章 小 结

（1）OSI 网络七层模型自上至下包括：应用层、表示层、会话层、传输层、网络层、数据链路层、物理层。

（2）IP 地址是分配给网络设备的数字标识符，用于在网络中定位和识别设备，IP 地址分为 IPv4 和 IPv6。

（3）IPv4 协议地址有 32 位，由 4 个 8 位的二进制数组成，每 8 位之间用圆点隔开，因此，一个 IP 地址通常由用 3 个点分开的十进制数表示，称为点分十进制。

（4）IPv6 的地址长度为 128 位，是 IPv4 地址长度的 4 倍。IPv6 的 128 位地址通常写成 8 组，每组为 4 个十六进制数的形式。

（5）端口是计算机与外界通信的入口和出口，用于在收发数据时区分该数据发给哪个进程或者是从哪个进程发出的。它是一个 16 位的整数，范围是 0～65535，在同一台主机上，任何两个进程不能同时使用同一个端口。

（6）域名是由一串用点分隔的名字组成的互联网上某一台计算机或计算机组的名称，要实现域名与 IP 地址之间的映射就需要 DNS（Domain Name System，域名系统）。

（7）C/S 架构是 Client/Server（客户端/服务器）的缩写，C/S 架构要求在用户本地下载安装客户端程序，在远程有一个服务器端程序。B/S 架构是 Browser/Server（浏览器/服务器）的缩写，B/S 架构不需要在本地安装客户端，通过浏览器访问不同的服务器。

（8）TCP/IP 是计算机网络通信的协议集，即协议族，是 Internet 最基本的协议，它不依赖于任何特定的计算机硬件或操作系统，提供开放的协议标准。TCP/IP 协议族包括 IP 协议、TCP 协议、UDP 协议和 ARP 协议等诸多协议，其核心协议是 IP 协议和 TCP 协议。

（9）TCP（Transmission Control Protocol，传输控制协议）是一种面向连接的、可靠的、基于字节流的传输层通信协议。TCP 要求通信双方必须建立连接之后才开始通信，通信双方都同时可以进行数据传输，它是全双工的，从而保证了数据的正确传送。

（10）UDP（User Datagram Protocol，用户数据报协议）是一个无连接协议，在传输数据之前，客户端和服务器并不建立和维护连接。UDP 的主要作用是把网络通信的数据压缩为数据报的形式。

（11）Socket（套接字）是计算机网络中用于实现网络通信的一种编程接口，它提供了一组方法，使得应用程序能够通过网络进行数据的发送和接收。Socket 的本质是网络编程的 API 接口，是对 TCP/IP 的一个封装。

（12）java.net 包的两个类 Socket 和 ServerSocket，分别用来实现双向安全连接的客户端和服务器端，它们是基于 TCP 协议进行工作的，它的工作过程如同打电话的过程，只有双方都接通了，才能开始通话。

（13）Socket 网络编程一般可以分为建立连接、打开 Socket 关联的输入/输出流、从数据流中写入信息或读取信息和关闭所有的数据流和 Socket 4 个步骤。

（14）Java 中有两个可使用数据报实现通信的类，即 DatagramPacket 和 DatagramSocket。DatagramPacket 类起到数据容器的作用，不提供发送或接收数据的方法。DatagramSocket 类提供了 send()方法和 receive()方法，用于通过套接字发送和接收数据报 DatagramPacket。

（15）URL 的主要组成部分包括协议、主机名、端口号、路径、查询参数等。

（16）URLConnection 类是用于建立与 URL 之间的连接的抽象类，位于 java.net 包下，用于与服务器建立 HTTP、HTTPS 或 FTP 连接，并通过输入流和输出流与服务器进行数据交互。

（17）HttpURLConnection 是 URLConnection 的子类，用于创建和处理 HTTP 连接的类，它提供了一种简单的方式来执行 HTTP 请求并处理 HTTP 响应，支持 HTTP 和 HTTPS 协议。

本 章 习 题

实践项目

开发一个群聊程序。

（1）如图 16.8 所示，服务器端可监听用户上线，当用户上线时提示，并输出用户的 IP 地址。

图 16.8　启动服务端

（2）实现多人群聊，每个客户端说的话要显示在所有在线客户端，当用客户端输入 leave 时下线。模拟两个客户端，如图 16.9 所示是客户端 1 的聊天记录，图 16.10 所示是客户端 2 的聊天记录。

图 16.9　客户端 1 聊天信息

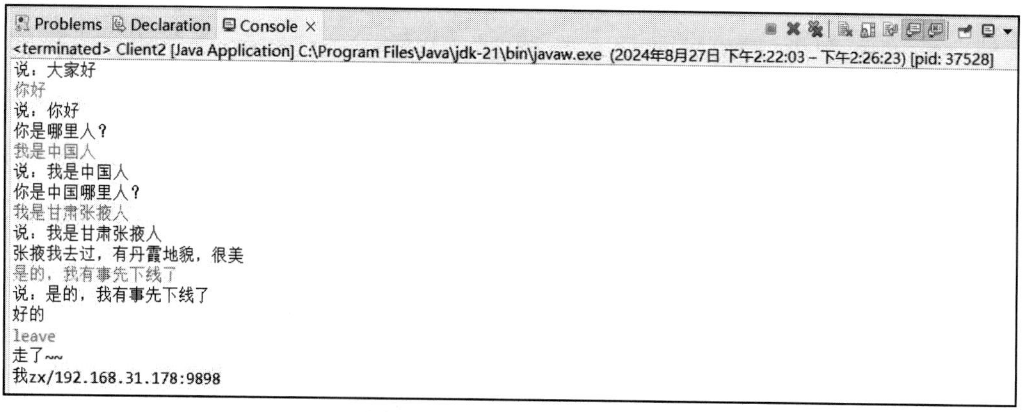

图 16.10　客户端 2 聊天信息

（3）服务器端监听所有人的聊天信息，图 16.11 所示。

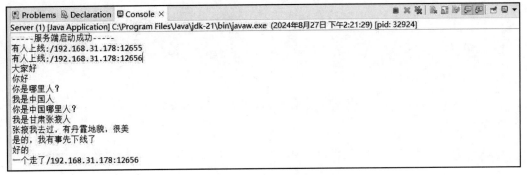

图 16.11　服务器端监听聊天记录

天下古今之庸人，皆以一惰字致败。

学问之道无穷，而总以有恒为主。

——《曾国藩家书》[清]　曾国藩